中央高校优秀青年团队项目（编号：2023YQTD03）
中央高校“越崎青年学者”计划项目（编号：2020YQHH03）
山西省重点研发计划项目（编号：202102090301006）
国家重点研发计划项目（编号：2018YFC0406404）

# 功能化炭材料制备及在水处理中的应用

侯嫔 王春荣 邓久帅 等 著

Functional Carbon Materials: Preparation and Their Application in Water Treatment

化学工业出版社
·北京·

## 内容简介

本书以功能化炭材料的制备及在不同水体中的应用为主线，以水中微量污染物的达标处理为目标，总结了相关研究成果。利用此研究成果靶向制备了针对不同类型微污染物吸附去除的新型功能化炭材料，开发了基于该材料的水处理技术，并将其应用于地表水和行业废水达标处理中。同时，阐明了不同工艺条件对微污染物吸附性能的影响规律，探讨了功能化炭材料在实际应用中的再生性和环保性，最终可实现功能化炭材料对水中微污染物的绿色、高效、选择性去除，为实际水厂中微污染物的去除提供了强有力的技术支持。

本书可作为高等学校环境科学、环境工程及相关专业的科研工作者和研究生在研究功能化炭材料的制备及其在水处理中的应用时的参考用书，也可供环境科学、环境工程及相关领域的工程技术人员和管理人员阅读参考。

**图书在版编目（CIP）数据**

功能化炭材料制备及在水处理中的应用/侯嫔等著．—北京：化学工业出版社，2023.9

ISBN 978-7-122-44300-7

Ⅰ.①功…　Ⅱ.①侯…　Ⅲ.①碳素材料-制备②碳素材料-应用-污水处理-研究　Ⅳ.①TM242②X703

中国国家版本馆CIP数据核字（2023）第189136号

责任编辑：卢萌萌　刘兴春　　文字编辑：郭丽芹
责任校对：杜杏然　　装帧设计：史利平

出版发行：化学工业出版社（北京市东城区青年湖南街13号　邮政编码100011）
印　　装：北京科印技术咨询服务有限公司数码印刷分部
710mm×1000mm　1/16　印张11¼　彩插3　字数185千字
2024年2月北京第1版第1次印刷

购书咨询：010-64518888　　售后服务：010-64518899
网　　址：http：//www.cip.com.cn
凡购买本书，如有缺损质量问题，本社销售中心负责调换。

**定　　价：86.00元**

# 前言

近年来，水中微污染物由于其检出频率高、健康风险大以及难被常规水处理工艺去除等特性受到了世界范围内的广泛关注，不同水体用水标准对微污染物限值也提出了更高的要求。2022 年 3 月，我国最新颁布的修订版《生活饮用水卫生标准》（GB 5749—2022）增加了 4 项微污染物指标，分别为高氯酸盐、乙草胺、2-甲基异莰醇和土臭素，其限值分别为 70μg/L、20μg/L、0.01μg/L 和 0.01μg/L。此外，《炼焦化学工业污染物排放标准》（GB 16171—2012）规定了多环芳烃和苯并［$a$］芘的排放限值分别为 0.05mg/L 和 0.03μg/L。这些新标准进一步给微污染物在常规水处理中的去除带来了巨大的挑战。党的十八大以来，习近平总书记多次强调“绿水青山就是金山银山”的发展理念。因此，为了保障用水安全，满足废水处理与回用标准，改善水环境，更好践行“两山”理论，亟须开展水体中微污染物的去除研究。

炭材料吸附由于其成本低、吸附效果好、稳定性强，是目前饮用水与行业废水中去除微污染物最常用的手段之一。炭材料主要包括活性炭、碳纳米管和石墨烯等，但这些未经处理的炭材料存在吸附性能有限、易团聚和选择性差等问题。因此，为了进一步提高炭材料对水中微污染物的吸附量和选择性，非常有必要对传统炭材料进行功能化改性。

本书是对笔者近年来的功能化炭材料的开发及其在水处理中的应用相关方面研究成果的总结，是笔者及课题组研究生的集体智慧和辛勤工作的成果。全书共分为 5 章。第 1 章概述了炭材料与水污染现状，介绍了功能化炭材料在水处理中的应用情况；第 2 章介绍了炭材料的制备与吸附原理；第 3 章介绍了阳离子化炭材料用于水中微污染物的去除研究；第 4 章介绍了金属改性炭材料用于矿井水中特征污染物的去除研究；第 5 章介绍了金属改性炭材料用于煤化工废水中特征污染物的去除研究。本书的所有著者均为中国矿业大学（北京）废水处理与资源化科研团队成员，全书具体分工如下：第 1 章由侯嫔、王春荣、孙新雨著写；第 2 章由侯嫔、邓久帅、颜佳琦、王逍凡著写；第3章由侯嫔、王若男、葛心蕊著写；第4章由侯嫔、严哲、林志炜、秦浩铭著写；第5章由侯嫔、张瑜、赵俊慧、赵晨皓著写。初稿完成后，相互校对，最后由侯嫔和王春荣统稿并定稿。

本书的研究成果受到山西省重点研发计划项目（课题编号：202102090301006）、中央高校优秀青年团队项目（课题编号：2023YQTD03）、国家重点研发计划项目（课题编号：2018YFC0406404）、国家自然科学基金项目（课题编号：51508555）和中央高校“越崎青年学者”计划项目（课题编号：2020YQHH03）的资助。

在本研究开展与本书写作过程中，中国矿业大学（北京）的王建兵、何绪文、徐东耀、张春晖、章丽萍、周昊给予了指导与帮助，课题组成员岳烨、杨晓瑜、范业承、苏贺、彭莲、王会华、祝文清、韩港胜和郭影等参与了讨论。在此，我们一并表示衷心的谢意。

由于笔者研究领域和学识有限，书中可能会存在一些疏漏与不妥之处。在此，恳请有关专家和广大读者批评指正并提出宝贵意见，以利于我们将来对本书进行修正，从而提高本书质量。

著　者

2023年8月

# 目录

第1章　概论　001

1.1　炭材料概述　/　001
1.2　水污染现状　/　002
1.3　水中微污染物的研究现状　/　004
1.3.1　水中微污染物的定义与分类　/　004
1.3.2　水中微污染物的来源与危害　/　005
1.3.3　水中微污染物的定量分析方法　/　006
1.3.4　水中微污染物的去除技术　/　009
1.4　功能化炭材料在水处理中的应用　/　013
1.4.1　在地表水处理中的应用　/　013
1.4.2　在行业污水处理中的应用　/　015
1.4.3　目前存在的问题与发展前景　/　017
参考文献　/　018

第2章　炭材料的制备与吸附原理　022

2.1　炭材料分类　/　022
2.1.1　传统炭材料　/　022
2.1.2　新型炭材料　/　023
2.1.3　改性炭材料　/　024
2.2　炭材料的制备与改性　/　025
2.2.1　炭材料的制备方法　/　025
2.2.2　炭材料的改性方法　/　026
2.3　炭材料的吸附原理　/　029
2.3.1　静态吸附　/　029
2.3.2　动态吸附　/　036
参考文献　/　040

第 3 章　阳离子化炭材料用于水中微污染物的去除研究　042

3.1　阳离子化炭材料用于地下水中高氯酸盐的去除研究　/　042
3.1.1　概述　/　042
3.1.2　材料与方法　/　043
3.1.3　新型季铵盐改性木质及煤质活性炭制备条件的优化　/　047
3.1.4　新型季铵盐改性活性炭的高氯酸盐吸附效能　/　050
3.1.5　新型季铵盐改性活性炭的表征　/　054
3.2　阳离子化炭材料用于地表水中溴酸盐的去除研究　/　060
3.2.1　概述　/　060
3.2.2　材料与方法　/　062
3.2.3　环氧化季铵盐改性活性炭制备条件的优化　/　064
3.2.4　环氧化季铵盐改性活性炭对溴酸根的吸附效能　/　069
3.2.5　环氧化季铵盐改性活性炭去除溴酸根的机理探讨　/　072
参考文献　/　077

第 4 章　金属改性炭材料用于矿井水中特征污染物的去除研究　084

4.1　矿井水中砷的去除研究　/　084
4.1.1　概述　/　084
4.1.2　材料与方法　/　085
4.1.3　活性炭母体对砷的吸附效能　/　088
4.1.4　nZVI-GAC 制备条件的优化　/　091
4.1.5　nZVI-GAC 吸附砷的影响因素研究　/　097
4.1.6　nZVI-GAC 再生效果分析　/　100
4.2　矿井水中氟的去除研究　/　101
4.2.1　概述　/　101
4.2.2　材料与方法　/　102
4.2.3　镧改性活性炭的制备与优化　/　104
4.2.4　镧改性煤基颗粒活性炭吸附除氟的影响因素研究　/　115
4.2.5　镧改性活性炭的再生方法研究　/　117
参考文献　/　119

第 5 章　金属改性炭材料用于煤化工废水中特征污染物的去除研究　124

5.1　硝酸辅助银改性活性炭去除焦化废水苯并［a］芘的研究　/　124

5.1.1 概述 / 124
5.1.2 材料与方法 / 125
5.1.3 焦化废水中 BaP 的 GC-MS 定量检测条件的优化 / 130
5.1.4 硝酸辅助 Ag 改性活性炭制备条件的优化 / 135
5.1.5 硝酸辅助 Ag 改性活性炭的吸附效能研究 / 138
**5.2 Fe/Mn 改性活性炭催化 $H_2O_2$ 深度去除焦化废水中 BaP 的研究 / 147**
5.2.1 概述 / 147
5.2.2 材料与方法 / 147
5.2.3 Fe/Mn 改性活性炭制备条件的优化 / 151
5.2.4 Fe/Mn 改性活性炭的吸附效能研究 / 153
5.2.5 Fe/Mn 改性活性炭催化 $H_2O_2$ 降解水中 BaP 的效能研究 / 160
**参考文献 / 166**

# 第1章

# 概论

随着全球人口数量增多，城市化和工业化进程逐渐加快，人们在生活和生产中排放的污染物对天然水体的污染越来越严重，存在于水体中的污染物种类繁多、危害较大且较难去除。在此背景下，我国现阶段高度重视水污染的防治和污水处理后的回用，习近平总书记提出了“绿水青山就是金山银山”的发展理念。因此，开展水中污染物的去除研究意义重大。目前，我们对水中常见污染物的去除研究已取得一定的进展，但对水中微污染物尚缺乏系统全面的研究，特别是针对水中特征微污染物的去除研究。炭材料由于成本低、吸附效果好、稳定性强，目前广泛应用于水厂的水处理中。因此，本章分别介绍了水中微污染物的研究现状，炭材料的发展、吸附机理、制备与改性，以及炭材料在水处理中的应用，为功能性炭材料的制备及其在水中微污染物的去除研究与应用方面奠定了良好的理论基础。

## 1.1 炭材料概述

炭材料是指主要由元素碳构成的材料，随碳原子的成键方式和结合形式呈现不同的结构、形态和性能。因其具有较大的比表面积和孔体积，可控的多孔结构，选择性吸附能力强，优异的热、化学和机械稳定性，能够对污水进行高效率处理，用更短的时间达到预期的效果。我国从 20 世纪 60 年代开始使用活性炭处理工业废水，后也用于饮用水的净化处理，目前活性炭已经广泛应用于水污染修复领域。随着科学技术的发展和人们生活水平的提高，炭材料已经成为现代工业、生态环境和人们生活中不可或缺的吸附材料。

碳元素以其独特的 sp、$sp^2$、$sp^3$ 三种杂化形式构筑了丰富多彩的功能炭材料世界，根据形态可分为活性炭、石墨、碳纤维、碳纳米管等。活性炭是一种具有发达孔隙结构的多孔材料，可以通过表面吸附来去除污染物，被广泛应用于水处理、空气净化、医药和化工等领域。石墨是一种层状结构的炭材料，由于其高导电性和热稳定性，被广泛应用于电池、润滑剂、石墨烯等领域。碳纤维是一种高度纯化的纤维材料，具有高强度、高模量和低密度等特点，被广泛用于航空航天、汽车、电子等领域，用于制造轻质但坚固的材料。碳纳米管是由碳原子形成的纳米尺度管状结构，具有优异的力学、电学和热学性能，被广泛应用于材料科学、催化剂、能源存储等领域。除传统炭材料外，通过杂原子（金属、金属氧化物和非金属）掺杂可以制备结构多样化的炭材料。通过杂原子掺杂可以改变炭材料的结构，使其形成更多样化的多孔结构，并增加其表面积。这种多孔炭材料具有更高的比表面积、更好的吸附性能和催化活性，因此在能源存储、环境污染治理和催化剂等领域具有广泛的应用潜力。通过控制不同杂原子的类型、掺杂量和分布方式，可以调控多孔炭材料的孔结构和表面性质，以满足不同应用需求。

近年来，炭材料广泛应用于空气净化、水处理等领域。其中，用于空气净化的炭材料主要有活性炭和碳纤维材料等，通过表面吸附去除有害气体。用于水处理的炭材料主要有活性炭和碳纳米管，用于吸附和催化水中污染物。本书侧重于介绍炭材料在水处理中的应用。

## 1.2 水污染现状

随着经济社会发展和人类活动的增加，环境污染问题越来越严重，其中，水污染是阻碍人类经济发展，影响人类生存的最严重的问题之一。水污染是指水体因某种物质的介入而导致其化学、物理、生物或者放射性等方面特性的改变，从而影响水的有效利用，危害人体健康或者破坏生态环境，造成水质恶化的现象。按照污染物进入水体方式，可将水污染分为点源污染和面源污染。点源污染主要来源于相对集中的污水排放点，包括生活污水和工业废水，具有污染集中、危害性大和相对容易控制等特点。面源污染主要来源于地表的土壤泥沙颗粒、氮磷等营养物质、农药等有害物质、秸秆农膜等固体废弃物、畜禽养殖粪便污水等，具有分散性、隐蔽性、随机性、潜伏性、累积性和模糊性等特点。

生活污水主要来源于居民厕所、冲洗用水、厨房污水和盥洗污水等。生活污水中污染物主要分为固体污染物、需氧污染物、营养性污染物、有毒污染物和生物污染物。生活污水若未实施环保化的处理，就将其排入天然水体中，极易使水体发生富营养化，经过长时间的积累，出现生态环境恶化问题。一些城市尽管对生活污水实施了一级物理处理和二级生化处理，然而因城市生活污水有很复杂的组成成分，导致生活污水被处理后，依旧存在很高的 TP 和 TN，这部分生活污水随着水循环向地下含水层排放后，被人类饮用，就会出现中毒事件。

工业废水主要来源于化学排放、农业生产、工业事故和热污染等。这些领域排放的废水大多含有大量的无机物、难降解的有机物、一系列有毒有害化学物质。若不进行有效处理就直接排放，则会严重地污染环境。工业废水对环境的污染主要分为碱污染、酸污染、化学毒物污染以及重金属污染等。如湖泊与河流中排入了未经处理的工业废水，其中的有毒有害性物质会将湖泊与河流中的植物杀死，进而使湖泊与河流中的水生动植物大面积死亡。工业废水中的有害物质渗入土壤，会破坏土壤的结构和肥力，降低土壤的农业生产能力，对农作物生长产生负面影响。

农业废水主要污染源为农村生活污水、畜禽养殖废水、农田尾水和农村加工业废水等。农业废水中含有大量的化肥、农药、畜禽粪便等有害物质，直接排放到水体中会导致水体污染和水体富营养化，破坏水生态系统，影响水生物的生存和繁殖。农村生活污水中各污染物排放浓度一般为化学需氧量（COD）为250～400mg/L，氨氮（$NH_3$-N）为40～60mg/L，总磷（TP）为2.5～5.0mg/L。农业废水中的化学物质会渗入土壤，导致土壤污染，降低土壤肥力，影响农作物的生长和品质。农业废水中的氨气、硫化氢等有害气体会挥发到空气中，对周围环境和人体健康产生影响，尤其是附近居住的农民。农业废水的排放会破坏周围的生态环境，影响植物生长和污染野生动物的栖息地，破坏生态平衡。

地下水污染来源于工业污染源、农业污染源和生活污染源等。其中，工业污染源是地下水污染的主要来源，尤其是工业生产过程中产生的“跑冒滴漏”等现象，导致污染物直接渗入到土壤和地下水中，造成地下水严重污染。农药、化肥、农灌以及牲畜和禽类的粪便等农业污染源，同样会随水渗入到土壤和地下水中。垃圾填埋场渗滤液泄漏、城市生活污水等生活污染源，均可造成地下水污染。地下水污染物质主要包括氯化物、硫酸盐、硝酸盐、氟化物、酚、氰化物、砷、铬和细菌等。地下水被污染之后水质发生变化，在饮用后人体会出现慢性中毒的症状，紧接着肝、肾等器官都可能会受到不同程度的损害，人体健康将受到极大威胁。地下水受到污染后会对农作物造成直接影响，对于土壤中的农作物而言，耐热、耐寒能力会明显下降。而且，农作物容易受到病虫害的侵袭，生存率降低，进而产量减少、质量下降，对于农业经济的发展十分不利，抑制农业经济的增长速度，甚至还会起到阻碍作用。

综上所述，生活污水、工业废水、农业废水以及地下水污染，都严重影响了水体的质量。生活污水中的有机物和氮磷排放，导致水体富营养化，引发生态系统失衡。工业废水中的有毒有害物质，对水生态和人类健康造成威胁。农业废水的农药和化肥渗入水体，危害水源和食品安全。地下水污染由于其隐蔽性，使得污染物长时间滞留，对水源质量构成潜在威胁。这些问题已经引起全球的广泛关注，因为它不仅是环境问题，也关系到健康、食品安全和经济可持续发展。各种污染源的交织作用使得水污染问题更加复杂和紧迫。因此，水污染影响了人们的生活和生产，加剧了水资源短缺问题，也对环境造成了严重影响。

# 1.3 水中微污染物的研究现状

## 1.3.1 水中微污染物的定义与分类

水中微污染物是指含量少，但有毒、有害且难降解的一类污染物，其进入水体后会使常规水质发生变化，从而直接或间接影响生物生长、发育和繁殖。

水中微污染物按照性质可分为两大类：①无机微污染物，是由微量的无机物构成、通过生产生活产生后进入水体从而危害生物及人体健康的污染物，包括硫化物、卤化物和各种有毒金属及其氧化物、酸、碱、盐类等；②有机微污染物，是由微量的难降解有机物构成、存在于水环境中且影响动植物及人类健康的污染物，包括多环芳烃、多氯联苯、药物及个人护理品等。

## 1.3.2 水中微污染物的来源与危害

### 1.3.2.1 无机微污染物

水中无机微污染物的来源可分为自然源和人为源。自然源主要为地壳变迁、火山爆发、岩石风化等天然过程，随之会产生一些对生态系统有影响的无机物质。人为源为人类各种生产和生活活动，会产生一些含有重金属和盐类污染物的无机废水。

无机微污染物不仅会对人体健康产生危害，而且会破坏生态环境。首先，重金属离子在水体中以各种形式存在，被植物吸收后可通过食物链进入人体，从而最终影响人类健康，引发肺癌、皮肤炎、水俣病或痛痛病等病症。同时，重金属在水体中会抑制水生植物的光合作用和呼吸作用，从而阻碍水生生物的繁衍。其次，盐类污染物被人体摄入后不仅会引起人体系统的功能紊乱，影响新陈代谢功能，而且具有遗传毒性和致癌性。同时，盐类污染物由于其高溶解性易扩散至地下水中，影响地下水的水质。

由于无机微污染物产生的健康与环境风险，国内外对水体中无机微污染物制定了相应的标准。我国2022年最新颁布的《生活饮用水卫生标准》（GB 5749—2022）将溴酸盐的质量浓度限值规定为10μg/L，高氯酸盐的限值规定在70μg/L。美国环境保护署在2019年规定了高氯酸盐在临时饮用水健康执行标准中的浓度为56μg/L。我国《地下水质量标准》（GB/T 14848—2017）将地下水质量分成五类，其中，一类地下水规定了氟化物的含量≤1mg/L、砷的含量≤1μg/L、铅的含量≤5μg/L、汞的含量≤0.1μg/L。

### 1.3.2.2 有机微污染物

水中有机微污染物的来源可分为自然源和人为源。自然源主要为水生生物代谢产生的废物（如藻毒素、细菌以及水生植物的代谢产物），通常在特定的季节和时段才会暴发。人为源主要为人类化学品制造业产生的环境排放、人类在日常活动中使用化学品时产生的排放和农业生产过程中产生的排放。

有机微污染物对人体健康的危害主要包括内分泌干扰、产生抗生素耐药性和“三致”作用。有机微污染物具有亲脂性，易与生物体内某些受体细胞相结合，产生生物积累，从而妨碍天然激素的合成和运转。环境中较低浓度的抗生素即能让微生物的耐药性增加，使得人体感染疾病治愈难度增加。此外，这类物质对人体的淋巴或者脾脏器官的影响会直接损害人体的免疫能力。有机微污染物积累在组织内部，改变细胞的DNA结构，从而对人体组织产生致癌、致畸和致突变的“三致”作用。同时，有机微污染物的生物降解难度大，可与沉积物复合得以积累并持续存在于环境中，影响生物正常的生长繁殖过程，甚至破坏生态环境和人体的免疫调节功能。

国内外对水体中有机微污染物的含量制定了相应的标准。首先，我国在2022最新颁布的《生活饮用水卫生标准》(GB 5749—2022) 中规定邻苯二甲酸二(2-乙基己基)酯、邻苯二甲酸二乙酯和邻苯二甲酸二丁酯三类微污染物的限值分别为8μg/L、300μg/L和3μg/L。同时，美国现行《国家饮用水水质标准》(2001年颁布) 中规定邻二氯苯和1,2-二氯乙烷的限值为600μg/L和5μg/L。其次，国内《城镇污水处理厂污染物排放标准》(GB 18918—2002) 中邻苯二甲酸二丁酯的排放标准是100μg/L，苯并[*a*]芘(BaP) 的指标为0.03μg/L。2011年，世界卫生组织 (WHO)《饮用水水质准则》规定苯并[*a*]芘的指标为0.7μg/L。

综上所述，水体中的微污染物种类繁多，且不易降解，长时间在环境中积累会给生态系统和人体健康都带来严重的影响。因此，为解决这一环境问题，开发行之有效的去除技术是必不可少的。

## 1.3.3 水中微污染物的定量分析方法

### 1.3.3.1 样品预处理

样品预处理的常规方法有吹扫捕集法、顶空法、液液萃取法和固相萃取法等。

#### (1) 吹扫捕集法

吹扫捕集法是一种气相萃取范畴的预处理方法。首先，水样通过惰性气体将其中的挥发性有机物吹入装有吸附剂的捕集管中，然后加热捕集管，反吹解吸，解吸出的有机物进入气相色谱仪进行检测。吹扫捕集法具有不使用有机溶剂、取样量少、富集倍数高、受基体干扰少等优点，且可实现自动化，集样品分离、富集、进样于一体。该方法的实质是一种动态顶空法，相比于静态顶空技术，吹扫捕集时间短、灵敏度高、重现性好。该方法对于沸点低于200℃、能被惰性气体吹出的有机物，如卤代烃、芳烃、挥发性烷烃、烯烃和氯苯类化合物等，都有较好的富集效果，是目前在环境监测系统应用最为广泛的有机物监测前处理方法之一。

**(2) 顶空法**

顶空法是在气相色谱的基础上，依据气液平衡分配原理发展起来的，一般又可以分为静态顶空法和动态顶空法。首先，将样品置于密闭体系中，保持恒定温度，使其上部（顶端）的气体与样品中的组分达到相平衡，然后抽取上部气体进行样品分析。顶空法虽然不需特殊装置、准确性好，但是由于受到容器限制，样品浓缩倍数少，使方法的灵敏度受到影响。而且，有限的顶部空间使每次取样后顶部空气浓度有所改变，进而影响了测量的精密度。若有合适的内标物，则可提高方法的精密度。该方法对于低分子量、低沸点（低于150℃）、易挥发有机物（水中溶解度<2%）有良好的富集效果。目前在我国、日本和欧洲的饮用水中可挥发卤代烃和工业污水中有机有毒挥发物的检测中应用普遍。

**(3) 液液萃取法**

液液萃取法是利用目标组分在两个互不相溶的溶剂中溶解度或分配系数的差异，使目标组分在两相之间发生转移和富集，从而达到分离目的的样品前处理方法。首先，在水相中加入一种与水不相溶的有机溶剂，然后经过振荡使待测组分进入有机相，另一些不溶于有机溶剂的组分仍留在水中，从而达到分离富集的目的。该方法回收率高、简便、成熟，仍然是水样前处理中的常用方法。但是该方法所用溶剂需纯化，否则溶剂杂峰会干扰测定。同时，该方法需要大量溶剂，而且溶剂本身的污染问题比较严重，需要严格而又烦琐的溶剂净化过程。该方法可萃取各个沸点阶段的有机物，尤其适宜分离、富集水中难挥发性和中等挥发性的有机物，如农药、酚类、多氯联苯、多环芳烃等。

**(4) 固相萃取法**

固相萃取法是通过对样品进行反复吸附和洗脱从而达到富集、分离和纯化目标物的样品前处理方法。首先，将固定相（极性吸附剂、键合型吸附剂、离子交换剂等）充填于小型塑料管内，构成一次性小型色谱柱，将样品液用注射器注入小柱中，然后用适当的溶剂将被测物洗脱下来，而其他的干扰物质则留在柱上。与液液萃取法相比，固相萃取法有非常明显的优点。例如，固相萃取法不会产生乳化现象，因此重现性较好。而且，固相萃取法基于目标分析物官能团与固体吸附剂之间的相互作用力将目标分析物萃取出来，精密度较好。由于固相萃取技术已经商品化生产，不需要烦琐的净化程序，应用时的操作过程相对简单，节省劳力。因此，该方法已经应用于环境检测，水中酚类检测，水中的多环芳烃、硝基苯的固相萃取，食品及化工产品中杂质离子及有机物的去除。

#### 1.3.3.2　仪器检测

样品经过预处理后，即可进行上机检测。常见的仪器检测法有气相色谱法、气相色谱-质谱联用法和离子色谱-质谱联用法。

**（1）气相色谱法**

气相色谱法是一种以氢气、氮气等载气为流动相的分析方法。该方法首先采用气相色谱-电子捕获检测仪，通过串联两根极性不同且相互独立的色谱柱，柱子之间通过调节器进行收集与传递。然后，将这两根色谱柱得到的信号进行处理。最后，得到三维色谱图或者二维轮廓图。该方法具有分辨率高、灵活性强、选择性强和分析速度快等特点。在水质检验过程中能够对一些性质十分相似的烃类异构体，或者同位素等物质进行精准分析，且具有较好的效果。此外，气相色谱法的技术性较强，操作上也比较简单，能够在短时间内完成水质检测的整个流程。气相色谱法广泛应用于生活用水、地表水、工业废水和生活污水等领域有机污染物的测定中，在水体有机污染物的控制上起着非常重要的作用。

**（2）气相色谱-质谱联用法**

气相色谱-质谱联用技术是将气相色谱法和质谱法结合的技术。该方法首先根据质量分离分辨待测物。然后，用固相萃取净化和液液萃取提取，优化色谱、质谱条件。最后，绘制标准曲线，进行精密度、准确度测验。通常，色谱法利用保留时间定性，具有缺乏足够信息的问题。而质谱是将被测物质离子化，按离子的质荷比分离，提供化合物结构指纹和分子量信息，确保定性鉴别准确。而气相色谱-质谱联用法结合了色谱良好的分离能力与质谱丰富的定性功能。该方法对水中痕量有机污染物具有快速准确检测的优势，并且可以因水样复杂而产生 SIM 模式杂峰，提高定量检测结果准确度。

**(3) 离子色谱－质谱联用法**

离子色谱是一种高效的色谱技术。该方法首先运行装置，确定最优流动相作为液体溶剂。然后，采集基线，优化色谱条件、质谱条件。最后，对样品进行预处理，绘制标准曲线，进行精密度、准确度测验。该方法能够对阴离子和阳离子进行分析，尤其适用于水体中重金属离子或者高氯酸根离子等污染物的检测。该方法最大的优点是实现了两种技术的优势互补。在对水体中由多种组分构成的混合物进行检测时，能够高效分离并进行定性和定量分析。其中，离子色谱的检测器分为电化学和光学检测器，与质谱分析联用后，能够极大程度地提高定性定量检测的准确性及灵敏度。但对于一些高极性、高分子量和稳定性不够物质的检测，离子色谱-质谱联用技术通常无法很好地发挥作用。

## 1.3.4 水中微污染物的去除技术

### 1.3.4.1 无机微污染物

目前，针对水体中无机微污染物的去除方法主要有物理法、化学法和生物法。

**(1) 物理法**

物理法包括吸附法、膜分离法和离子交换法。

吸附法的原理是通过吸附材料表面巨大的比表面积，利用吸附作用将无机污染物“牵引”到吸附材料的表面，进而使无机物从水体中去除。目前应用于废水处理的吸附剂大致可分为两类：天然吸附剂（如活性炭、硅藻土等）和人工合成吸附剂（如分子筛、金属有机框架材料和纳米吸附剂等）。吸附法常用于去除水中的重金属和盐类等无机污染物。王美玲发现改性粉煤灰对废水中 Pb（Ⅱ）的吸附率可以达到 99%以上；左卫元等以麻风树籽壳为原料，经磷酸处理制备生物质炭吸附剂，在最优条件下，对 Cr（Ⅵ）的去除率可达 74.50%；Tang 等采用铈铁双金属氧化物吸附水中的氟离子，其结果表明，在最优条件下对氟离子的吸附量为 61mg/g。综上所述，吸附法由于具有吸附量大、成本低、操作简单且无二次污染等优点，因此，被广泛应用于实际水厂水处理中。但是，在吸附量、对污染物离子的选择性、再生效率、处理成本等方面均有较大提升空间。

膜分离法是利用外加推动力，以膜作为分离介质，使目标组分在膜两侧得到分离。水中无机盐的膜分离法是电渗析和反渗透。膜材料包括半透膜，半透膜又称分离膜或滤膜，膜壁布满小孔，根据孔径大小可以分为：微滤（MF）膜、超滤（UF）膜、纳滤（NF）膜和反渗透（RO）膜等。Molgora 等采用一种凝结-微滤组合技术去除砷，结果发现这种联合技术能够有效去除 97%的砷。胡齐福等采用两级反渗透膜系统对含镍（250～350mg/L）的漂洗废水进行处理，对镍的去除率可达 99.9%以上。综上所述，该方法对于污水中重金属的去除率较高，且具有工艺简单、无二次污染等优点。因此，具有很大的应用前景。但是，由于受到膜的价格较高、清洗较困难、处理成本高和无法选择性分离等问题的影响，限制了膜分离法的大规模应用。

离子交换法是通过离子交换剂自身的活性基团与无机污染物（重金属离子、含氧阴离子盐）之间的自由置换来去除水中的污染物。市场上常见的离子交换树脂有硅酸钠、沸石、聚苯磺酸、丙烯酸和甲基丙烯酸树脂等。Bajpai 发现离子交换树脂（Amberlite IRA96）对污水中的 Cr（Ⅵ）具有很好的吸附效果，pH 值从 7 降低到 2 时，树脂对 Cr（Ⅵ）的去除率从 57.8%上升到 99.8%；韩科昌发现一种新型离子交换树脂（NDA-36）对废水中 Ni（Ⅱ）的饱和吸附量可达 1.13mmol/g。利用离子交换法去除水中的无机微污染物时虽然具有出水水质好、对环境无二次污染、产生的污泥量较少等优点，但也存在强度低、再生频繁、不耐高温和操作费用高等问题。

**（2）化学法**

水中微污染物的化学去除法主要包括化学沉淀法和化学还原法。

化学沉淀法是通过向废水中投加化学物质，进而发生直接的化学反应，最终使其生成难溶于水的沉淀物，从而达到污染物分离去除的效果。该方法常用于处理重金属废水。Li 采用芬顿法和硫化物沉淀法去除工业废水中的重金属 Ti，发现芬顿法通过氧化和沉淀对 Ti 的去除率可达 95%；范庆玲采用化学沉淀法去除垃圾焚烧飞灰浸取液中的重金属（$Mn^{2+}$、$Pb^{2+}$、$Zn^{2+}$、$Cu^{2+}$和 $Cd^{2+}$），在无机沉淀剂硫化钠与重金属物质的量比为 1∶50 时，总的重金属去除率可达 87.61%。化学沉淀法去除重金属废水具有操作简单、效率高的优点。但是，这种方法操作成本很高，而且会产生大量淤泥，难以处理。该方法对较低浓度的重金属污水的处理有一定限制。

化学还原法是通过还原剂与无机盐之间发生氧化还原反应，进而将地下水里的盐类污染物转化为无毒无害的物质的技术手段。该方法常用于处理水体中微量的盐类污染物。如通过加氢催化还原初始浓度为100mg/L的硝酸盐，生成的$NH_4^+$浓度低于0.5mg/L。纳米零价铁还原硝酸盐的过程中，未经调节反应溶液的pH值，在30min内将所有硝酸盐还原为氮气，并且几乎没有任何中间产物产生。利用化学还原法去除水中的无机盐类虽然去除效果显著，但需要注意反应过程生成的中间产物是否会对环境造成二次污染。

(3) 生物法

水中微污染物的生物去除法主要包括植物富集法和生物反硝化法。

植物富集法是通过将某些特定植物种在重金属废水中，利用超强富集能力把金属离子富集到植物体内，然后再对植物进行移除，从而去除水体中的重金属。这样的植物既有陆生草本植物。如蜈蚣草、大叶井口边草等，也有藻类植物，如某些蓝藻、小球藻等。如采用盆栽模拟试验，研究植物对砷的耐性及吸收富集的状况，发现澳大利亚粉叶蕨对砷的去除率在7.7%～11.82%，中国蜈蚣草对砷的去除率为12.11%～22.84%。植物富集法虽然具有成本低、操作简单、无二次污染等优点，但是也存在去除率不高的问题。

生物反硝化法就是利用微生物的反硝化作用，将盐类微污染物转化为无毒害物质。生物反硝化包括自养反硝化和异养反硝化。该方法可以广泛应用于无机盐类污染物的去除，如硝酸盐。如在模拟原位生物修复脱除地下水中硝酸盐的实验中，用有机玻璃砂渗透槽模拟含水层、包气带和反硝化墙层，当硝酸盐荷载量小于157.68(mg·N)/(d·kg)时，BP-沸石反硝化墙可以除去97.7%的硝酸盐。采用浸没式微生物脱盐反硝化池原位修复地下水中硝酸盐，在最优运行条件下可以去除90.5%的硝酸盐。利用生物反硝化法去除水中的硝酸盐有较高的去除率，但生物法脱氮的选择性较低，一般需要外加碳源，易对水体造成二次污染，需要进行后续处理。而且作为反应场所的生物反应器体积较大，建设费用高，运营管理要求高。因此，该方法在实际运用中受到了限制。

#### 1.3.4.2 有机微污染物

目前，对于有机微污染物水体通常采用吸附法、膜分离法、高级氧化技术和生物处理法等方法进行处理。

**(1) 吸附法**

吸附有机污染物是通过静电引力、范德瓦耳斯力及 π-π 键等作用力达到吸附水中的污染物的目的。多孔型固体吸附剂或有机分子中吸附剂表面带有负电荷，使得其能够发挥静电引力，吸附带正电的有机化合物。吸附法主要对非极性和弱极性的有机物以及低分子量、低溶解度的有机物去除效果较好。如椰壳活性炭和煤质活性炭对邻苯二甲酸二乙酯的最大吸附量分别为 359.58mg/g、261.04mg/g；微波辅助负载铁改性活性炭对低浓度的萘、菲、芘的吸附量分别为 160.88mg/g、181.99mg/g、199.07mg/g。吸附法在有机微污染物的去除中应用较为广泛，但是存在着易饱和失效、吸附材料再生率低等问题，且在工程应用方面较为缺乏。

**(2) 膜分离法**

膜分离法用于去除有机污染物和去除无机污染物的原理相同。该方法可有效去除水中的有机污染物。如通过复合膜渗透蒸发分离含酚废水，对苯酚的去除率可以达到 87.78%；采用纳滤膜工艺去除三氯卡班（TCC）、三氯生（TCS）大分子量的有机微污染物时，去除率可分别达到 100%、89.5%。膜分离法虽然对有机微污染物具有较好的截留效果，但是也存在一些缺点和问题。例如反渗透工艺有原水利用率较低、反渗透浓水处理率较低和外加压力所需能量较高等问题，超滤膜的能耗较低但是对污染物的截留效果一般，对外部污染负荷的应变能力较差，而且不能去除水中的硬度。

**(3) 高级氧化技术**

高级氧化技术的原理是在高温高压、电、声、光辐照、催化剂等反应条件下，通过产生强氧化能力的羟基自由基，使大分子难降解有机物氧化成低毒或无毒的小分子物质，最终达到有机物去除的效果。根据产生自由基的方式和反应条件的不同，可将其分为光化学氧化、臭氧氧化、电化学氧化、Fenton 氧化等。常用到的氧化剂有臭氧、$H_2O_2$ 和过硫酸盐等。针对有机微污染物，高级氧化技术在城镇排水，炼焦、印染、印刷和制药等行业都有显著的效果。如臭氧氧化法和 Fenton 法处理苯系物（BTEX）废水时，BTEX 的降解率可以分别达到 80%和 83.9%；利用紫外/过硫酸盐高级氧化技术去除水中天然有机物时，$UV_{254}$、溶解性有机碳（DOC）和三卤甲烷的形成潜力（THMFP）三个指标的去除率分别可以达到80%、73.9%和84%。高级氧化技术处理过程复杂、处理费用普遍偏高、氧化剂消耗大、碳酸根离子及悬浮固体对反应有干扰。因此，仅适用于高浓度、小流量的废水的处理，而处理低浓度、大流量的废水十分困难。

**（4）生物处理法**

生物处理法是利用微生物的新陈代谢来分解转化污水中的污染物，最终达到污染物去除的目的。活性污泥法是最常用的生物处理法之一。主要是通过微生物降解、污泥絮体吸附和挥发这三条降解路径来处理废水。活性污泥法对水中溶解和胶体状态的可生物降解有机物具有良好的去除效果，也可以去除生活污水中药类和抗生素类有机微污染物。如传统的活性污泥工艺能够去除约70%～90%的吐纳麝香，能去除约40%～65%的卡马西平、安定、双氯酚钠、布洛芬、萘普生、罗红霉素、磺胺甲恶唑和碘普罗胺等药品类物质，对类激素物质如雌酮、雌二醇和乙炔雌二醇的去除率大于65%。生物处理技术虽然对一些污染物去除效果好，具有水处理成本低的优点，但是微生物的活性容易受温度的影响，所以其处理效果受外部环境干扰较大，当水温较低时生物处理技术的处理效果会大大降低。

综上所述，针对水体中的有机和无机微污染物，吸附法都对其有良好的去除效果。且吸附法具有效率高、易操作、经济合理、无二次污染等特点，各国研究人员在去除水中微污染物方面开展了许多的研究，吸附法也成为国内外常用的技术手段。

# 1.4 功能化炭材料在水处理中的应用

## 1.4.1 在地表水处理中的应用

### 1.4.1.1 对盐类污染物的去除

地表水中常见的盐类污染物大多是含氧阴离子，主要包括溴酸盐和高氯酸盐等。目前，本课题组已对以上两种污染物开展了大量研究。

溴酸盐是含溴原水经过臭氧消毒处理之后生成的副产物，它被认定为2B级的潜在致癌物。因此，为了保障饮用水水质安全，国内外研究人员开展了大量水中溴酸盐的去除研究。Huang 等通过研究表明，颗粒活性炭对饮用水中溴酸盐的吸附量为 1.61mg/g。唐敏康等制备了活性炭负载亚铁离子（GAC-Fe），在 Fe 的质量分数为 1.222%时，对溴酸盐的去除率达 95%，比原始 GAC 高出 60%。GAC-Fe（1.222%）对溴酸盐的去除包括吸附和还原 2 种机制，反应后的溶液中溴酸盐被还原为无毒的 $Br^-$。Chen 等利用阳离子表面活性剂十六烷基三甲基氯化铵（CTAC）改性后，GAC-CTAC-2 在 pH 值为 6.0 时对溴酸根的吸附量高达 30.30mg/g，比原炭效果提高了 6 倍。

高氯酸盐常作为氧化剂用于烟火制造、火箭推进剂生产以及爆破作业等工程领域，会严重影响人体甲状腺功能，危害人体健康。因此，研究人员开展了采用原炭和改性后炭材料吸附高氯酸盐的研究。M. Rovshan 等通过研究表明，煤基颗粒活性炭对水中高氯酸盐的吸附量为 0.32mmol/g。Chen 等改性后的活性炭的孔隙体积、有效吸附面积和 $pH_{pzc}$ 均有所提高，对 $ClO_4^-$ 的吸附容量提高了 4 倍。J. H. Xu 等制备了含有纳米级氢氧化铁的 Fe-GAC 吸附剂材料以吸附水中的高氯酸盐，最大吸附容量为 1.17mmol/g，主要吸附机理是静电吸引、离子交换和表面络合。

#### 1.4.1.2　对有机污染物的去除

地表水中常见的有机污染物主要包括多环芳烃（PAHs）、多氯联苯（PCBs）、药物及个人护理品（PPCPs）等。以下主要介绍炭材料对 PPCPs 的去除现状。

PPCPs 包括药物及个人护理品，具有很强的持久性、生物积累性和生态毒性，可使水生生物的物化或生化反应功能发生改变，还会增加人类病原菌耐药性。由于难生物降解，因此，传统的污水处理工艺无法将 PPCPs 彻底去除。吸附法由于吸附速度快、成本低、稳定性强等优点，在去除 PPCPs 方面具有很大的潜力。As. Mestre 等采用 2 种活性炭（CAC、CPAC）对布洛芬进行吸附。结果表明，当 pH 值为 2 和 4 时，2 种活性炭对于布洛芬的去除率均高于 90%。Jia Wei 等研究表明，生物炭对诺氟沙星的最大吸附容量为 122.16mg/g，通过引入黏土物质，生物炭-蒙脱石复合材料对诺氟沙星的最大吸附容量为 167.36mg/g。Y. Li 等通过使用铁改性生物炭，对于氯霉素的吸附容量分别为 28.19mg/g 和 89.05mg/g，吸附机制主要依赖于氢键和颗粒间扩散。

## 1.4.2 在行业污水处理中的应用

### 1.4.2.1 对重金属类污染物的去除

行业污水中常见的重金属污染物种类众多，如砷、铅、镉、锌、汞、银、镍等。以下主要介绍炭材料对砷的去除现状。

砷主要来源于金属矿石的开采、冶炼及化工和农药等产品的生产，以及工业废物的不当排放。砷是一种剧毒类金属元素，具有毒性持续时间长、不可生物降解等特性，易通过生物链于人体累积，长期接触容易导致慢性中毒。吸附法是目前深度除砷的主要技术之一。公绪金采用中孔型活性炭（NCPAC）对As（Ⅲ）和As（Ⅴ）进行吸附，最大吸附量分别为1.63mg/g，1.59mg/g。曹秉帝等研究了三价铁改性不同活性炭（颗粒和粉末）对水中砷的吸附特性的影响，结果表明，在pH值为7时，粉末和颗粒活性炭对As（Ⅲ）的最大吸附量分别为2.38mg/g和9.39mg/g，而对As（Ⅴ）的最大吸附量分别为5.12mg/g和2.32mg/g。陈维芳等用CTAC改性能显著提高活性炭对水中As（Ⅴ）的吸附能力，在pH=6、空床接触时间0.53min、进水As（Ⅴ）浓度100μg/L的条件下，改性后活性炭运行22500个床体积后出水才达到10μg/L的砷穿透点，吸附能力能达到16.7mg/g。与此相比，未改性的活性炭仅能运行2200个床体积，吸附能力仅为2.49mg/g。

### 1.4.2.2 对有机污染物的去除

行业污水中常见的有机微污染物一般来自焦化废水，主要有酚类、喹啉、蒽、多环芳烃等杂环苯系物。以下是炭材料对苯酚和多环芳烃（PAHs）的去除技术。

苯酚是一种常见的剧毒有机污染物，广泛存在于焦化残渣、纸张、气体、炼油废物、医疗废水和其他工业废水中。由于其毒性大，即使在低浓度下也可能构成严重的生态危害。将活性炭作为吸附剂应用于含酚废水的处理，具有绿色环保、经济、可重复再生和可回收酚类等优势。苏小平等在研究活性炭吸附苯酚时，在3000mg/L苯酚水溶液100mL、吸附时间38min、吸附温度15℃、苯酚水溶液pH值为3的条件下，发现活性炭对苯酚水溶液的吸附量为70.2mg/g。J. Przepioski用氨气处理活性炭对水中苯酚吸附性能的影响，处理温度为400～800℃，处理时间为2h，与未经处理的活性炭相比，氨改性活性炭对水中苯酚的吸附效果明显增强。吕松磊等以稻壳为原料，通过两步法并采用KOH活化和EDTA-4Na原位改性法制备高吸附性能的稻壳基活性炭，并应用于苯酚废水的处理，最大的吸附量达194.24mg/g。

PAHs主要来源于化石燃料和生物质的不完全燃烧以及石油泄漏等。由于生物蓄积性、长距离迁移和生物毒害性，PAHs污染已被视为全球主要环境问题之一。刘凡等使用活性炭固定床吸附分离溶液中表面活性剂和多环芳烃，在可以去除90%以上的PAHs的同时，回收90%表面活性剂。Eleanor Raper等研究了加入粉末活性炭对焦化废水中六种PAHs的去除效果，结果表明，添加粉末活性炭后，使六种多环芳烃的去除率提高了20%。Ge等采用微波对煤基活性炭进行改性，发现微波改性使活性炭的表面积和空体积均有所增加，且改变了活性炭表面含氧官能团的分布，萘在改性炭上的吸附平衡时间仅为40min，平衡吸附量为189.43mg/g。赵莹等用微波分别与活性炭、钢渣和碳化硅作用去除焦化废水中PAHs，对比分析发现活性炭的去除效果最好，其中焦油活性炭对PAHs的去除率为54.7%。

#### 1.4.2.3 其他微污染物——氟

氟主要来源于电镀、金属加工、电子制造和煤炭开采等过程。过量地摄入氟不仅会引起氟斑牙和氟骨症等疾病，而且会对人体的免疫系统、肾脏、胃肠道等产生不利影响。吸附法因其工艺简单、成本低、二次污染小等特点，在含氟废水处理中应用广泛。Sun等用铁改性炭材料去除饮用水中的氟化物，该吸附剂能够使氟浓度从10.0mg/L降至1.0mg/L以下，其Langmuir理论最大氟吸附容量为2.31mg/g。Li等研究了聚吡咯负载生物炭对氟的吸附性能和机理，实验结果表明，pH值介于2.0～10.0之间时，该吸附剂具有良好的氟去除性能，共存离子的影响很微弱，其Langmuir理论最大吸附容量为17.15mg/g。其中，$F^-$与最外层上掺杂的$Cl^-$发生离子交换作用是氟吸附的主要机理。田大年等将预处理后的煤基活性炭用$FeCl_3$溶液浸泡制得改性煤基活性炭，改性之后能够有效改善活性炭孔结构和比表面积，更好地负载铁盐，从而有效去除水中的氟离子，结果显示，改性之后的活性炭对氟离子的去除率最高达94%左右，比未经处理的活性炭提高约10%。

### 1.4.3 目前存在的问题与发展前景

综上所述，虽然功能化炭材料在水中微污染物处理方面取得了一定的进展，但在实际应用中还存在一些问题，尤其是吸附有限、选择性较差和二次污染的问题。

选择性离子吸附材料研发始于20世纪60年代，经过60年的高速发展，选择性离子吸附材料领域目前依旧保持了极高的研究热度和研究水平。在研发选择性离子吸附材料时，通常利用4种选择性离子吸附原理（包括分子印迹技术原理、软硬酸碱理论、非静电作用原理和竞争离子自我抑制原理）进行制备。分子印迹技术原理是一种在聚合物中产生具有特定分子选择性和高亲和力的模板分子空腔的技术，该技术与生物学中酶与底物的识别系统原理类似；软硬酸碱理论，即硬酸与硬碱反应生成稳定配合物，软酸与软碱反应生成稳定配合物，该理论可以用于预测金属配合物的稳定性，设计、制备选择性离子吸附材料，具有重要的理论与实际意义；非静电作用原理，是指通过优化活性基团类型，可以强化对某些无机离子的亲/疏水性和氢键吸附，实现选择性吸附效果；竞争离子自我抑制原理是指通过优化再生液中竞争离子和反离子的电子当量比，将其用于活化或再生标准树脂，可以有效抑制标准树脂对竞争离子的吸附，但不影响对目标离子的吸附，实现标准树脂对水中目标离子的选择性吸附。在4种选择性离子吸附原理中，分子印迹技术和软硬酸碱理论较早被应用于选择性离子吸附材料研发，它们也是目前应用最成功、最广泛的选择性离子吸附原理。相对而言，基于非静电作用原理的吸附材料目前仅用于部分无机阴离子的选择性吸附，研究数量有限。而竞争离子自我抑制原理则是近年来新发现的化学原理，该机理并未形成新的选择性离子吸附材料。

除以上选择性吸附机理，在吸附过程中还包括了表面络合、静电吸引等作用机理。在本书中，课题组利用不同的吸附机理，通过改性炭材料，制备可以选择性吸附微污染物的功能化炭材料。例如本课题组通过将季铵盐化合物与GAC结合，利用静电吸引和离子交换选择性吸附高氯酸盐；通过环氧化季铵盐改性活性炭同时还原和吸附水中的溴酸盐；制备了纳米零价铁改性活性炭，通过表面络合作用、静电吸附作用和离子交换作用吸附水中的砷；制备镧改性活性炭，通过软硬酸碱理论选择性吸附水中氟离子。

开发了银改性活性炭高效去除焦化废水中苯并［$a$］芘 BaP 的方法，其吸附原理为供-受电子作用、软硬酸碱理论和阳离子-π 键络合作用；制备了 Fe/Mn 改性活性炭作为双功能催化剂降解 BaP，原理为软硬酸碱理论和阳离子-π 键络合作用。

总之，与庞大的研究论文数量相比，目前通过市场渠道可购买到的新型选择性离子吸附材料极为少见，大量优秀的选择性离子吸附材料研发仅停留在论文层面，成为优秀的选择性离子吸附材料应用于生产实践的主要瓶颈。在这种情况下，拓展选择性离子吸附材料研发思路，以成熟的商业化材料为载体，通过简单负载或改性处理而获得新型选择性离子吸附材料，将具有更大的产业化可行性。另外目前研究主要集中于将有害离子从水中选择性吸附到固体表面，当吸附材料饱和后就会失去吸附能力，产生大量危险废物。在这种情况下，开展下游技术研发如饱和吸附材料的再处理，从而实现吸附材料的重复使用，具有特别重要的环境意义。

综上所述，研发用于高效选择去除水中微污染物的功能化炭材料，不仅有利于保障饮用水安全、控制外排污水生态风险、保障地表水环境质量，而且具有非常广泛的市场需求和应用前景。本书中功能化炭材料在处理实际水体时具有巨大的潜力。

## 参考文献


［1］蒋剑春. 活性炭制造与应用技术［M］. 北京：化学工业出版社，2017.

［2］王克六. 我国淡水资源的利用现状及对策［J］. 南方农业，2015，9（27）：239-242.

［3］Meng F. The impact of water resources and environmental improvement on the development of sustainable ecotourism［J］. Desalination and Water Treatment，2021，219：40-50.

［4］王焰新. 地下水污染与防治［M］. 北京：高等教育出版社，2007.

［5］Quentin A，Arnaud H，Dominique P. Impact assessment of a large panel of organic and inorganic micropollutants released by wastewater treatment plants at the scale of France［J］. Water Research，2021，188：116524.

［6］Gwenzi W，Mangori L，Danha C，et al. Sources，behavior，and environmental and human health risks of high-technology rare earth elements as emerging contaminants［J］. Science of the Total Environment，2018，636：299-313.

［7］卢闻君. 新型功能吸附剂的制备及其对生态环境中金属镉特异吸附性研究［D］. 杭州：浙江农林大学，2018.

［8］王美玲. 固废基吸附剂对废水中重金属离子的去除性能研究［D］. 太原：太原理工大学，2016.

［9］田甜. 中国农村地下水中有机微污染物和金属的浓度分布及健康风险［D］. 大连：大连理工大学，2019.

[10] 桂起林. N-乙烯基甲酰胺表面改性聚丙烯膜及其去除水中有机微污染物研究 [D]. 北京：北京化工大学，2021.

[11] 席北斗，霍守亮，陈奇，等. 美国水质标准体系及其对我国水环境保护的启示 [J]. 环境科学与技术，2011，34 (05)：100-103，120.

[12] 黄纯琳，叶国卫，卓晓婵. 气质联用法和气相法测定土壤中正丁醇的比较 [J]. 中国环保产业，2023 (02)：78-80.

[13] 许昕. 吹扫捕集法测定固废浸出液中挥发性有机物 [J]. 广州化工，2020，48 (13)：72-74.

[14] Driscoll J N，Maclachlan J. Monitoring methane from fracking operations：Leak detection and environmental measurements [J]. ACS Energy Letters，2017，2 (10)：2436-2439.

[15] Kensuke Y，Makoto H，Tetsuo O. Liquid-liquid extraction from frozen aqueous phases enhances efficiency with reduced volumes of organic solvent [J]. ACS Sustainable Chemistry & Engineering，2018，6 (8)：10120-10126.

[16] 黄贵琦. 新型碳与聚合物材料在环境有机微污染物前处理及检测中的应用研究 [D]. 西安：西安建筑科技大学，2018.

[17] 傅若农. 固相微萃取 (SPME) 近几年的发展 [J]. 分析试验室，2015，34 (05)：602-620.

[18] 李雪颖，王霞，张维谊. 基于气相色谱检测农产品中有机氯农药残留技术的研究进展 [J]. 化学世界，2023，64 (04)：193-203.

[19] 宋晓娟，李婷婷，赵颖，等. 固相萃取-超高效液相色谱-三重四极杆质谱法测定海水中 14 种喹诺酮类抗生素 [J]. 化学研究，2023 (04)：319-327，332.

[20] Oliver F. Metabolomics by gas chromatography-mass spectrometry：Combined targeted and untargeted profiling [J]. Current protocols in molecular biology，2016，114：30. 4. 1-30. 4. 32.

[21] 韩陈，赵镭，吴亚平. 气相色谱-质谱法测定涂漆筷子中 28 种有机化合物迁移量及其迁移规律和风险评估研究 [J]. 理化检验-化学分册，2023，59 (07)：745-751.

[22] 林威，常海龙，黄晨宇，等. 65%氨氟乐灵水分散粒剂的高效液相色谱-质谱和气相色谱-质谱分析方法 [J/OL]. 应用化工：1-6 [2023-08-17]. DOI：10. 16581/j. cnki. issn1671-3206. 20230712. 015.

[23] 张秀尧，蔡欣欣，张晓艺，等. 离子色谱-三重四级杆质谱联用法快速测定水中丁基黄原酸 [J]. 环境卫生学杂志，2021，11 (03)：275-279.

[24] 左卫元，全海娟，史兵方，等. 麻风树籽壳生物质炭的制备及对六价铬离子的吸附研究 [J]. 工业安全与环保，2016，42 (07)：51-54.

[25] Tang D，Zhang G. Efficient removal of fluoride by hierarchical Ce-Fe bimetal oxides adsorbent：Thermodynamics，kinetics and mechanism [J]. Chemical Engineering Journal，2016，283：721-729.

[26] Mólgora C C，Domínguez A M，Avila E M，et al. Removal of arsenic from drinking water：A comparative study between electrocoagulation-microfiltration and chemical coagulation-microfiltration processes [J]. Separation and Purification Technology，2013，118：645-651.

[27] 胡齐福，吴遵义，黄德便，等. 反渗透膜技术处理含镍废水 [J]. 水处理技术，2007，33 (9)：72-74.

[28] Bajpai S，Dey A，Jha M K，et al. Removal of hazardous hexavalent chromium from aqueous solution using divinylbenzene copolymer resin [J]. International Journal of Environmental Science & Technology，2012，9 (4)：683-690.

[29] 韩科昌，王劲松，张玮铭，等. NDA-36 树脂处理含铜、镍电镀废水工艺研究 [J]. 科学技术与工程，2017，17 (17)：361-365.

[30] Li H S, Zhang H G, Long J Y, et al. Combined Fenton process and sulfide precipitation for removal of heavy metals from industrial wastewater: Bench and pilot scale studies focusing on in-depth thallium removal [J]. Frontiers of Environmental Science & Engineering, 2019, 13 (4): 49-61.
[31] 范庆玲，郭小甫，袁俊生. 化学沉淀法去除飞灰浸取液中重金属的研究 [J]. 河北工业大学学报，2019，48 (03)：21-26.
[32] 曹欣，苏苑，闫欣，等. 微藻处理重金属污染技术研究进展 [J]. 华北水利水电大学学报（自然科学版），2019，40 (05)：31-35.
[33] 杨娟娟. 生物质碳基复合材料的制备及对重金属污染物的去除研究 [D]. 济南：齐鲁工业大学，2020.
[34] 刘丹. 碳材料负载过渡金属催化剂应用于水中微污染物的催化降解研究 [D]. 金华：浙江师范大学，2022.
[35] 赵久妹. 生物炭吸附处理水中难降解有机物的研究进展 [J]. 山西化工，2022，42 (09)：21-23.
[36] 王致远. 电场辅助的穿透式类芬顿工艺去除水中有机微污染物的效能与机理 [D]. 上海：东华大学，2022.
[37] 王晔. $TiO_2$ 光催化无机-有机杂化超滤膜去除水中典型微污染物的研究 [D]. 兰州：兰州交通大学，2014.
[38] 王乐梅. *N*-乙烯基酰亚胺骨架的构建与过渡金属催化苯并呋喃酮的合成研究 [D]. 太原：山西师范大学，2022.
[39] Huang W J, Chen L Y. Assessing the effectiveness of ozonation followed by GAC filtration in removing bromate and assimilable organic carbon [J]. Environmental technology, 2004, 25 (4): 403-412.
[40] 唐敏康，肖爱红，许建红，等. 活性炭负载亚铁离子去除水中溴酸盐研究 [J]. 水处理技术，2015，41 (05)：58-62.
[41] Chen W F, Zhang Z Y, Li Q. Adsorption of bromate and competition from oxyanions on cationic surfactant modified granular activated carbon (GAC) [J]. Chemical Engineering Journal, 2012, 203: 319-325.
[42] Mestre A S, Pires J, Nogueira J M F, et al. Activated carbons for the adsorption of ibuprofen [J]. Carbon, 2007, 45: 1979-1988.
[43] Wei J, Liu Y, Li J, et al. Adsorption and co-adsorption of tetracycline and doxycycline by one-step synthesized iron loaded sludge biochar [J]. Chemosphere, 2019, 236: 124254.
[44] Li Y, Wang Z, Xie X, et al. Removal of Norfloxacin from aqueous solution by clay-biochar composite prepared from potato stem and natural attapulgite [J]. Colloids and Surfaces A: Physicochemical and Engineering Aspects, 2017, 514: 126-136.
[45] 公绪金. 中孔型活性炭制备及对 As（Ⅲ）/As（Ⅴ）吸附特性研究 [J]. 哈尔滨商业大学学报（自然科学版），2018，34 (03)：300-306，314.
[46] 曹秉帝，徐绪筝，王东升，等. 三价铁改性活性炭对水中微量砷的吸附特性 [J]. 环境工程学报，2016，10 (05)：2321-2328.
[47] 陈维芳，程明涛，张道方. CTAC 改性活性炭去除水中砷（Ⅴ）的柱实验吸附和再生研究 [J]. 环境科学学报，2012，32 (01)：150-156.
[48] 苏小平，李宁，东明鑫，等. 活性炭对苯酚溶液的吸附性能研究 [J]. 化学世界，2023，64 (04)：267-271.

[49] 吕松磊. 稻壳基活性炭的制备、改性以及对苯酚的吸附机理研究 [D]. 北京：北京化工大学，2020.

[50] 刘凡，温舒晴，王昌，等. 活性炭固定床吸附分离溶液中表面活性剂和多环芳烃 [J]. 化工环保，2017，37 (06)：693-698.

[51] 田大年，汪岭，丁润梅. 改性煤基活性炭在高氟水处理中的应用研究 [J]. 石油化工应用，2011，30 (08)：7-9，12.

[52] 王芷铉，郑少奎. 选择性离子吸附原理与材料制备 [J]. 化学进展，2023，35 (05)：780-793.

# 第2章

# 炭材料的制备与吸附原理

## 2.1 炭材料分类

### 2.1.1 传统炭材料

#### 2.1.1.1 活性炭

活性炭是一种由含碳原料经热解、活化制备而成的多孔碳质吸附材料。活性炭按原材料可分为木质活性炭、煤质活性炭和椰壳活性炭等；按形态可分为粉末活性炭、颗粒活性炭和柱状活性炭等。活性炭根据孔径大小，一般可分为微孔炭（$d<2$nm）、中孔炭（$2\leqslant d\leqslant 50$nm）和大孔炭（$d>50$nm），孔径的不同决定了活性炭的功能差异。通常微孔的数量和孔径决定了气体吸附分离能力的强弱；中孔即中间过渡孔，用来负载催化剂并发挥吸附作用，不但是连接微孔和大孔的通道，对大分子的吸附也起着至关重要的作用；大孔对吸附性能的贡献并不是很明显，主要是作为通道。活性炭具有发达的孔隙结构、较大的比表面积、丰富的表面化学基团以及较强的吸附能力，是一种环境友好型吸附剂。因此，活性炭被广泛用于工业“三废”治理、食品工业、医药、污水处理、储能等领域。

#### 2.1.1.2 活性碳纤维

活性碳纤维是一种具有独特物理化学结构的炭质吸附材料，最早出现在1950年，由美国空军基地开始研制，到20世纪60～70年代逐渐发展起来，实现大规模生产。活性碳纤维根据原料纤维种类的不同可分为黏胶基活性碳纤维、聚丙烯腈基活性碳纤维、沥青基活性碳纤维等。活性碳纤维表面分布有大量的微孔结构，微孔的平均孔径一般在1.0～4.0nm范围内，且均匀分布在纤维表面，因此活性碳纤维的比表面积较高。分布的大量微孔结构可直接吸附污染物，对气态污染物和液态污染物都具有良好的吸附脱除效果。此外，活性碳纤维对小分子物质的吸附速率快、吸附量高，特别是对低浓度小分子物质具有优异的吸附性能。活性碳纤维具有大的比表面积，表面分布着大量的微孔结构，有利于实现污染物的快速吸附脱附，不仅可循环再生使用，同时还耐高温、耐酸碱，具有良好的导电性和化学稳定性。目前，活性碳纤维被广泛应用于化工、能源环境、医疗卫生和电子等领域。

## 2.1.2 新型炭材料

### 2.1.2.1 碳纳米管

碳纳米管是一种由石墨片层绕中心轴按一定的螺旋度卷曲形成管状物的一维材料。1991年，日本NEC公司的饭岛澄男（Iijima）用高分辨透射电镜观察到了碳纳米管并在Nature杂志上对其进行了报道。碳纳米管按石墨烯片的层数可分为单壁碳纳米管和多壁碳纳米管；按其结构特征可以分为扶手椅形纳米管、锯齿形纳米管和手性纳米管三种类型。单壁碳纳米管和多壁碳纳米管对芘、萘、菲等具有很高的吸附亲和力，且单壁碳纳米管的吸附能力高于多壁碳纳米管。碳纳米管具有超强的力学性能、大的表面积和孔隙率、高的电导率和热导率等特点，拥有较好的吸附性能。目前，碳纳米管在复合材料、储氢和水处理领域发挥着重要的作用。

### 2.1.2.2 石墨烯

石墨烯是一种由$sp^2$杂化的碳原子紧密排列成具有六方蜂巢结构、仅有一个原子尺寸厚度的单层石墨层片。英国曼彻斯特大学物理学家Andre K. Geim和Konstantin Novoselov，用微机械剥离法成功从石墨中分离出石墨烯，因此共同获得2010年诺贝尔物理学奖。石墨烯按材料可分为单晶石墨烯、多晶石墨烯、石墨烯氧化物、氮化石墨烯和半金属石墨烯五种。石墨烯的结构为碳原子以 $sp^2$ 杂化结构连成的单原子层结构，其理论厚度仅为0.35nm。石墨烯类材料可以通过 $\pi$-$\pi$ 堆叠、静电、疏水及路易斯酸碱等作用对多种水中有机污染物进行吸附，且大多数石墨烯类材料在经过多次吸附循环后仍有很高的回收效率。石墨烯具有结构坚固、力学性能优异、比表面积大和良好的物理化学稳定性等特点。因此，石墨烯在环境保护领域已成为一种理想的高性能吸附材料。

## 2.1.3 改性炭材料

### 2.1.3.1 金属改性炭材料

金属改性炭材料是指在一定的条件下，利用炭材料的吸附性将金属离子或原子附着在炭材料表面而制得的改性炭材料。目前，常用的改性金属有 Fe、Al、Zr、La 等。金属离子负载在活性炭表面上，不仅可以改变其孔隙结构，也可以改变其表面化学官能团的种类，提高表面电荷和酸碱度，从而提高其对目标物的吸附能力。同时，负载了金属的炭材料不仅可明显改善催化体系中存在的金属离子或单质难以回收、催化速率不易控制、易团聚等不足，而且提高了其催化活性和重复利用性。金属和炭材料的协同对于促进电子转移、加速氧化还原循环方面发挥了巨大作用，具有广泛的应用前景。

### 2.1.3.2 酸碱改性炭材料

酸碱改性炭材料是通过酸、碱处理活性炭，使活性炭表面官能团发生改变，并根据实际需要调整活性炭表面的官能团，从而制得的改性炭材料。目前，常用的酸碱改性剂有 $H_2O_2$、$HNO_3$、HClO、HCl、柠檬酸、NaOH 和氨水等。部分强氧化性酸具有改善材料表面特性，增加材料表面活性基团数量，甚至自身即可充当氧化性物质的作用。此外，研究发现，经过强氧化剂 $HNO_3$ 改性后的活性炭表面酸性基团大量增加，同时也会造成微孔结构塌陷，比表面积降低的问题。但经酸改性后的炭材料，对于目标物的吸附性能往往表现出提升的效果。而碱则是与吸附剂的表面酸性官能团等发生反应，并通过静电作用在吸附剂表面引入特定的官能基团，从而起到一定的改善材料孔隙结构的作用。对炭材料进行酸碱改性通常是为了改良炭材料对金属离子的吸附效果，从而拓宽炭材料在吸附领域的应用范围。

#### 2.1.3.3 阳离子改性炭材料

阳离子改性炭材料是通过引入阳离子基团，从而增强对阴离子的吸附能力。常用的阳离子改性剂有季铵盐类、脂肪胺类和脲类等。目前，水处理中使用最广泛的是季铵盐型阳离子表面活性剂。阳离子表面活性剂在水溶液中电离时生成的表面活性离子带正电荷，其亲水基离子中含有氮原子，根据氮原子在分子中的位置不同可分为铵盐、季铵盐和杂环型三类。活性炭经改性后成阳离子改性活性炭，其表面的阳离子通过电荷吸附、静电作用、π-π 堆积等作用机制，能够有效地吸附废水中带阴离子的极性污染物。经改性后的活性炭处理废水的效果有明显提高，对目标物的吸附选择性增加，并且活性炭用量也大幅降低。目前阳离子改性炭材料关于其在炭材料的合成、改性及功能化应用方面已取得了一定的进展，并应用于给水、废水处理等领域。

#### 2.1.3.4 氧化还原改性炭材料

氧化还原改性炭材料是指在适当的温度下，通过合适的氧化剂或还原剂对活性炭表面的官能团进行氧化还原处理所制成的改性炭材料。常用的氧化剂和还原剂有 $HNO_3$、$O_3$、$H_2O_2$、$H_2$、$N_2$、NaOH、KOH 和氨水等。经过氧化改性后，材料表面含氧官能团的含量提高，进而活性炭对极性或非极性物质的吸附能力增强。同时活性炭的表面几何形状变得更加均一。而且，氧化程度越高，酸性含氧官能团含量越多。但经过强氧化处理后的活性炭的孔隙结构会发生改变，比表面积及容积降低，孔隙变宽。而经过还原改性的活性炭表面碱性含氧基团也会大量增加，在一定程度上有助于对某些污染物质特别是有机物的吸附去除。目前氧化改性炭材料在吸附回收或废水治理等领域发挥着重要作用。

## 2.2 炭材料的制备与改性

### 2.2.1 炭材料的制备方法

传统的炭材料制备方法为两步法，包括炭化和活化两个过程。炭化的目的是脱除非碳原子，使植物系原料转变成具有无定形结构的碳，并具有相当大的比表面积。具体步骤如下：①干燥，原料在120～130℃脱水；②炭化，加热温度170℃以上时，原料中有机物开始分解，加热温度到400～600℃时炭化分解。活化的目的是使碳晶格间形成形状和大小不一的发达的细孔。活化方法包括物理活化方法和化学活化方法。物理活化法是利用空气、二氧化碳、水蒸气等氧化性气体在高温下与炭材料内碳原子反应。最主要的是水蒸气物理活化，具体步骤为：当炉温达到300℃时，加入500g原始活性炭材料，以10℃/min的速率升温至800℃。在这个温度下保持10min，然后以10℃/min的速率升温至900℃。活化60min后，关闭蒸汽发生器，通入氮气，当温度降至300℃时，产品为活性炭。化学活化法是通过化学试剂与炭材料发生一系列的交联或缩聚反应，进而创造出丰富微孔。最常用的活化剂是氯化锌、磷酸和氢氧化钾，具体方法如下：称取一定质量比的炭材料和活化剂于烧杯中，搅拌均匀后在常温下放置12h，再经蒸馏水漂洗至中性后，于105℃烘24h。

现有的炭材料制备方法除了两步法外还有一步法，是指将化学药品加入原料中，然后在惰性气体的保护下进行加热，同时进行炭化和活化的一种方法。相对于两步法，一步法在节省步骤的同时，活性炭产品孔隙大，操作温度较低。通常采用木质素含量较高的植物性原料，最常用的活化剂是氯化锌、磷酸和氢氧化钾。以荞麦壳基活性炭材料为例，制备的具体步骤如下：用去离子水将荞麦壳清洗3次后放入烘箱中烘干6h（80℃），干燥后密封保存。然后，称取一定质量比的荞麦壳和磷酸活化剂于烧杯中，搅拌均匀后在常温下放置12h。将浸渍好的混合液装入坩埚中，用锡纸覆盖后放入马弗炉，设定所需要的温度和时间进行活化。最后，将制备的活性炭取出，用粉碎机研磨，筛选出37.5～75.0μm的成品，再用去离子水反复冲洗，直至溶液呈中性。将洗涤好的样品放入干燥箱中，经105℃干燥12h所得即为活性炭。

## 2.2.2 炭材料的改性方法

### 2.2.2.1 金属负载改性

金属负载改性是通过将金属离子负载在活性炭表面，从而改变其孔隙结构和表面化学官能团的种类，提高表面电荷和酸碱度，最终提高其对目标物的吸附能力。金属改性活性炭的制备方法主要包括活性炭预处理、浸渍、洗涤和干燥。首先提前研磨筛选好所用的炭材料并配置好所需的金属盐溶液。其次，将活性炭与配置好的金属盐溶液浸渍充分混合，通过调整溶液的 pH 值来促进金属的负载。再次，调节磁力搅拌器达到预期温度，混合液反应一定时间后冷却到室温，超声浸渍一段时间。然后，用去离子水反复冲洗混合液，直到溶液 pH 为中性，以去除未反应残留的金属盐溶液。最后，将过滤获得的改性活性炭进行干燥后获得成品。

#### 2.2.2.2 酸碱改性

酸碱改性的目的是利用酸、碱等物质处理活性炭，使活性炭表面官能团发生改变，以改善其对金属离子的吸附能力，并根据实际情况，调整活性炭表面的官能团，从而达到所需的吸附效果。酸碱改性活性炭的制备方法主要包括活性炭预处理、浸渍、洗涤和干燥。首先，活性炭样品在使用前用去离子水反复洗涤数次，以去除表面浮尘和杂质，直至洗涤过滤水的 pH 值与去离子水的 pH 值相同。其次，在烘箱中干燥一段时间，放置于干燥器中备用。再次，取一定量预处理后的活性炭，于特定体积和浓度的目标酸或碱中，将其置于恒温水浴振荡器中，在设定的水温下，轻微振荡并浸渍。最后，对反应液进行抽滤，直至清洗液与蒸馏水的 pH 值基本一致，然后烘干至恒重，得到成品。

#### 2.2.2.3 阳离子改性

阳离子改性的目的是利用阳离子表面活性剂带正电的特性，将阳离子加载到活性炭上后使活性炭表面所带正电荷量增加，进而通过静电作用或离子交换作用吸附更多的阴离子。阳离子改性活性炭的制备方法主要包括活性炭预处理、混合反应、洗涤和干燥。首先，提前研磨筛选好所用的炭材料，并配制好所需的不同浓度的阳离子表面活性剂。其次，在配好的阳离子表面活性剂中加入一定量经过研磨筛选过的未改性炭材料，并于室温下将以上改性溶液放入振荡器中振荡。最后，将吸附材料进行分离、水洗，进一步干燥后备用。实验中改性后的吸附材料应根据吸附材料——阳离子表面活性剂种类以及对应的浓度来命名。

#### 2.2.2.4 氧化还原改性

氧化还原改性的目的是在适当的温度下，通过合适的氧化剂或还原剂对活性炭表面的官能团进行氧化还原处理，提高材料表面官能团的含量，增强材料表面的极性或非极性，从而提高活性炭对极性或非极性物质的吸附性能。氧化还原改性活性炭的制备方法主要包括活性炭预处理、混合反应、洗涤和干燥。首先，用蒸馏水清洗炭材料，去除杂质后烘干至恒重。其次，称取适量的预处理炭材料与目标氧化剂或还原剂进行混合，并用水浴锅进行加热，用搅拌器使两者混合均匀，反应充分。最后，反应结束后用砂芯漏斗抽洗，直至将炭材料洗至中性（至洗出液 pH 值不再变化为止），在烘箱中烘干，置于干燥器中进行干燥后获得成品。

#### 2.2.2.5 等离子体改性

等离子体改性是通过氮氧等离子体和 $CF_4$ 等离子体在活性炭表面引入含氮、含氧和含氟的基团，从而提高材料的疏水性、阻燃性和抗菌性等性能。等离子体改性活性炭的制备方法主要包括炭材料预处理、等离子体处理、洗涤和干燥。首先，将所需的炭材料与来源剂按一定质量比进行混合研磨。随后，将其转移至反应烧瓶中，开机械泵抽真空。然后，待反应瓶中气压稳定后，打开等离子体电源进行等离子体放电，对炭材料表面进行等离子体处理。反应结束后，将反应产物用去离子水和乙醇充分洗涤、过滤，以去除未反应的来源剂。最后，将改性后的产物放置于冷冻干燥机中干燥后获得成品。

#### 2.2.2.6 微波改性

微波改性是通过炭材料与微波场间产生多重相互作用，并在有限空间内形成电弧等离子体的同时，实现局部热环境的快速构建。因为微波可以在短时间内实现选择性加热（特定区域高温环境的构建），而炭材料又具有 π 电子云系统。因此，炭材料可以凭借高导电性与微波辐射发生强烈的相互作用，将微波吸收并转化为其他高能场，以此实现对炭材料的快速高效改性。微波改性活性炭的制备方法主要包括活性炭预处理、微波辐照和干燥。首先，将活性炭用除盐水反复冲洗后放入除盐水中浸泡，除去其中的杂质。烘干至恒重后对其进行研磨和筛分，置干燥器中备用。其次，将一定量经预处理的活性炭置于氮气流 U 形石英管内，在微波炉内微波辐照一段时间。最后，在氮气流中冷却后置于干燥器中干燥获得成品。

# 2.3 炭材料的吸附原理

## 2.3.1 静态吸附

### 2.3.1.1 基本原理

吸附过程主要分三步进行。首先，发生外扩散过程，即由液相主体到吸附剂颗粒外表面的扩散。其次，发生内扩散过程，即吸附质分子沿着吸附剂的孔道深入到吸附剂内表面的扩散。这个过程主要是通过大孔为吸附质的扩散提供通道，使吸附质通过通道扩散到中孔和微孔中去。最后，发生吸附过程，即已经进到孔表面的吸附质分子被固体所吸附，这个过程主要发生在微孔中。根据吸附质与吸附剂表面分子间结合力的性质，炭材料对微污染物的静态吸附机理可分为物理吸附和化学吸附。

物理吸附，是指吸附剂和吸附质之间通过分子间力（也称范德瓦耳斯力）相互吸引形成的吸附现象。范德瓦耳斯力包括伦敦分散力和偶极子力。伦敦分散力普遍存在于原子和分子间，惰性原子、分子间也都存在，在活性炭吸附中也是非常重要的吸附作用力。偶极子相互作用也是一个相当微弱的相互作用力，表面上电负性不同的原子化学结合在一起时，由于电负性的差异导致对电子吸引强弱的不同产生电子的偏移，电子向电负性较大的一边集中分布，于是在相互结合的原子之间产生偶极矩，在有这种偶极子的表面原子组或者有极性的表面官能团与具有偶极子的分子之间，引发力的作用，这种力就叫作偶极子的相互作用。在物理吸附过程中，电子轨道在吸附质与吸附媒体表面层不发生重叠，也就是说物理吸附基本上是通过吸附质与吸附媒介表面原子间的微弱相互作用而发生的，所以，物理吸附中往往发生多分子层吸附。

化学吸附是生成化学键或者伴随着电荷移动相互作用的吸附，包括氢键、静电引力与共价键。氢键主要产生于固体表面与吸附分子之间，强度是范德瓦耳斯力的5～10倍，是由固体表面与吸附分子中含有氢原子的极性官能团与电负性大的氧、硫、氮等非共价电子对形成的。静电引力是很强的相互作用，即使固体、液体表面等是绝缘体，接触时表面仍会产生静电，电量少却能形成很强的电场，因此，这种表面经常带电的结果就是在发生吸附时产生了静电引力。除此之外，表面能够发生氧化、还原、分解等反应的吸附剂，容易与吸附质之间形成共价键，可产生非常强有力的吸附作用。在化学吸附过程中，电子轨道的重叠起着至关重要的作用，也就是说化学吸附源自吸附剂表面的电子轨道与吸附质的分子轨道的特异的相互作用，所以化学吸附为单分子层。化学吸附伴随着分子结合状态的变化，导致电子状态、振动发生显著的变化。通过傅里叶变换红外光谱可以观察到吸附质在吸附前后发生了明显的变化，而物理吸附则没有这种变化。

#### 2.3.1.2　动力学吸附模型

为了进一步探究静态吸附过程中炭材料对微污染物的吸附速率，通常会采用动力学模型对其分析拟合。动力学吸附模型包括一级动力学模型、二级动力学模型、准一级动力学模型、准二级动力学模型和颗粒内扩散模型。

**(1) 一级动力学模型**

一级动力学模型假定只有一层分子能够吸附在固体表面上，且吸附速率与未吸附分子的浓度成正比。吸附过程符合一级动力学模型表明吸附过程中吸附位点的可用性是有限的，不会发生多层分子的吸附，其次，表明吸附速率随着未吸附分子浓度的增加而增加，但随着吸附位点的饱和逐渐饱和，吸附速率将趋于饱和。一级动力学模型方程如下：

$$\ln c_t = \ln c_0 + k_1 t \tag{2-1}$$

式中　$c_t$——$t$ 时间点的溶液浓度，mg/L；

$c_0$——初始溶液浓度，mg/L；

$k_1$——一级动力学方程常数，$min^{-1}$；

$t$——吸附时间，min。

**(2) 二级动力学模型**

二级动力学模型假定现实中并不存在单因子理想条件，但是众多因子中只存在一种因子决定反应速率。二级吸附动力学模型揭示了整个吸附过程的行为，而且与速率控制步骤相一致。若符合二级吸附动力学模型则说明吸附动力学主要是受化学作用所控制，而不是受物质传输步骤所控制。二级动力学模型方程如下：

$$\frac{1}{c_t} - \frac{1}{c_0} = k_2 t \tag{2-2}$$

式中　$c_t$——$t$ 时间点的溶液浓度，mg/L；

$c_0$——初始溶液浓度，mg/L；

$k_2$——二级动力学方程常数，mg/(g・min)；

$t$——吸附时间，min。

**(3) 准一级动力学模型**

准一级动力学模型假定吸附受扩散步骤控制，即吸附质从溶液中到达吸附剂表面是受扩散步骤控制的。吸附过程符合准一级动力学模型，表明吸附质的吸附反应速率与系统中平衡吸附量及吸附量之间的差值的一次方成正比例关系。准一级动力学模型方程如下：

$$\frac{dq_t}{dt}=k_1(q_e-q_t) \tag{2-3}$$

式中　$q_t$——$t$ 时刻的吸附量，mg/g；

$q_e$——平衡态时的吸附量，mg/g；

$k_1$——准一级吸附速率常数，$min^{-1}$。

**(4) 准二级动力学模型**

准二级动力学模型假设吸附速率由吸附剂表面未被占有的吸附空位数目的平方值决定，吸附过程受化学吸附机理的控制，这种化学吸附涉及吸附剂与吸附质之间的电子共用或电子转移。吸附过程符合准二级动力学模型表明该吸附过程为多重吸附机理的复合效应，说明吸附动力学主要是受化学作用所控制，而不是受物质传输步骤所控制。准二级动力学模型方程如下：

$$\frac{dq_t}{dt}=k_2(q_e-q_t)^2 \tag{2-4}$$

对这个公式从 $t=0$ 到 $t>0$ 进行积分，写成直线形式为：

$$\frac{t}{q_t}=\frac{1}{k_2q_e^2}+\frac{1}{q_e}t \tag{2-5}$$

$$h=k_2q_e^2 \tag{2-6}$$

式中　$q_t$——$t$ 时刻的吸附量，mg/g；

$q_e$——平衡态时的吸附量，mg/g；

$k_2$——准二级吸附速率常数，g/(mg・min)；

$t$——吸附时间，min；

$h$——初始吸附速率常数，mg/(g・min)。

**(5) 颗粒内扩散模型**

颗粒内扩散模型假设条件为液膜扩散阻力可以忽略或者是液膜扩散阻

力只有在吸附的初始阶段的很短时间内起作用；扩散方向是随机的、吸附质浓度不随颗粒位置改变；内扩散系数为常数，不随吸附时间和吸附位置的变化而变化。根据内部扩散方程，以 $q_t$ 对 $t^{\frac{1}{2}}$ 作图可以得到一条直线。若存在颗粒内扩散，$q_t$ 对 $t^{\frac{1}{2}}$ 为线性关系，且若直线通过原点，则速率控制过程仅由内扩散控制。否则，其他吸附机制将伴随着内扩散进行。颗粒内扩散模型方程如下：

$$q_t = k_p t^{\frac{1}{2}} + C \tag{2-7}$$

式中 $q_t$——$t$ 时刻的吸附量，mg/g；

$k_p$——颗粒内扩散速率常数，mg/(g·min$^{\frac{1}{2}}$)，$k_p$ 值越大，吸附质越容易在吸附剂内部扩散，由 $q_t$-$t^{\frac{1}{2}}$ 的线形图的斜率可得到 $k_p$；

$t$——吸附时间，min；

$C$——涉及厚度、边界层的常数。

#### 2.3.1.3 热力学吸附模型

为了进一步探究静态吸附过程中炭材料对微污染物的最大吸附量，通常会采用热力学模型对其分析拟合。常用的吸附等温模型有 Langmuir 吸附等温模型、Freundlich 吸附等温模型、D-R 吸附等温模型、Temkin 吸附等温模型和 BET 吸附等温模型。

**(1) Langmuir 吸附等温模型**

Langmuir 吸附等温模型假设固体表面是均匀的，对所有的分子吸附机会相等，且吸附热及吸附和脱附的活化能与覆盖度无关；每个吸附位只能吸附一个分子，分子之间没有相互作用，吸附只能进行到单分子层为止，且吸附平衡是动态平衡。吸附过程符合 Langmuir 吸附等温模型表明吸附位点是有限且等同的，吸附层是均匀分布的，吸附物质以单分子层吸附在一个固体表面上。Langmuir 吸附等温模型方程如下：

$$q_e = \frac{q_m k_L c_e}{1 + k_L c_e} \tag{2-8}$$

式中 $q_e$——平衡吸附量，mg/g；

$q_m$——单位吸附剂表面覆盖单分子层时的最大吸附量，mg/g；

$k_L$——吸附系数，与温度及吸附热有关，L/mg；

$c_e$——吸附平衡后剩余吸附质的浓度，mg/L。

### (2) Freundlich吸附等温模型

Freundlich吸附等温式是一个经验方程，没有假设条件。它是不均匀表面能的特殊例子，常被用来图解实验结果、描述数据、进行各个实验结果的比较，一般用于浓度不高的情况。吸附过程符合Freundlich吸附等温模型表明气体浓度较低，在中压条件下气体以单分子层吸附的形式吸附在了固体表面。Freundlich吸附等温模型方程如下：

$$q_e = k_F p^{\frac{1}{n}} \tag{2-9}$$

将上述等式线性化，可得如下方程：

$$\ln q_e = \frac{1}{n}\ln p + \ln k_F \tag{2-10}$$

式中 $q_e$——平衡吸附量，mg/g；

$k_F$——Freundlich吸附系数，与吸附剂的性质和用量、吸附质的性质以及温度等有关，表示平衡浓度下吸附吸附质的能力；

$p$——平衡压力，kPa；

$\frac{1}{n}$——Freundlich常数，与吸附体系的性质有关，常在0～1之间。

### (3) D-R吸附等温模型

D-R吸附等温模型假设吸附温度远低于气体的临界温度，气体为理想气体，吸附相为不可压缩的饱和液体。D-R模型主要适用于溶质分子在微孔吸附剂的吸附行为。吸附过程符合D-R吸附等温模型表明由于孔壁之间距离很近，具有分子尺度的微孔发生了吸附势场的叠加，这种效应使得气体在微孔吸附剂上的吸附机理完全不同于在开放表面上的吸附机理。微孔内气体的吸附行为是孔填充，而不是Langmuir、BET等理论所描述的表面覆盖形式。其中，$E<8$kJ/mol，吸附反应属于物理吸附；8kJ/mol$\leqslant E \leqslant$16kJ/mol时，吸附反应属于离子交换吸附；$E>16$kJ/mol时，吸附反应属于化学吸附。D-R吸附等温模型方程如下：

$$\ln q_e = \ln q_m - \beta\varepsilon^2 \tag{2-11}$$

$$\varepsilon = RT\ln\left(1+\frac{1}{c_e}\right) \tag{2-12}$$

$$E = \frac{1}{\sqrt{2\gamma}} \tag{2-13}$$

式中 $q_e$——平衡吸附量，mg/g；

$q_m$——最大吸附量，mg/g；

$\beta$——D-R 吸附能相关常数；

$\varepsilon$——活性炭吸附潜能，J/mol；

$R$——气体常数，8.314J/(mol·K)；

$T$——热力学温度，K；

$c_e$——吸附平衡浓度，mg/L；

$\gamma$——与吸附平均自由能相关的常数，$(mol/kJ)^2$；

$E$——平均吸附自由能，kJ/mol。

### (4) Temkin 吸附等温模型

Temkin 吸附等温模型假设所有分子之间无电荷相互作用，所有参与反应的气体分子都是理想气体。吸附过程符合 Temkin 吸附等温模型表明在多组分体系中，当温度和压力稳定时，分子吸附反应的反应自由能和其他特征参数保持不变。Temkin 吸附等温模型方程如下：

$$q_e = k_1 \ln k_2 + k_1 \ln c_e \tag{2-14}$$

式中 $q_e$——平衡吸附量，mg/g；

$k_1$——Temkin 吸附热相关量；

$k_2$——Temkin 吸附平衡结合常数；

$c_e$——吸附平衡后剩余吸附质的浓度，mg/L。

### (5) BET 吸附等温模型

BET 吸附等温模型假设：①固体表面是均匀的，自由表面对所有分子的吸附机会相等，分子的吸附、脱附不受其他分子存在的影响；②固体表面与气体分子的作用力为范德瓦耳斯力，因此在第一吸附层之上还可以进行第二层、第三层等多层吸附。当吸附达到平衡时，每一层的吸附速度与脱附速度相等。吸附过程符合 BET 吸附等温模型表明吸附物质以多分子层吸附在固体表面上。BET 吸附等温模型方程如下：

$$\frac{p}{v(p_0-p)} = \frac{1}{Cv_m} + \frac{C-1}{Cv_m} \times \frac{p}{p_0} \tag{2-15}$$

式中 $p$——蒸气压，kPa；

$p_0$——饱和蒸气压，kPa；

$v$——单位固体表面上吸附气体的体积，$m^3/m^2$；

$C$——与吸附有关的常数；

$v_m$——单位固体表面上饱和吸附的气体的体积，$m^3/m^2$。

#### 2.3.1.4 静态吸附的影响因素

不同影响因素导致吸附模型不同，进而影响吸附过程的进行。静态吸附的影响因素主要有吸附质、吸附剂、反应温度、pH值。

**（1）吸附质的影响**

吸附质对吸附过程的影响主要包括三个方面。首先，吸附质分子的大小、形状、极性、电荷等特性会影响吸附过程。在同系物中，分子大的较分子小的易吸附；不饱和键的有机物较饱和的易吸附；芳香族的有机物较脂肪族的有机物易吸附。其次，吸附质和固体表面之间的相互作用力也是影响吸附过程的重要因素。常见的相互作用力包括范德瓦耳斯力、静电作用、氢键、化学键等。吸附质与固体表面之间的相互作用力越强，吸附过程越有利。最后，吸附质的浓度变化也会影响吸附过程，随着吸附质浓度的增加，吸附过程变快，直至达到平衡。

**（2）吸附剂的影响**

吸附剂对吸附过程的影响主要包括三个方面。首先，吸附剂的物理性质影响吸附过程。吸附剂的比表面积越大，吸附性能越好；吸附剂的微孔数量越多，内扩散对吸附速度影响越大，可吸附在细孔壁上的吸附质就越多。其次，吸附剂的化学性质影响吸附过程。一般来说，炭材料表面含氧官能团中酸性化合物越丰富，活性炭对吸附性较弱或非极性物质的吸附能力强。碱性表面的产生一般是由于表面酸性化合物的缺失或碱性含氧、氮官能团的增加。通过对炭材料的预处理和改性，可以增强其表面吸附极性物质的能力。最后，吸附剂的投加量影响吸附过程。吸附剂投量越多，吸附质/吸附剂值越小时，去除率越高。

**（3）反应温度的影响**

溶液温度通过影响吸附过程的平衡和速率，从而影响吸附过程。温度对改性炭材料的吸附可能产生较大影响，通过实验数据可以判断是吸热反应还是放热反应。当吸附过程为放热过程时，去除率随温度升高而减小。随着温度的升高，吸附能力的下降可能是由于温度的升高导致吸附物质与吸附表面活性位点之间的吸附力下降。当吸附过程为吸热过程时，去除率随温度升高而增大。这是由于随着温度的升高，吸附活性位点的数量也增加。但当达到一定温度后，温度继续提高而炭材料的去除率变化范围不大时，此时为最佳反应温度。通过确定最佳反应温度可节约能源。

(4) pH 值的影响

溶液 pH 值的变化，对吸附剂表面结合位点的解离和吸附质的形态均有影响。因此，溶液 pH 值在吸附过程中起着非常重要的作用，特别是对染料类物质的吸附。首先，在高 pH 值溶液中，溶液界面的正电荷减少，炭材料吸附剂表面呈现负电性，阳离子吸附质的吸附量增加，阴离子吸附质的吸附量减少。而在低 pH 值溶液中，溶液界面的正电荷增加，炭材料吸附剂表面呈正电性导致阴离子吸附质吸附增加，阳离子吸附质吸附减少。其次，pH 值控制了酸性或碱性化合物的离解度，当 pH 值达到某个范围时，这些化合物就要离解，影响对这些化合物的吸附。最后，pH 值还会影响吸附质的溶解度，以及影响胶体物质吸附质的带电情况。

## 2.3.2 动态吸附

### 2.3.2.1 基本原理

动态吸附过程，即通常采用的流通吸附。将一定质量的吸附剂填充于吸附柱中，使浓度一定的流体在恒温条件下以恒速流过，从而测得透过吸附容量和平衡吸附容量，该过程可以通过吸附穿透曲线来表征。

吸附剂在固定床吸附操作时，从穿透点开始到吸附出、入口吸附质浓度相等为止这段时间内流出口浓度随时间的变化曲线称为穿透曲线。一般分为两种情况；①如图 2-1 (a) 所示，假设床层内的吸附剂完全没有传质阻力，即吸附速度无限大的情况下，吸附质一直是以 $C_0$ 的初始浓度向液体流动

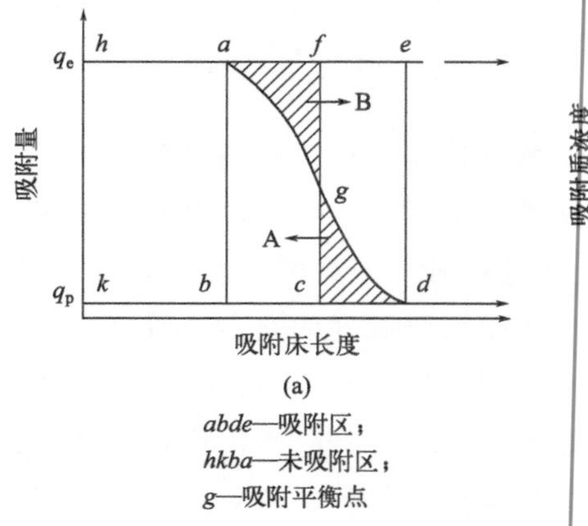


(a)

*abde*—吸附区；
*hkba*—未吸附区；
*g*—吸附平衡点

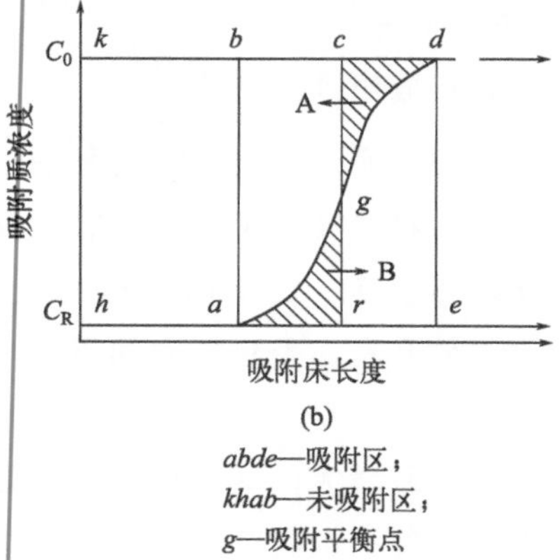


(b)

*abde*—吸附区；
*khab*—未吸附区；
*g*—吸附平衡点

图 2-1 穿透曲线

方向推进；②如图 2-1（b）所示，实际上由于传质阻力存在，流体的速度、吸附相平衡以及吸附机理等各方面的影响。吸附质浓度为 $C_0$ 的液体混合物通过吸附床时，首先是在吸附床入口处形成 s 形曲线图。此曲线称为吸附前沿。吸附前沿常应用于吸附过程的工程概念中，它表示在传质区与未吸附区之间存在着吸附前沿。实际上吸附前沿和流出曲线呈镜面的对称相似，和吸附前沿一样，传质阻力越大，传质区越大，流出曲线的波幅越大，反之，传质阻力越小，流出曲线的波幅也越小。在极端理想的情况下，即吸附速度无限大、无传质阻力的时候，吸附前沿曲线和流出曲线成了垂直线，床内吸附剂都可能被有效利用。

#### 2.3.2.2 动态吸附模型

为了模拟实际运行状态，通常会采用动态吸附模型对其分析拟合。动态吸附模型包括 Thomas 方程、希洛夫方程和 Wheeler 方程。

**（1）Thomas 方程**

Thomas 理论模型是着眼于实际情况而考虑的一个理论模型，它既考虑体系内的温度分布，又考虑体系与环境的温度突跃。吸附过程符合 Thomas 方程表明不仅体系内的温度分布随空间位置及时间的变化而变化，而且体系与环境的温度突跃也随时间的变化而变化。Thomas 方程如下：

$$\frac{c}{c_0}=\frac{1}{1+\exp\left[\frac{k_{\mathrm{Th}}}{Q}(q_0M-q_0V)\right]} \tag{2-16}$$

式中　$c_0$——进水浓度，mg/L；

$c$——$t$ 时刻出水浓度，mg/L；

$k_{\mathrm{Th}}$——Thomas 速率常数，L/(d·mg)；

$Q$——流速，L/d；

$q_0$——平衡吸附量或柱容量，mg/g；

$M$——吸附剂用量，g；

$V$——过柱的溶液体积，L。

**（2）希洛夫方程**

希洛夫方程假设在理想状态下，在理想保护作用时间内通过吸附床的吸附质将全部被吸附，即通过床层的吸附质的量一定等于床层内所吸附的量。吸附过程符合希洛夫方程表明有限吸附速度下的 $t_b$-$L$ 方程是用两种极端的情况处理的，即整个装填层中，一段炭层的吸附速度假定为无限大，而另一段炭层吸附速度为零，两种情况组合成有限吸附速度。吸附速度为零的一段炭层似乎是无效的，它的厚度称为“无效厚度”。希洛夫方程如下：

$$t_b=[a_0/(c_0q_v/S)](L-h) \tag{2-17}$$

式中 $t_b$——装填层有效工作时间（防毒时间），min；

$a_0$——吸附剂的平衡吸附量，$kg/m^3$；

$c_0$——气体中污染物初始密度，$kg/m^3$；

$q_v$——蒸气-空气混合气体的体积流速，m/s；

$S$——装填层的截面积，$cm^2$；

$L$——床层高度，cm；

$h$——无效层厚度，cm，无效层厚度近似等于临界层厚度 $L_c$。

(3) Wheeler 方程

Wheeler 方程假设恒温下固定相和流动相在流动方向连续互相接触，密度恒定不变，流动相在床层内占有恒定的容积分数；分布在整个床层横截面的流动相的流速一定，溶质浓度分布曲线为连续的曲线，不因填充的吸附剂颗粒的大小影响其连续性。吸附过程符合 Wheeler 方程表明进入装填层的蒸气量与被吸附蒸气量和穿透的蒸气量之间存在质量守恒。Wheeler 方程如下：

$$t_b=[a_0/(c_0v)][L_c-1000v/k_v\times\ln(c_0/c_b)] \tag{2-18}$$

式中 $t_b$——穿透时间，min；

$a_0$——单位体积内动态饱和吸附容量，$mg/cm^3$；

$c_0$——初始浓度，mg/L；

$v$——气流比速，$L/(cm^2\cdot min)$；

$L_c$——临界层厚度，cm；

$k_v$——动态吸附速率常数，$min^{-1}$；

$c_b$——穿透浓度，mg/L。

### 2.3.2.3 动态吸附的影响因素

动态吸附的影响因素主要有进水 pH 值、空床接触时间（EBCT）、流速、进水负荷和滤层厚度。

(1) 进水 pH 值的影响

进水 pH 值是考察吸附剂在吸附柱动态吸附条件下，pH 值对吸附剂吸附吸附质最大处理负荷的能力，是吸附剂在工程应用过程中重要的设计参数。实验考察了不同梯度 pH 值的条件下，吸附处理出水中吸附质的浓度。

通常随着初始浓度的增加，无效层厚度逐渐增大，吸附剂对吸附质的吸附时间也会发生改变，饱和吸附量也逐渐增大。

**(2) 空床接触时间（EBCT）的影响**

吸附速度主要受吸附质扩散速度所控制，所以两者接触时间直接影响吸附容量。但由于工业设备庞大，工业上不允许无限增大空床接触时间。例如，粒状活性炭过滤吸附，其滤速为5～10 m/h。如果滤速太快则吸附不完全，出水残余浓度升高；滤速太慢则单位设备处理能力下降。

**(3) 流速的影响**

流速是考察吸附剂在吸附柱动态吸附条件下，单位体积吸附剂的最大处理流量负荷的能力，是吸附剂在工程应用过程中重要的设计参数。通常实验考察不同梯度流速条件下，吸附处理出水中吸附质的浓度变化情况。如随着溶液流速的加快，穿透点提前，穿透曲线移动且变得陡峭。这是根据吸附传质原理，进水溶液流速加快，传质系数增加，炭材料表面的外部膜传质阻力减小，吸附质在吸附剂上的停留时间缩短，导致炭材料的饱和吸附时间变短，从而穿透时间缩短。

**(4) 进水负荷的影响**

进水负荷是考察吸附剂在吸附柱动态吸附条件下，吸附剂对不同进水量下吸附质吸附能力的影响，是吸附剂在工程应用过程中重要的设计参数。通常实验中随着吸附质浓度的增加，穿透曲线变得陡峭，穿透点提前，吸附柱穿透饱和的进程明显加快。这是因为随着进水浓度的增高，浓度梯度变大，扩散系数的增加使得吸附质的传质驱动力增大，更多的活性吸附位点被吸附质覆盖，导致吸附带长度变短，穿透时间变短。

**(5) 滤层厚度的影响**

滤层厚度是考察吸附剂在吸附柱动态吸附条件下，一定流速下滤层厚度对炭材料吸附剂最大处理负荷能力的变化，是吸附剂在工程应用过程中重要的设计参数。通常实验考察不同梯度滤层厚度条件下，吸附处理出水中吸附质的处理效果，随着滤层厚度增加，穿透时间延长。这是因为传质带的距离增加了，吸附质流过滤层与其中吸附剂的接触时间变长，有利于吸附质的去除。当然滤层中炭材料粒径也有很大的作用，如随着粒径的增大，穿透曲线变得陡峭，穿透时间短。随着粒径变小，吸附质与吸附剂接触面积相应增加，颗粒内扩散路径变短，相应的吸附质饱和吸附量也会增加。

## 参考文献

[1] 王大川. 活性炭在水处理应用中的研究 [J]. 化工管理，2017 (25)：78.
[2] 蒋剑春，孙康. 活性炭制备技术及应用研究综述 [J]. 林产化学与工业，2017，37 (01)：1-13.
[3] 孙书双，朱亚明，赵先奕，等. 生物质活性炭的制备、应用及再生利用研究进展 [J]. 应用化工，2021，50 (11)：3165-3170.
[4] 乔蒙蒙，辛美音，付东升，等. 活性炭纤维的制备及其再生技术研究进展 [J]. 化工与医药工程，2023，44 (03)：61-66.
[5] 李鹏，马晓晓，赵理栋. 活性炭纤维的表面改性及其电化学性能研究 [J]. 化工新型材料，2019，47 (03)：143-148.
[6] 王灏珉，何茂帅，张莹莹. 碳纳米管薄膜的制备及其在柔性电子器件中的应用 [J]. 物理化学学报，2019，35 (11)：1207-1223.
[7] 辛雨瑶，伍孝平，刘丹，等. 镧改性苎麻秆生物炭材料除磷性能的探究 [J]. 当代化工，2023，52 (05)：1031-1037.
[8] 王勇，周吉学，程开明，等. 石墨烯增强铝基复合材料的制备工艺、组织与性能研究进展 [J]. 材料导报，2017，31 (增 1)：451-457，462.
[9] 沙奇. 镧钙铁改性生物炭材料的制备及其水中除氟性能研究 [D]. 西安：西安建筑科技大学，2022.
[10] 敖涵婷. 锆改性柚子皮生物炭吸附硫酸根的性能及机理研究 [D]. 泉州：华侨大学，2020.
[11] 李舒舒，宋明珊，童琳，等. 负载铝铈污泥生物炭对模拟废水的强化除氟作用 [J]. 环境工程学报，2023，17 (03)：750-760.
[12] 刘合印，郭奎，陈凡立，等. 零价铁改性生物碳材料去除废水中六价铬的研究 [J]. 山东化工，2021，50 (05)：262-266.
[13] 刘小宁，贾博宇，申锋，等. 金属元素改性生物质炭应用于磷酸盐吸附的研究进展 [J]. 农业环境科学学报，2018，37 (11)：2375-2386.
[14] Hu X，Xue Y，Long L，et al. Characteristics and batch experiments of acid-and alkali-modified corncob biomass for nitrate removal from aqueous solution [J]. Environmental Science and Pollution Research，2018，25：19932-19940.
[15] 赵洁，贺宇宏，张晓明，等. 酸碱改性对生物炭吸附 Cr (Ⅵ) 性能的影响 [J]. 环境工程，2020，38 (06)：28-34.
[16] 林淑英. 阳离子表面活性剂改性活性炭分析及对高氯酸盐的去除研究 [D]. 上海：上海理工大学，2014.
[17] Karaman C，Karaman O，Show P L，et al. Congo red dye removal from aqueous environment by cationic surfactant modified-biomass derived carbon：Equilibrium，kinetic，and thermodynamic modeling，and forecasting via artificial neural network approach [J]. Chemosphere，2022，290：133346.
[18] 郭晓涵，荆辉，赵曼淑，等. 基于 CTAC 改性活性炭膜包用于水溶液中 Cr (Ⅵ) 的吸附去除及其再生性研究 [J]. 分析试验室，2022，41 (05)：569-575.
[19] 侯嫔，王若男，霍燕龙，等. 十八烷基三甲基氯化铵改性煤基活性炭对水中硝酸盐的吸附研究 [J]. 矿业科学学报，2017，2 (06)：595-603.
[20] Carabineiro S A C，Thavorn-Amornsri T，Pereira M F R，et al. Adsorption of ciprofloxacin on

surface-modified carbon materials [J]. Water research, 2011, 45 (15): 4583-4591.
[21] 李婉君，黄帮福，杨征宇，等. 活性炭改性及其脱硫脱硝性能研究与展望 [J]. 硅酸盐通报，2022，41 (04)：1318-1327.
[22] 郝彩红，王云伟，胡胜亮. 煤基炭材料制备技术研究及展望 [J]. 化工新型材料，2023，51 (9)：248-253.
[23] 侯嫔，岳烨，张犇，等. 荞麦壳基活性炭的制备及其性能研究 [J]. 矿业科学报，2020，5 (01)：122-130.
[24] 周维芝，雷建华. 一种铁铜双金属改性生物炭材料及其制备方法与应用 [P]. 山东省：CN115518614A，2022-12-27.
[25] 陶家林，张伟军，张军发，等. 一种改性污泥炭材料的制备方法 [P]. 湖北省：CN110586031A，2019-12-20.
[26] 周玉军. 粉末活性炭处理微污染水源水的实验研究 [D]. 西安：西安建筑科技大学，2007.
[27] 段升霞. 低温等离子体改性纳米材料及其对含铀废水吸附性能研究 [D]. 合肥：中国科学技术大学，2018.
[28] 朱凌凯. 活性碳纤维改性材料的制备及其除铅性能研究 [D]. 杭州：浙江理工大学，2022.
[29] 何卫锋，李榕凯，罗思海. 复合材料用碳纤维等离子体表面改性技术进展 [J]. 表面技术，2020，49 (07)：76-89.
[30] 叶春松，胡爱辉，张弦，等. 微波改性活性炭深度处理高盐废水性能研究 [J]. 现代化工，2016，36 (08)：133-137.
[31] Heo Y J, Park S J. Facile synthesis of MgO-modified carbon adsorbents with microwave-assisted methods: Effect of MgO particles and porosities on $CO_2$ capture [J]. Scientific reports, 2017, 7 (1): 5653.
[32] 金彦任，黄振兴. 吸附与孔径分布 [M]. 北京：国防工业出版社，2015.
[33] 尹芳华，钟璟. 现代分离技术 [M]. 北京：化学工业出版社，2009.
[34] 蒋剑春. 活性炭制造与应用技术 [M]. 北京：化学工业出版社，2017.
[35] 丁桓如. 水中有机物及吸附处理 [M]. 北京：清华大学出版社，2016.

# 第3章

# 阳离子化炭材料用于水中微污染物的去除研究

近年来，随着检测技术的进步，越来越多的微量污染物在地下水和饮用水中被频频检出。同时，微量污染物由于其含量低、毒性大且难去除等问题，成为地下水和饮用水处理中关注的重点。最具代表性的无机微量污染物为高氯酸盐和溴酸盐。2022 年，我国最新颁布的《生活饮用水卫生标准》（GB 5749—2022）规定了高氯酸盐和溴酸盐的限值分别为 70μg/L 和 10μg/L。然而，我国抽样调查的瓶装矿泉水中仍含有溴酸根 20～100μg/L，明显超出饮用水卫生标准。因此，研发经济高效的水中高氯酸盐和溴酸盐的控制技术已迫在眉睫。基于此背景，本课题组研发了绿色高效的功能化炭材料，并将其应用于水中微量污染物的去除，发挥了活性炭材料的最大功能性和环境友好性，将为实际水厂高效去除高氯酸盐和溴酸盐提供新的思路。

## 3.1 阳离子化炭材料用于地下水中高氯酸盐的去除研究

### 3.1.1 概述

近年来，高氯酸盐污染造成的环境问题备受关注。高氯酸盐具有易溶、高度扩散以及稳定性强等特点，可以通过各种途径进入水环境中并进行迁移。高氯酸盐在地下水和地表水中的扩散性极强，污染范围也较大，虽然浓度相对较低，但浓度达到一定的药物水平时，会导致甲状腺荷尔蒙生成量的减少和不足，影响新陈代谢功能，尤其影响新生胎儿的正常发育。美国环境保护署（USEPA）研究认为，高氯酸盐对于人类是一种致癌物质，因此1998年将其列入候补污染物质表（CCL），并在2008年规定了高氯酸盐在临时饮用水健康执行标准中的浓度为15μg/L。同时，我国2022年最新修订的《生活饮用水卫生标准》（GB 5749—2022），新增了高氯酸盐的限值为70μg/L。

目前，研究人员已经开发了许多不同的方法用来去除饮用水中的高氯酸盐。典型的处理方法有生物处理法和离子交换树脂法，但是，生物处理法的反应速率较慢，离子交换树脂法在再生过程中会产生高浓度的卤盐。因此，这两种方法在实际应用中都存在一定的局限性。针对以上问题，本研究旨在开发一种经济有效的去除地下水中高氯酸盐的方法。

活性炭已经被长期广泛应用于水处理厂的净化过程中，颗粒活性炭（GAC）在去除地下水中微量高氯酸盐的同时，可以有效去除水中其他有机污染物。研究证明，未改性活性炭已被用于去除高氯酸盐，但是它的去除率非常低。因此，通过改性活性炭去除高氯酸盐便成为当前发展的新趋势。美国宾州州立大学研究组已经对改性活性炭去除高氯酸盐做了深入研究，研究表明，GAC经过氨气热处理和阳离子表面活性剂的负载之后，大大提高了高氯酸盐的吸附效率。例如，GAC经过季铵盐的预处理之后，在处理含高氯酸盐70～75μg/L的天然地下水时，最初突破的床体积从1000BV增加到35000BV［BV指床体积，计算公式：床体积（$m^3$）＝流速（$m^3$/min）×时间（min）］。但是，在处理过程中，活性炭上负载的阳离子表面活性剂会随着高氯酸盐床体积的增加而释放到水体中，从而对水体造成了二次污染。

因此，本研究拟采用季铵盐化合物与GAC上的含氧官能团发生阳离子化反应，从而使季铵盐官能团通过化学键固定负载在活性炭表面，从而高效吸附水中的高氯酸盐。本研究旨在通过化学作用将可发生环化反应的含氮官能团固定在活性炭表面，从而有效防止含氮官能团在处理过程中的脱落，同时提高GAC对高氯酸盐的去除率。

## 3.1.2　材料与方法

### 3.1.2.1　实验材料

本实验使用的四种GAC包括美国NORIT公司生产的磷酸活化的木质

活性炭（GC）和美国 Mead Westvaco 公司生产的硬木质活性炭（RGC40），及美国西门子水处理公司生产的椰壳活性炭（AC1240C）和煤质活性炭（UC1240）。本实验使用的四种季铵盐化合物有 QUAB188、QUAB342、QUAB360 及 QUAB426，都产自美国 SKW 的 QUAB 化学试剂公司。

本研究中用于小型快速柱试验和动力学试验的地下水水样，均取自某城镇的地下水，含有氯离子 54.5mg/L，硬度 180mg/L（以碳酸钙计），硫酸盐 7.2mg/L，硝酸盐 4.2mg/L（以硝氮计），TOC 为 0.77mg/L 及 pH 值为 7.5。在吸附高氯酸盐的柱试验中，所用水样为添加了浓度为 30～35μg/L 高氯酸盐的地下水，这一浓度是地下水中高氯酸盐污染的平均浓度。在动力学吸附试验中，所用水样为添加了浓度为 39μg/L 高氯酸盐的地下水。实验中用于配制标准溶液和高氯酸盐等温吸附实验的水为去离子水，来源于 Millipore Milli-Q 去离子水系统，电阻率为≥18.1MS·cm。高氯酸盐标准溶液及标准贮备液均由美国 VWR 公司生产的 ACS 分析纯高氯酸钾配制而成。

#### 3.1.2.2 新型季铵盐改性 GAC 的制备与优化

新型季铵盐改性 GAC 的制备主要分为五步：①将 1.5g 木质炭（75～37μm）浸入到 6mL QUAB188（65%，质量分数）或 21mL QUAB342、QUAB360 及 QUAB426 的溶液中，这一混合液在室温下搅拌 24h 使得 QUAB 188 均匀负载在木质炭表面；②在 50℃ 的条件下，投加一定量的 1mol/L 的 NaOH 溶液以达到阳离子化反应的 pH 值为 12，混合液均匀反应 48h；③将混合液冷却到室温并投加 HCl 溶液使 pH 值降到 7 以下，以终止阳离子化反应；④用混合酒精洗液（90%乙醇，5%甲醇和 5%异丙醇）和去离子水反复冲洗混合液，直到溶液 pH 为中性，以除去未反应残留的 QUAB；⑤最后用 400 目的筛子过滤，之后在 50℃ 的真空干燥箱里干燥 24h 备用。

主要探讨和分析已经筛选出的去除高氯酸盐效果最好的季铵盐改性煤质活性炭与季铵盐改性木质活性炭，这些活性炭的制备条件如表 3-1 所列。

表 3-1 季铵盐改性煤质活性炭与木质活性炭制备条件

| 样品名称 | 炭源 | 制备条件 | QUAB | QUAB 结构式 |
|---|---|---|---|---|
| U188 | UC1240 | pH 值 12.5，50℃，21mL 季铵盐（简称 QAE） | QUAB188 ($C_6H_{15}Cl_2NO$) | 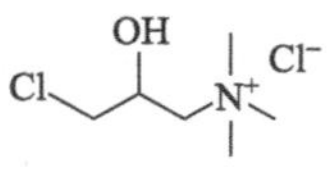 |
| G188 | Gran C | pH 值 12.5，50℃，21mL QAE | | |

续表

| 样品名称 | 炭源 | 制备条件 | QUAB | QUAB结构式 |
|---|---|---|---|---|
| U342 | UC1240 | pH值12.5，50℃，21mL QAE | QUAB342 ($C_{17}H_{37}Cl_2NO$) | OH Cl $N^+$ $Cl^-$ 十二烷基 |
| G342 | Gran C | pH值12.5，50℃，21mL QAE | | |
| U360 | UC1240 | pH值12.5，50℃，21mL QAE | QUAB360 ($C_{13\sim23}H_{29\sim49}Cl_2NO$) | OH Cl $N^+$ $Cl^-$ 十六烷基 |
| U360H | UC1240 | pH值14，35℃，15mL QAE | | |
| G360 | Gran C | pH值12.5，50℃，21mL QAE | | |
| U426 | UC1240 | pH值12.5，50℃，21mL QAE | QUAB426 ($C_{17\sim32}H_{37\sim49}Cl_2NO$) | OH Cl $N^+$ $Cl^-$ 十八烷基 |
| G426 | Gran C | pH值12.5，50℃，21mL QAE | | |
| UC 添加NaOH | UC1240 | pH值14，35℃，无QAE | — | — |

### 3.1.2.3 新型季铵盐改性GAC对高氯酸盐的吸附试验

#### (1) 小型快速动态柱试验的设计

依据前期研究中提出的等比扩散模拟方程，设计了小型快速动态柱反应器（RSSCT）。反应器采用长8.2cm、直径0.36cm的填充柱，柱内填装0.8mL过200～400目（78～35μm）筛的活性炭样品。从工程学角度来讲，柱直径应该大于50倍颗粒直径，以避免边壁效应。同样柱子的内表面较为粗糙，确保水能沿填充柱匀速流下。由于所用颗粒活性炭的表观密度不同，因此其在柱内的填充量也不同，范围为0.23～0.58g。RSSCT的流速的取值应确保1.05min的空床接触时间（EBCT）。根据等比扩散方程，采用过12～40目（1700～425μm）筛的GAC，在满负荷下能获得20min的EBCT柱的应用情况。

RSSCT试验表明，当出水中能检测出高氯酸盐时，说明高氯酸盐开始突破。值得注意的是，DX-500型离子色谱的检测限为2μg/L。从前期试验结果来看，高氯酸盐突破时的平行样之间的检测浓度变化范围为5%～8%。

(2) 序批式静态吸附试验

序批式静态吸附试验采用瓶点法。吸附试验一直采用 20mg 的 GAC，以保证吸附过程中具有足够的炭。这一方法的具体过程为：使用去离子水配置浓度分别为 102.3μg/L、350μg/L、1.2mg/L、4mg/L、13.5mg/L、50mg/L 和 100mg/L 的高氯酸盐溶液，称取 0.02g 负载了不同类型 QUAB 的季铵盐改性活性炭，放入 23mL 装有上述浓度的高氯酸盐溶液中。这一混合液被加盖密封在玻璃瓶内，并置于回旋振荡器上于室温下振荡 24h。当吸附达到平衡时，混合液经 0.45μm 的微孔滤膜过滤，然后测定水相中的高氯酸盐平衡浓度（$c_2$），且各平行实验中高氯酸盐的浓度变化在 3%～5%之间。

(3) 序批式动力学实验

序批式动力学实验用于监测高氯酸盐的吸附效率随时间的变化情况。动力学实验中首先在浓度为 39μg/L 的高氯酸盐溶液中加入 0.01g 的新型季铵盐改性 GAC，高氯酸盐溶液用取自某城镇地下水井的地下水配制。然后，将活性炭和高氯酸盐的混合液加入注射器过滤装置中，在特定的时刻推动注射器取样。取样的总时间段为 0～120min，再到 24h，然后测定所取样品中的高氯酸盐浓度。每个活性炭样品用一套新的注射器过滤装置。每次试验都设置平行样，且平行样中高氯酸盐的浓度变化范围在 3%～5%之间。

(4) 高氯酸盐/TOC 的测定

高氯酸盐浓度利用 Patterson 等采用的美国 Dionex 公司生产的 DX-500 型离子色谱仪测定。DX-500 配备一根 4mm 的 AS16 分离柱，一根 4mm 的 AG16 保护柱，一根 4mm 的 ASRS300 超抑制柱，及一个 DS3 检测稳定器。用 1000μL 的注射环注入 25mmol/L NaOH 洗脱液。该方法对高氯酸盐的检测限为 2μg/L。当高氯酸盐的浓度高于 1mg/L 时，使用 25μL 的注射环。每个洗脱液都绘制自身的标准曲线，并确保标准曲线的决定系数 $R^2$ 大于 0.99。

TOC 利用岛津公司生产的 TOC5000A 测定。

(5) 季铵盐化合物的测定

这一测定方法用于检测小型快速动态柱试验处理过程中，脱附的季铵盐化合物 QUAB 的浓度。这一方法是由 Tsubouchi 提出的，并经 Parette 改进的染色法，其检测灵敏度为 0.1～0.2mg/L。

#### 3.1.2.4 新型季铵盐改性 GAC 的表征

X-射线光电子能谱分析（XPS）用于分析 GAC 表面的各元素含量，

XPS为英国曼彻斯特的奎托斯仪器公司生产的多功能光电子能谱仪，峰拟合利用Casa XPS软件。表面电荷分布采用哥伦布梅特勒-托利多公司生产的DL53滴定仪测定，Zeta电位测定采用Nano-Zeta电位仪测定。孔容孔径分布采用ASAP2010（乔治亚州诺克罗斯的麦克仪器公司生产）在氩气和液态氩浴中测定。运用密度泛函理论（DFT）分析氮气气体吸附获得自由空间分析数据，用于确定GAC孔容孔径分布和BET表面积。波姆滴定用于测定活性炭表面的酸性含氧官能团（羟基、酚羟基及内酯基），每个活性炭样品中三种酸性含氧官能团的测定进行三次独立的试验。

## 3.1.3 新型季铵盐改性木质及煤质活性炭制备条件的优化

### 3.1.3.1 季铵盐对改性活性炭吸附效能的影响

本研究考察了不同季铵盐对改性活性炭吸附效能的影响，图3-1对比分析了木质活性炭与不同季铵盐化合物（QUAB188、QUAB342、QUAB360及QUAB426）反应时对高氯酸盐的去除效果。由图3-1可知，当高氯酸盐的初始浓度从102.3μg/L增加到100mg/L时，季铵盐改性木质活性炭对高氯酸盐的吸附量，随着季铵盐化合物QUAB分子量的增加而先增加后降低。当高氯酸盐的初始浓度为50mg/L时，负载QUAB360的阳离子木质活性炭对高氯酸盐的吸附量最大，为23.3mg/g，而负载QUAB426的阳离子木质活性炭对高氯酸盐的吸附量最小，为12.4mg/g。

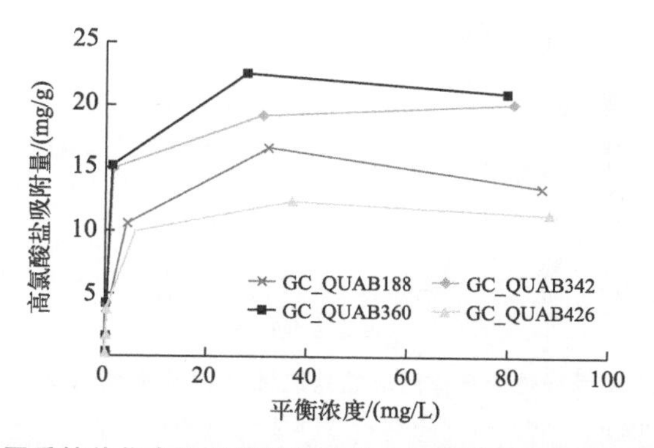


**图3-1 不同季铵盐化合物对季铵盐改性木质活性炭吸附高氯酸盐的影响**

（$c_0$=102.3μg/L，350μg/L，1.2mg/L，4mg/L，13.5mg/L，50mg/L和100mg/L）

同时，负载含有一个长链烷基的QUAB342和QUAB360的季铵盐改性木质活性炭对高氯酸盐的吸附量，比负载仅含有三个甲基的QUAB188的季铵盐改性木质活性炭高。主要原因是含有一个长链烷基的季铵盐比含有一个短链烷基的季铵盐对高氯酸盐有更强的吸引力。此外，季铵盐上有长链烷基结构，可以创造疏水环境，从而抑制对亲水性硫酸盐类物质的吸附，而且这种官能团对于含低水合能的阴离子（$ClO_4^-$ 和 $TcO_4^-$）有特殊的吸引力。Parette 等在使用阳离子表面活性剂改性的活性炭去除高氯酸盐时，也得到同样的研究结果，高氯酸盐的去除效果随着长链碳原子的数量的增加（从 4～7 增加到 16）而增加，直到长链碳原子的数量超过 16，去除率开始降低。分析原因可能是当碳原子的数量超过 16 时，长链烷基由于粒径较大堵塞了活性炭表面的微孔结构，进而抑制了 QUAB 与活性炭孔内含氧官能团的反应，由此降低了季铵盐改性 GAC 吸附高氯酸盐的效能。因此，在几种季铵盐化合物中，QUAB360 对高氯酸盐的吸引力最强，也是最优的季铵盐化合物。

#### 3.1.3.2 活性炭母体对改性活性炭吸附效能的影响

由于考虑到含有一个长链烷基的 QUAB360 与含有一个短链烷基的 QUAB188 在不同活性炭上的吸附能力不同。因此，继续考察了不同基质的活性炭（椰壳活性炭 AC1240、木质活性炭 GC、硬木质活性炭 RGC、煤质活性炭 UC 及优化的煤质活性炭 OUC）负载 QUAB360 后对高氯酸盐的吸附效能变化（图 3-2，书后另见彩图）。

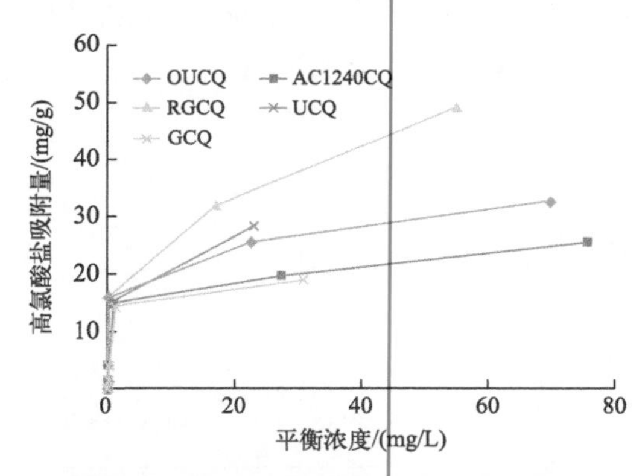


图 3-2 不同活性炭母体对季铵盐改性 GAC 吸附高氯酸盐的影响

（$c_0$＝102.3μg/L，350μg/L，1.2mg/L，4mg/L，13.5mg/L，50mg/L 和 100mg/L）

当高氯酸盐的初始浓度从 102.3μg/L 增加到 100mg/L 时，不同母体的季铵盐改性活性炭对高氯酸盐的吸附量也逐渐增加。当高氯酸盐的初始浓度为 50mg/L 时，以硬木质活性炭 RGC 为母体的季铵盐改性活性炭 R360

对高氯酸盐的吸附量最大，为 32mg/g。而以煤质活性炭和椰壳活性炭为母体的 U360 和 A360，相较于硬木质活性炭对高氯酸盐的吸附效果较低，四种活性炭中对高氯酸盐吸附量最低的为 G360。这一结果可能是因为椰壳活性炭 RGC 是一种介孔结构活性炭，其比表面积和总孔容量都是四种活性炭中最高的，因此提高了 QUAB360 在活性炭表面的吸附。与之不同的是，虽然木质活性炭 GC 的总孔容量仅次于 RGC，但其负载 QUAB360 的效果却是四种活性炭中最差的。同时，虽然煤质活性炭 UC 主要以微孔结构为主，且其比表面积和总孔容量也是四种活性炭中最低的，但其对高氯酸盐的吸附量却相对较高，仅次于 R360。因此，QUAB360 在木质活性炭和煤质活性炭表面上的负载机理还需进一步研究。

图 3-3（书后另见彩图）显示了不同活性炭母体的季铵盐改性活性炭在改性前后对高氯酸盐的吸附效能变化。

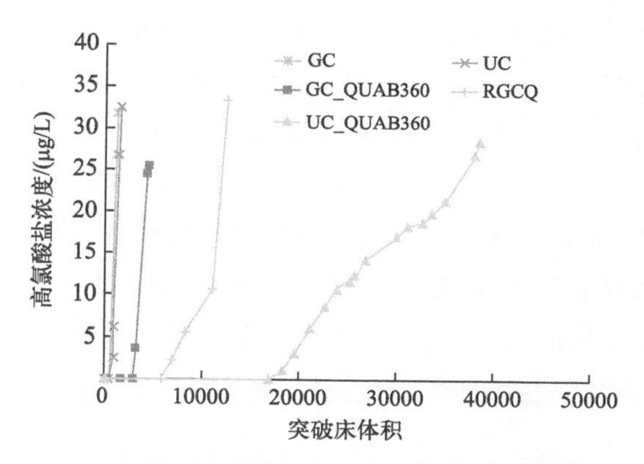


图 3-3　季铵盐改性前后 GAC 的小型柱试验效果

在小型快速柱试验中，当处理含 30～35μg/L 高氯酸盐的地下水时，活性炭经过季铵盐改性后，大大提高了对高氯酸盐的去除效果。到 2μg/L 高氯酸盐突破时，季铵盐改性煤质活性炭 U360 的处理周期最长，为 21000 个床体积。相当于实际柱试验水处理中，空床接触时间为 20min 时 292d 的处理周期，而原活性炭的处理周期仅为 870 BV。不难看出，改性后的煤质活性炭 U360 对高氯酸盐的去除效果比改性前提高了 20 倍。但是，季铵盐改性木质活性炭 G360 的处理周期仅为 3000 个床体积，相当于实际柱试验水处理中 42d 的处理周期。季铵盐改性硬木质活性炭 R360 的处理周期为 8300 个床体积，相当于实际柱试验水处理中 119d 的处理周期，比 U360 的处理周期短 173d。这一结果与图 3-2 中高氯酸盐的吸附结果完全相反，因此，在接下来的试验中，煤质活性炭 UC 被选为季铵盐改性的最优活性炭母体。但是，为了进一步分析 QUAB360 在木质活性炭和煤质活性炭表面上的负载机理，接下来的试验也对比分析了季铵盐改性木质活性炭 GC 的表面特性及其对高氯酸盐的去除效果。

## 3.1.4 新型季铵盐改性活性炭的高氯酸盐吸附效能

### 3.1.4.1 等温吸附效能

高氯酸盐静态吸附试验用于筛选季铵盐改性木质活性炭和煤质活性炭。如图 3-4 所示，负载不同季铵盐化合物的煤质活性炭与木质活性炭相比，对高氯酸盐的吸附能力更高一些。例如，当高氯酸盐的初始浓度 $c_0$ 为 50mg/L 时，优化后的季铵盐改性木质活性炭 G360 对高氯酸盐的吸附量仅为 22.8mg/g，而季铵盐改性煤质活性炭 U360 对高氯酸盐的吸附量高达 32.3mg/g。此外，固定负载 QUAB360（分子量为 360）的季铵盐改性 GAC 对高氯酸盐的去除效果最好，高于同类活性炭母体固定负载其他三种季铵盐化合物（QUAB188、QUAB342 及 QUAB426）。这一结果表明，长链烷基官能团提高了其在活性炭表面的吸附强度。同时，所有季铵盐改性 GAC 对高氯酸盐的吸附效能都比季铵盐改性前要高很多。作为空白试验，煤质活性炭母体在 NaOH 溶液中浸渍 24h 之后，对高氯酸盐几乎没有吸附能力，这也从另外一个方面说明了，含有长链烷基的季铵盐官能团在吸附高氯酸盐过程中的重要性。

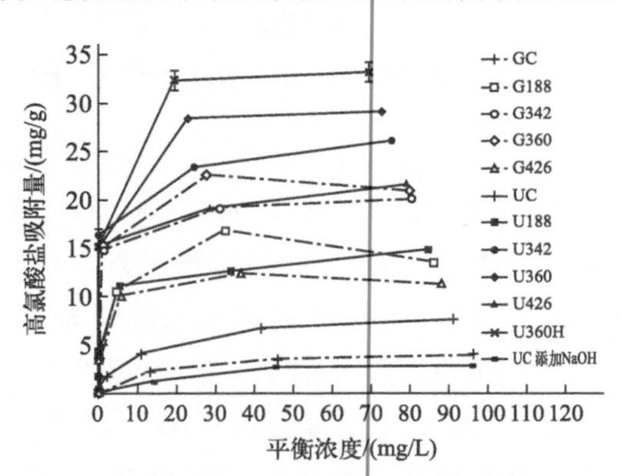


图 3-4 季铵盐改性前后煤质和木质活性炭吸附高氯酸盐的效果

（$c_0$＝102.3μg/L，350μg/L，1.2mg/L，4mg/L，13.5mg/L，50mg/L 和 100mg/L）

这一等温吸附结果也可以用朗格缪尔（Langmuir）等温吸附模型来解释，方程如下：

$$q_e=\frac{kq_{max}c_e}{1+kc_e} \tag{3-1}$$

$$\frac{c_e}{q_e}=\frac{1}{q_{max}}c_e+\frac{1}{kq_{max}} \tag{3-2}$$

式中　$c_e$——高氯酸盐在平衡时的浓度，mg/L；

$q_e$——吸附剂在平衡浓度 $c_e$ 时对高氯酸盐的吸附量，mg/g；

$k$——吸附平衡常数；

$q_{max}$——高氯酸盐在吸附剂表面达到饱和时吸附剂的最大吸附量，mg/g。

根据式（3-2），当以季铵盐改性前后活性炭对高氯酸盐的平衡浓度 $c_e$ 为横坐标，$c_e/q_e$ 为纵坐标作图时，两者呈现出很好的线性，其线性相关性均大于0.97（如图3-5）。这一结果说明GAC改性前后对高氯酸盐的吸附等温曲线完全符合朗格缪尔等温吸附模型。

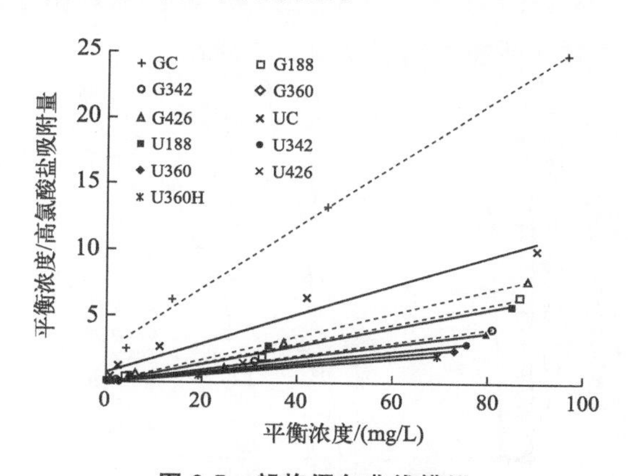


图3-5　朗格缪尔曲线模拟

图3-6评价了在小型快速柱试验中，季铵盐改性煤质活性炭U360、U360H和U342以及季铵盐改性木质活性炭G360对高氯酸盐的去除效果。其中，U360是煤质活性炭UC在pH＝12.5的条件下固定负载QUAB360，而U360H则是煤质活性炭UC经过优化后在pH＝14的条件下固定负载QUAB360。同样，G360是木质活性炭GC在pH＝12.5的条件下固定负载QUAB360。在小型快速柱试验中，突破床体积是一个很重要的评价高氯酸盐去除率的指标。突破床体积越大，说明这一活性炭对高氯酸盐的去除率越高，处理周期也越长。结果显示，固定负载QUAB360的煤质活性炭在柱试验去除高氯酸盐的过程中，运行周期最长（图3-6）。当处理含30～35μg/L高氯酸盐的某城镇地下水时，在出水中2μg/L［马萨诸塞州（又称“麻州”）的操作水平］高氯酸盐被检出之前，U360H对高氯酸盐的处理周期

为 21000 个床体积。相当于在实际水厂柱试验中，空床接触时间为 20min 时，系统 292d 的处理周期。同时，从图 3-6 可以看出，优化后的季铵盐改性煤质活性炭 U360H，比优化前季铵盐改性煤质活性炭 U360 对高氯酸盐的吸附突破速率更快一些，尤其在 2μg/L 高氯酸盐突破时，显示出更长的处理周期。但是，在 6μg/L［加利福尼亚州（简称“加州”）的标准限制］高氯酸盐突破时，两种改性活性炭的突破床体积是相同的。这一区别主要与季铵盐改性过程中 QUAB360 在两种活性炭表面不同的固定负载机理有关，详见机理分析部分。同时可以注意到，U360 对高氯酸盐的突破曲线比 U360H 更加曲折，且高氯酸盐的完全突破时间为初始突破时间的两倍。通过对高氯酸盐突破曲线以上的部分进行积分，可以计算出每个活性炭上在处理过程中吸附的高氯酸盐的总量。其中，1g U360 可以吸附 1.17mg 高氯酸盐，比 U360H 的吸附量（0.95mg/g）要高 20%，相当于活性炭上有 1.4%～1.7%的季铵盐活性位用于吸附高氯酸盐。

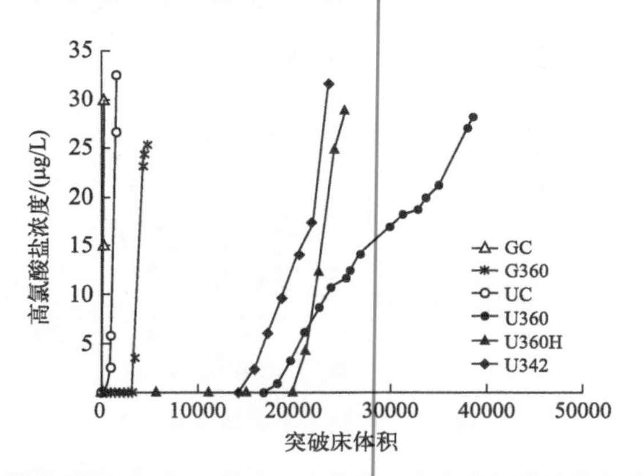


**图 3-6　季铵盐改性前后 GAC 对 pH 值为 7.5 的地下水中高氯酸盐的小型柱试验处理效果**

（$c_0$＝30～35μg/L，美国加州地下水中高氨酸盐标准为 6μg/L，麻州为 2μg/L）

U342 在 2μg/L 高氯酸盐突破时的处理周期为 18000 个床体积，呈现出比 U360 和 U360 较低的高氯酸盐处理周期，这一结果远远高于 G360（3300 个床体积）。同时，所有改性后的季铵盐改性活性炭对高氯酸盐的去除效能都大幅提高。这也说明季铵盐改性活性炭是一种可以有效去除高氯酸盐的新方法。此外，小型柱试验出水中的 pH 值仍然维持在 7.5 左右。

本研究还采用了 Tsubouchi 显色法，测定小型柱试验出水中季铵盐化合物 QUAB 的浓度，结果显示出水中没有检测到 QUAB，说明这种通过阳离子化反应在活性炭表面固定负载 QUAB 的方法，有效克服了之前研究中活性炭上负载的季铵盐会脱落的问题。以图 3-6 中 U360 的柱试验出水结果为例，在高氯酸盐突破时间为 40、60 和 15000 个床体积时，出水中都没有检测到脱附的季铵盐（即 QUAB360），检出限为 0.1～0.2mg/L。同样，在季铵盐改性活性炭 U360H 的柱试验中，在相同的床体积的出水中也没有检测到脱附的季铵盐。这一结果进一步说明了季铵盐改性活性炭克服了 Parette 等的研究中季铵盐会脱附，从而造成二次污染的问题。

#### 3.1.4.2　动力学吸附效能

动力学吸附试验的结果可以通过一个二级动力学模型来解释，这一模型可由如下方程来表示：

$$\frac{dq}{dt}=k(q_e-q_t)^2 \tag{3-3}$$

在初始条件 $t=0$，$q=0$ 时，对式（3-3）积分，可得到如下方程：

$$\frac{t}{q_t}=\frac{k}{q_e^{\ 2}}+\frac{t}{q_e} \tag{3-4}$$

式中　$q_e$——吸附平衡时吸附剂对高氯酸盐的吸附量，kg/kg；

$k$——动力学吸附速率常数，kg/kg·s。

根据式（3-4），当以动力学吸附时间 $t$ 为横坐标，$t/q_t$ 为纵坐标作图时，两者呈现出很好的线性关系，其线性相关性均大于 0.99（如图 3-7，书后另见彩图）。这一结果说明，GAC 改性前后对高氯酸盐的动力学吸附完全符合二级动力学模型。在两个小时的动力学吸附试验中，U360H 的动力学吸附速率常数为 1.07g/(mg·min)，高于 U360 的动力学吸附速率常数 [0.97g/(mg·min)]，说明 U360H 对高氯酸盐的吸附速率要高于 U360。相应地，在孔容孔径分布图 3-8 中可以看出，在孔径为 4～80Å[1] 的范围内，U360H 的孔容量要高于 U360。同样，在两个小时的动力学吸附试验中，G360 的动力学吸附速率常数是最大的，为 5.49g/(mg·min)。相应地，在图 3-8 中，G360 的总孔容量比 U360H 和 U360 要高，易于高氯酸盐在活性炭表面的吸附扩散，所以呈现出较快的动力学吸附速率（如图 3-7）。但是，在去除高氯酸盐的柱试验中，G360 对高氯酸盐的处理周期却比 U360H 和 U360 要短很多，如图 3-6 所示。这可能是由于在柱试验处理高氯酸盐的过程中，活性炭与高氯酸盐的接触时间很短，远远低于动力学吸附试验的接触时间，这就使得柱试验中季铵盐活性位上吸附的高氯酸盐要比动力学试验中季铵盐活性位上吸附的少。当然，这一结果也与季铵盐在这两种活性

---

[1] $1Å=10^{-10}m$。

炭上固定负载的方式有很大关系，详见机理分析。

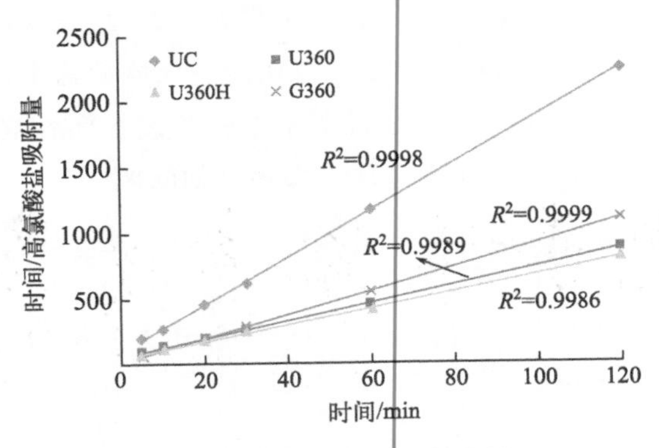


图 3-7 二级动力学模拟曲线

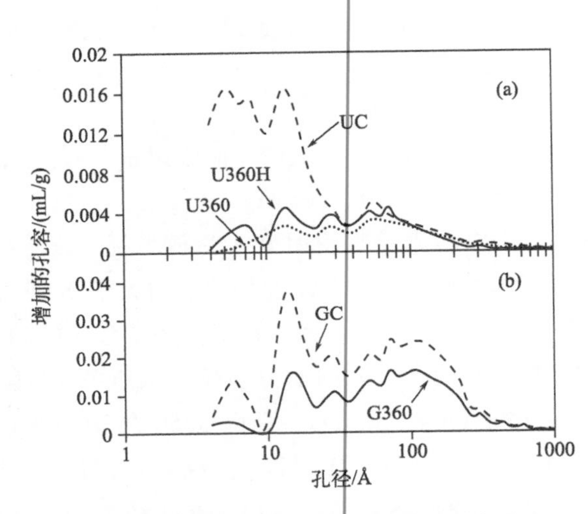


图 3-8 季铵盐改性前后 GAC 的孔容孔径分布

(a) UC；(b) GC

## 3.1.5 新型季铵盐改性活性炭的表征

### 3.1.5.1 孔容、孔径分布

图 3-8 为季铵盐改性木质和煤质活性炭在改性前后孔容孔径分布的变化图。

由图 3-8 (a) 可以看出，季铵盐改性煤质活性炭改性后比改性前的微孔孔容量大大减小了，且 U360H 含有比 U360 相对较多的孔容量，这说明季铵盐改性煤质活性炭上的 QUAB360 大部分被固定在微孔的孔隙中（＜30Å），只有很小一部分被固定在>30Å 的孔隙中。由图 3-8（b）可以看出，季铵盐改性木质活性炭改性后比改性前的总孔容量减少了将近一半，主要在 4～500Å 范围内，这说明季铵盐改性木质活性炭上的 QUAB360 被均匀地固定在 4～500Å 的孔隙中。

### 3.1.5.2 表面电荷分布

图 3-9 显示了季铵盐改性木质、煤质活性炭前后表面电荷的分布。

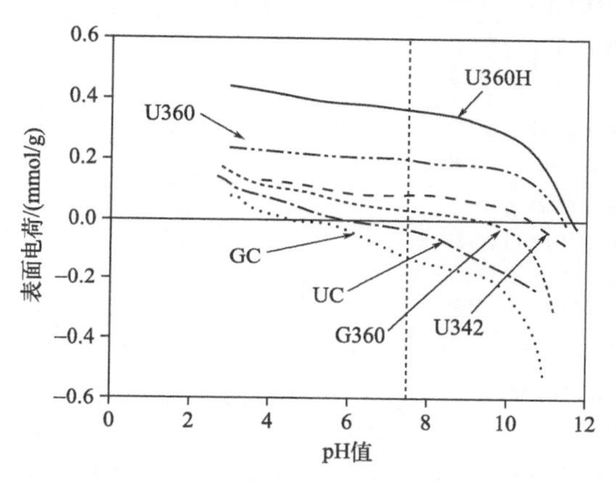


图 3-9　季铵盐改性前后 GAC 表面电荷分布（mmol $H^+$/g GAC）

不难看出，跟原炭相比，季铵盐改性木质、煤质活性炭上的表面正电荷，在 pH 值为 3～12 的范围内都有所增加。这一结果进一步说明了，含季铵盐的 QUAB360 已经被成功地固定负载到活性炭上。由于小型快速柱试验中所用地下水的 pH 值为 7.5，因此，这里主要分析表面电荷在 pH 值为 7.5 时的变化。在几种活性炭中，U360H 的表面正电荷含量最大为 0.364mmol/g；其次，按降序排列为 U360、U342 和 G360（见图 3-9 和表 3-2）。与此不同的是，木质和煤质活性炭原炭在 pH＝7.5 时的表面电荷含量为负值。这几种活性炭上表面电荷的含量大小与其相对应的在小型快速柱试验中对高氯酸盐的处理周期是成正比的。

表 3-2　季铵盐改性前后 GAC 的物理化学特性对比分析

| 方法 | 特性 | GC | G360 | UC | U360 | U360H |
|---|---|---|---|---|---|---|
| 氩气吸附 | 微孔体积/(mL/g) | 0.33 | 0.11 | 0.30 | 0.03 | 0.05 |
| | 介孔体积/(mL/g) | 0.66 | 0.41 | 0.13 | 0.07 | 0.09 |
| | BET 比表面积(<20 Å)/($m^2$/g) | 677 | 197 | 797 | 54 | 108 |

续表

| 方法 | 特性 | GC | G360 | UC | U360 | U360H |
| --- | --- | --- | --- | --- | --- | --- |
| XPS | NQ-N（原子分数）/% | 0.53 | 1.53 | ND | 1.19 | 1.27 |
| | C-Cl（原子分数）/% | | ND | | ND | ND |
| | O（原子分数）/% | 10.40 | 9.50 | 5.29 | 6.94 | 6.27 |
| 负载QAE质量衡算 | QAE负载量（质量分数）/% | | 45 | | 28 | 27.5 |
| | (mmol/L) NQ/g GAC | | 1.38 | | 0.86 | 0.85 |
| | (mmol/L) O/g GAC | | 1.38 | | 0.86 | 0.85 |
| XPS测定的元素含量比负载QAE中的元素含量 | XPS测定的N含量比负载QAE中的N含量 | | 0.9∶1 | | 1.4∶1 | 1.5∶1 |
| | XPS测定的O含量比负载QAE中的N含量 | | 1.5∶1 | | 3∶1 | 2.3∶1 |
| | XPS测定的O含量比负载QAE中的O含量/XPS测定的N含量比负载QAE中的N含量 | | 1.6 | | 2.2 | 1.5 |
| 波姆滴定 | 羟基/(mmol/g) | 0.36±0.006 | | 0.01±0.001 | | |
| | 酚羟基/(mmol/g) | 0.34±0.003 | | 0.08±0.005 | | |
| | 内酯基/(mmol/g) | 0.31±0.015 | | 0.06±0.002 | | |
| | 总酸性含氧基团 | 1.01 | | 0.15 | | |
| 表面电荷滴定 | pH=7.5时的表面电荷/(mmol/g) | −0.13 | 0.04 | −0.03 | 0.20 | 0.36 |
| | pH=7～11时的表面电荷变化/(mmol/g) | | 0.15～0.2 | | 0.2～0.35 | 0.5～0.6 |
| | 电荷变化中N的占比 | | 16%～21% | | 30%～50% | 75%～90% |
| | 含氧基团/增加的N/(mmol/mmol) | | 0.73∶1 | | 0.17∶1 | 0.17∶1 |
| | $pH_{pzcp}$ | 4.73 | 9.32 | 5.92 | 11.41 | 11.63 |
| | $pH_{IEP}$ | 6.1 | 7.4 | 7.3 | 8.5 | 9.2 |
| 批量吸附测试 | 吸附量（$c_0$= 50mg/L之后）/(mg/g) | 3.5 | 22.6 | 6.6 | 28.4 | 32.3 |
| | 已吸附高氯酸盐的季铵盐占比/% | | 24 | | 43 | 49 |
| 快速小型动态柱实验 | 2μg/L高氯酸盐突破时的标准化床体积 | 40 | 3300 | 870 | 18300 | 21300 |
| | 在快速小型动态柱中的“表观密度”/(g/mL) | 0.291 | 0.425 | 0.568 | 0.728 | 0.725 |
| | 完全突破时已吸附高氯酸盐的季铵盐占比/% | | 0.28 | | 1.7 | 1.4 |

注：ND表示没有检测到，1Å=$10^{-10}$m。

这一滴定方法也可以同时显示活性炭上反映内部表面电荷分布的 $pH_{pzcp}$，即表面电荷为零时所显示的 pH 值。如图 3-9 和表 3-2 所示，U360 和 U360H 的 $pH_{pzcp}$ 更大，分别为 11.41 和 11.63。与 $pH_{pzcp}$ 相对应的是 $pH_{IEp}$，$pH_{IEp}$ 是由 Zeta 电势方法测定的等电位点，主要反映的是颗粒外部表面电荷分布（表 3-2）。可以看出，改性后的活性炭（G360、U360、U360H）的 $pH_{IEp}$ 均比 $pH_{pzcp}$ 要低 1.9～2.9 个单位，说明带正电荷的季铵盐主要负载在活性炭孔内部，而不是孔外部。

本研究通过比较改性前后活性炭上表面电荷的差别，来判别季铵盐在活性炭上的活性（图 3-9）。例如，U360H 在 pH 值为 7.5 的条件下表面电荷的变化，可以由以下公式来计算：

$$(0.37\text{mmol/g U360H})\times\frac{1.45\text{g GAC-QAE}}{1.0\text{g 原炭}}-0.01\text{mmol/g 原炭}$$
$$=0.53\text{mmol 表面电荷/g 原炭}$$

在 pH 值为 7～11 的范围内，U360H 跟原炭的表面电荷变化范围为 0.5～0.6mmol 表面电荷/g 原炭。另外，用表面电荷的变化值除以 pH＝7.5 时的表面电荷，可以得到一个贡献表面电荷的氮分布量。表面电荷的变化值以及这个氮分布量如表 3-2 所列。

为了研究季铵盐改性活性炭的表面电荷分布与高氯酸盐去除效能之间的相互关系，分别用表面电荷分布与高氯酸盐处理周期、表面电荷分布与高氯酸盐吸附量以及高氯酸盐吸附量与高氯酸盐处理周期为横纵坐标作图。研究发现，活性炭表面电荷与小型快速柱试验中活性炭在 2μg/L 高氯酸盐突破时的床体积之间呈现很好的线性关系，线性相关性 $R^2$ 为 0.93（图 3-10）。这一结果说明，季铵盐改性活性炭在小型快速柱试验中处理高氯酸盐的周期随着其表面电荷的增加而增加。由此可见，来自季铵盐的表面正电荷是柱试验中季铵盐改性活性炭有效去除高氯酸盐的主要因素。在以上的分析中，G360 在小型快速柱试验中的突破床体积是根据质量体积比而标准化的，如表 3-2 所列。

另外也考察了：①小型快速柱试验中 2μg/L 高氯酸盐突破时的床体积与最大吸附量 $q_{max}$（mg/g）之间的关系；②pH＝7.5 时的表面电荷与最大吸附量 $q_{max}$（mg/g）之间的关系。结果表明这两种关系的线性相关性均为 0.91，如图 3-11 和图 3-12 所示。这两个线性关系的线性相关性均比图 3-10 的低，说明等温吸附试验只能作为高氯酸盐效能的初步筛选工具。小型快速柱试验中所使用的原水为含低浓度高氯酸盐的天然地下水，而且处理过

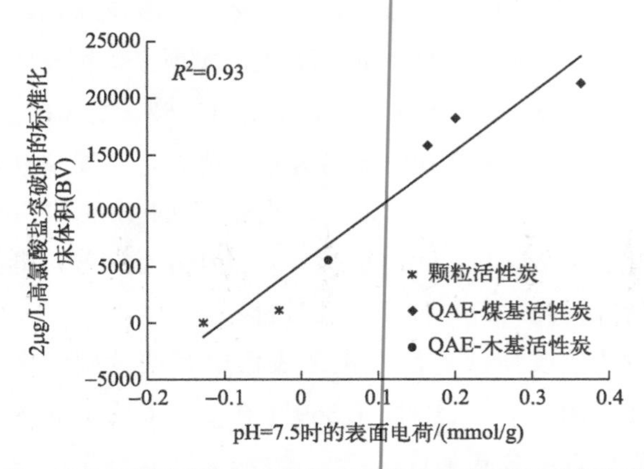


图 3-10 季铵盐改性前后 GAC 表面电荷分布与其标准化高氯酸盐突破床体积之间的相互关系

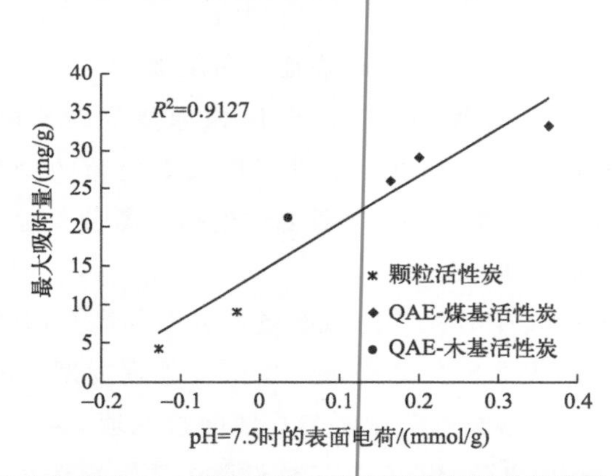


图 3-11 季铵盐改性前后 GAC 表面电荷分布与其高氯酸盐吸附量之间的相互关系

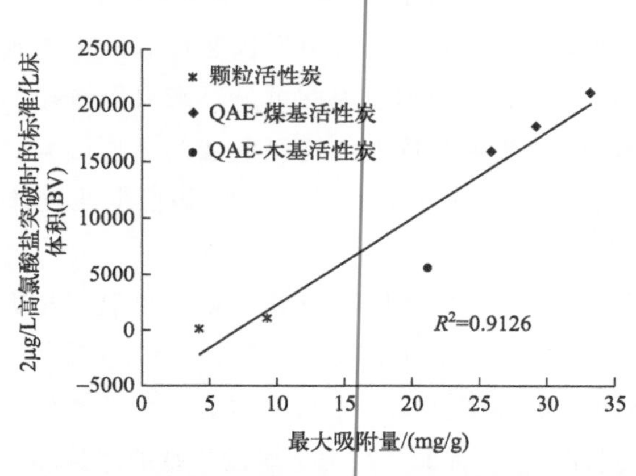


图 3-12 季铵盐改性前后 GAC 的高氯酸盐吸附量与其标准化高氯酸盐突破床体积之间的相互关系

程中存在其他竞争离子，例如硝酸盐、硫酸盐及氯离子等。同时，它是一个动态试验。这与等温吸附静态试验是不一样的，等温吸附静态试验所使用的背景水体是投加了从 102.3μg/L 到 100mg/L 高浓度高氯酸盐的去离子水，而且水中不含有其他竞争离子。

### 3.1.5.3 XPS 及波姆滴定

为了分析新型季铵盐改性木质及煤质活性炭上的含氮官能团及其含量，XPS 所测定的结合能范围主要是从 399～406eV。如图 3-13 所示，这三种季铵盐改性活性炭（U360、U360H 和 G360）在结合能为 402.6～402.9eV 的位置上都呈现出一个很明显的峰，而原炭 UC 和 GC 都没有检测到。根据 XPS 标准图谱，这一位置上的氮主要代表的是季铵盐类官能团（NQ）。这一结果说明含季铵盐官能团的 QUAB360 已经被成功地负载在活性炭表面。同时，在 XPS 测定中，也没有检测到以 C—Cl 形式存在的 Cl 元素，说明 QUAB360 中的 3-氯-2-羟丙基已经完全反应，且季铵盐改性活性炭中没有残留。

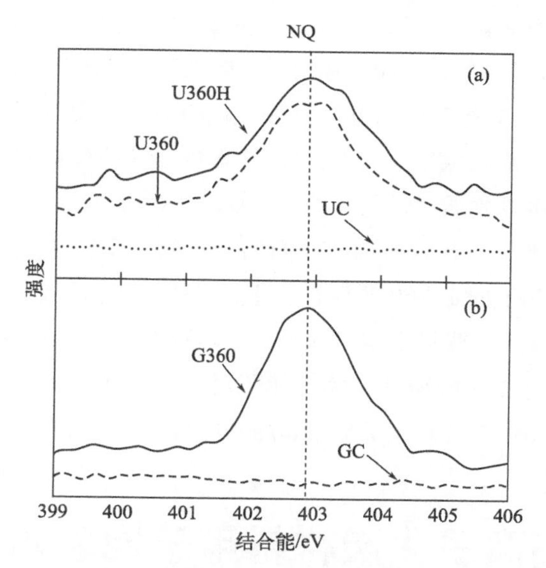


图 3-13　季铵盐改性前后 GAC 表面季铵盐型氮元素含量

(a) UC；(b) GC

由 XPS 测定的 NQ 型氮元素、氧元素以及 C—Cl 的含量如表 3-2 所列。不难看出，改性后季铵盐改性活性炭上的氮元素含量比改性前原炭上的氮元素含量增加了 1%～1.3%，并且这些氮元素大部分为代表季铵盐类官能团的 NQ 型氮元素。同时，XPS 没有检测到 C—Cl 键，说明 C—Cl 键在季铵盐改性过程中已经完全转化为环氧烷基。此外，木质活性炭上的含氧官能团含量（原子分数，10.4%）远远高于煤质活性炭上的含氧官能团含量（原子分数，5.3%）。这一结果将很大地影响 QUAB360 在这两种活性炭上的分布，详见机理分析部分。

波姆滴定用于测定煤质和木质活性炭母体上酸性含氧官能团（羟基、酚羟基和内酯基）的分布（表 3-2）。其中，木质活性炭含有 1.0mmol/g 的酸性含氧官能团，而煤质活性炭仅含有 0.15mmol/g。

综上所述，本研究主要结论如下：

① 与 QUAB188、QUAB342、QUAB426 相比，分子量为 360 的季铵盐化合物 QUAB360 对高氯酸盐的去除效果最佳。在小型快速柱试验中处理含 30～35μg/L 高氯酸盐的天然地下水时，负载长链季铵盐化合物 QUAB360 的季铵盐改性煤质活性炭 U360H 是所有组合中处理高氯酸盐周期最长的，在 2μg/L 高氯酸盐突破时的床体积为 21000BV，相当于实际水厂柱试验中 292d 的高氯酸盐处理周期，比煤质活性炭母体的突破时间（870BV）提高了 20 多倍。而负载长链季铵盐化合物 QUAB360 的季铵盐改性木质活性炭 G360 对高氯酸盐的处理周期只有 3000BV，相当于实际水厂 42d 的处理周期。

② 由孔容孔径分布测定可知，季铵盐改性煤质活性炭上的 QUAB360 大部分被固定在微孔的孔隙中（＜30Å），只有很小一部分被固定在＞30Å 的孔隙中，而季铵盐改性木质活性炭上的 QUAB360 被均匀地固定在 4～500Å 的孔隙中。由表面元素分布及表面电荷分布结果可知，季铵盐化合物已经通过阳离子化反应被成功地固定负载到活性炭上。U360H 的表面正电荷含量最大为 0.364mmol/g；其次，按降序排列为 U360、U342 和 G360。在木质活性炭上有比煤质活性炭上更多的酸性含氧官能团用于环氧化反应。已经负载在煤质活性炭上的 QUAB360 会倾向于与相邻的 QUAB360 上的羟基继续反应。

## 3.2 阳离子化炭材料用于地表水中溴酸盐的去除研究

### 3.2.1 概述

近年来，随着人们对高品质饮用水的需求不断上升和水源水质的逐渐恶化，以往传统的饮用水常规处理技术已经不能满足要求。臭氧具有避免消毒副产物卤代烃的形成、提高混凝-絮凝效率和控制臭味等优点，因此常被作为氧化剂或消毒剂应用于饮用水处理。而基于臭氧的高级氧化工艺处理过程中会生成一种潜在致癌物——溴酸根，在达到一定浓度时具有一定基因和染色体水平的遗传毒性。许多国家对饮用水中消毒副产物溴酸根的浓度进行了限制，世界卫生组织（WHO）最新的《饮用水水质准则》和我国新修订的《生活饮用水卫生标准》（GB 5749—2022）规定溴酸根的最大污染水平不得高于 10μg/L。2006 年我国抽样调查的瓶装矿泉水中含有溴酸根 20～100μg/L，明显超出饮用水卫生标准。然而，目前我国水厂对溴酸根仍缺乏实际有效的控制手段，溴酸根已经成为臭氧应用于深度处理中最关键的限制性因素。因此，现阶段需要寻找一种高效去除因臭氧氧化产生溴酸根副产物的方法。

溴酸根的控制可以从前体物控制、生成过程中控制和末端控制三方面进行。由于前体物控制是在臭氧氧化前去除水中的溴离子和天然有机物等，多用膜技术，但成本较高，所以对溴酸根的去除研究多集中在生成过程中控制和末端控制。生成过程中控制的方法主要有加氨、加过氧化氢、降低 pH 值、氯氨工艺、优化臭氧接触器的设计和操作等，但在实际水处理过程中存在的问题是药剂投加量大、处理成本高、会产生毒性更强的含氮消毒副产物等。末端控制主要是在臭氧氧化处理后用物理或者化学方法去除已生成的溴酸根。

活性炭对溴酸根具有一定的吸附与还原能力，用颗粒活性炭或粉末活性炭去除溴酸根引起了国内外学者的关注。张永清等采用颗粒活性炭去除超纯水和矿泉水中的溴酸根，结果表明，空床停留时间为 5min 时，溴酸根浓度均降至 10μg/L 以下；中试研究发现，颗粒活性炭可以使臭氧反应过程中生成的超标溴酸根降低至 5μg/L 以下。刘燕等研究活性炭去除溴酸根时发现，活性炭对溴酸根有良好的去除效果，在较短时间内，大部分溴酸根与活性炭发生氧化还原反应或者与活性炭表面具有的—SH（巯基）、—S—S（双硫基团）等发生反应，从而降低了溴酸根的含量。但原炭对溴酸根的吸附效率不高且活性炭改性主要为物理改性，改性剂在后续处理中容易脱落，存在二次污染的问题。

本研究开发了一种新型高效绿色的去除水中溴酸根的方法——环氧化季铵盐改性活性炭法。主要通过化学键将对溴酸根有高吸附力的季铵盐官能团固定在活性炭表面，并将其应用于水中溴酸根的去除。该方法有望解决前期溴酸根末端治理过程中存在的问题，一方面可以提高活性炭的吸附特性，另一方面季铵盐官能团不会对水体造成二次污染，从而发挥了活性炭材料的最大功能性和环境友好性，将为实际水厂高效去除溴酸根提供新的思路。

## 3.2.2 材料与方法

### 3.2.2.1 实验材料

实验中所用试剂有：氢氧化钠滴定溶液（1mol/L）、盐酸滴定溶液（1mol/L）购买自福建省厦门海标科技有限公司，乙醇（95%）购买自北京化工厂。实验中用于阳离子化改性的环氧化季铵盐为3-氯-2-羟丙基三甲基氯化铵、（3-氯-2-羟基丙基）十二烷基二甲基氯化铵、（3-氯-2-羟基丙基）十六烷基二甲基氯化铵、（3-氯-2-羟基丙基）二甲基十八烷基氯化铵，购自美国SKW的QUAB化学试剂公司。其主要物理化学性质如表3-1所列，根据分子量大小分别命名为QUAB188、QUAB342、QUAB360、QUAB426，分别含有1、12、8～18、12～27个碳原子的碳链。

### 3.2.2.2 环氧化季铵盐改性活性炭的制备与优化

**(1) 环氧化季铵盐改性活性炭的制备**

首先将1.5g活性炭（200～400目）和定量的环氧化季铵盐溶液放入250mL容量瓶中，室温搅拌24h；其次投加一定量的1mol/L的NaOH溶液以达到阳离子化反应的pH值，调节磁力搅拌器达到预期温度，混合液反应一定时间后冷却到室温，投加1mol/L的HCl溶液使pH值降到7以下，以阻止阳离子化反应，用混合酒精洗液和去离子水反复冲洗混合液，直到溶液pH为中性，以去除未反应的环氧化季铵盐；最后用400目的筛子过滤后在50℃的真空干燥箱里干燥24h备用。

**(2) 环氧化季铵盐改性活性炭的优化**

首先通过单因素实验筛选出活性炭母体与环氧化季铵盐的最优组合，然后采用四因素三水平正交设计，获得环氧化季铵盐改性活性炭的最佳制备条件。“四因素”指环氧化季铵盐的投加量A，改性温度B，改性时间C，改性pH值；“三水平”是QUAB342的投加量（1.75g/g、2.78g/g、3.81g/g）、改性温度（30℃、50℃、80℃）、改性时间（24h、48h、72h）、改性pH值

(8.5、11、13.5)。按照四因素三水平正交设计，按照（1）中环氧化季铵盐改性活性炭的制备方法，制备出 9 组改性活性炭，当溴酸根初始浓度为 30mg/L、体积为 50mL、活性炭投加量为 50mg、改性时间为 24h、改性温度为 25℃时，对这 9 组改性活性炭的吸附量进行正交实验分析，得出环氧化季铵盐改性活性炭的最佳制备条件。正交实验设计如表 3-3 所列。

表 3-3　正交改性实验设计与结果

| 样品 | A | B | C | D | Y/(mg/g) |
|---|---|---|---|---|---|
| 1 | 1 (3.81g/g) | 1 (30℃) | 1 (24h) | 1 (8.5) | 25.090 |
| 2 | 1 (3.81g/g) | 2 (50℃) | 2 (48h) | 2 (11) | 24.383 |
| 3 | 1 (3.81g/g) | 3 (80℃) | 3 (72h) | 3 (13.5) | 15.723 |
| 4 | 2 (1.75g/g) | 1 (30℃) | 2 (48h) | 3 (13.5) | 22.580 |
| 5 | 2 (1.75g/g) | 2 (50℃) | 3 (72h) | 1 (8.5) | **25.137** |
| 6 | 2 (1.75g/g) | 3 (80℃) | 1 (24h) | 2 (11) | 19.213 |
| 7 | 3 (2.78g/g) | 1 (30℃) | 3 (72h) | 2 (11) | 23.861 |
| 8 | 3 (2.78g/g) | 2 (50℃) | 1 (24h) | 3 (13.5) | 21.946 |
| 9 | 3 (2.78g/g) | 3 (80℃) | 2 (48h) | 1 (8.5) | 24.644 |
| Ⅰ | 65.196 | **71.531** | 66.249 | **74.871** | |
| Ⅱ | 66.93 | 71.466 | **71.607** | 67.456 | |
| Ⅲ | **70.451** | 59.58 | 64.721 | 60.249 | |
| $K_1$ | 21.732 | **23.844** | 22.083 | **24.957** | |
| $K_2$ | 22.31 | 23.822 | **23.869** | 22.485 | |
| $K_3$ | **23.484** | 19.86 | 21.574 | 20.083 | |
| $R$ | 1.752 | 3.984 | 2.295 | 4.874 | |

### 3.2.2.3　环氧化季铵盐改性活性炭对溴酸根的吸附

为了研究环氧化季铵盐改性活性炭对溴酸根的吸附效能，采用静态吸附实验方法，首先在 50mL 的锥形瓶中加入 50mL 溴酸根离子溶液，浓度分别为 0.2mg/L、5mg/L、15mg/L、30mg/L、50mg/L、80mg/L、120mg/L，其次在每个锥形瓶中都加入 50mg 改性活性炭，然后在 25℃恒温下进行振荡吸附 24h，最后用注射器抽取反应结束后的溶液，水样经 0.45μm 水系针式过滤器过滤后进行分析。设置一组平行样，一组空白样。

用 Dubinin-Redushkevich (D-R) 等温吸附模型进行拟合，表达式为：

$$\ln(q_e)=\ln(q_m)-\gamma\varepsilon^2 \tag{3-5}$$

式中 $q_m$——活性炭对水中溶质的最大吸附量，mol/g；

$\gamma$——吸附自由能相关的常数，$mol^2/kJ^2$；

$\varepsilon$——$RT\ln(1+1/c_e)$；

$R$——理想气体常数，8.314J/(mol·K)；

$T$——反应温度，K；

$c_e$——水中溴酸根溶液中溶剂的平衡浓度，mol/L。

平均吸附自由能 $E$（kJ/mol）通过以下公式加以计算：

$$E=1/\sqrt{2\gamma} \tag{3-6}$$

$E$ 值可以用来识别吸附反应的类型。如果 $E$ 值小于 8kJ/mol，吸附反应属于物理吸附；如果 $E$ 值位于 8kJ/mol 和 16kJ/mol 之间，吸附反应属于离子交换吸附。

#### 3.2.2.4 环氧化季铵盐改性活性炭的表征方法

实验采用 Autosorb-i Q 仪器（美国 Quantachrome 公司）测定环氧化季铵盐改性活性炭的 BET 比表面积和孔容孔径；采用场发射扫描电子显微镜（MERLIN VP Compact）进行表面形貌成像观察分析；采用傅里叶变换红外光谱仪（Nicolet i S10 美国）进行表面官能团分析；采用 vario MACRO cube 元素分析仪进行元素分析；采用 X 射线光电子能谱仪（Thermo Scientific Escalab 250Xi）进行定性、半定量分析以及元素化学价态分析；采用 Zeta 电位分析仪（Nano ZS90）进行 Zeta 电位分析。

### 3.2.3 环氧化季铵盐改性活性炭制备条件的优化

#### 3.2.3.1 活性炭母体对改性活性炭吸附效能的影响

本研究首先考察了不同活性炭母体对改性活性炭吸附效能的影响，如图 3-14 所示。实验中采用 QUAB342 分别对煤基活性炭（记为 CB-Q342）、椰壳活性炭（记为 CS-Q342）和木质活性炭（记为 WB-Q342）进行改性。改性条件为：活性炭质量为 1.5g，QUAB342 投加量为 4.17g，改性时间为 48h，改性温度为 50℃，改性 pH 值为 12。通过静态吸附实验比较三种改性活性炭对水中溴酸根的吸附效能（图 3-14）。

从图 3-14 可以看出，CB-Q342 和 WB-Q342 的吸附量随平衡浓度的增加而快速增加，分别在平衡浓度大于 80mg/L 和 70mg/L 后吸附达到平衡，

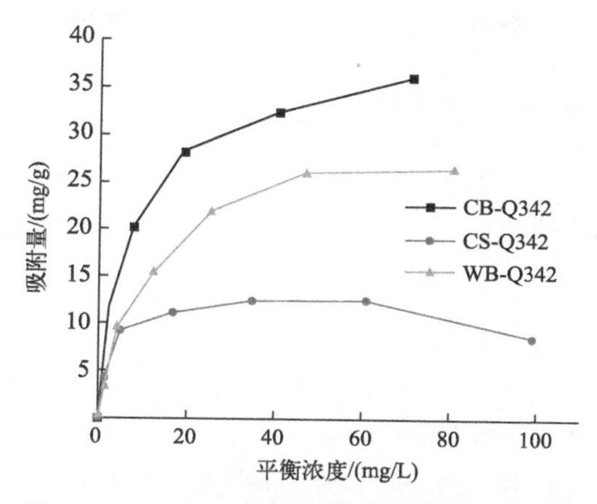


图 3-14　三种改性活性炭的静态等温吸附曲线

（$c_0$＝0.2mg/L、5mg/L、15mg/L、30mg/L、50mg/L、80mg/L、120mg/L，$T$＝25℃，$m_{活性炭}$＝50mg/50mL）

CS-Q342 的吸附量在平衡浓度小于 5mg/L 时快速上升，之后随平衡浓度的增加而趋于平缓并达到平衡。三种改性活性炭中，以煤基活性炭为母体的 CB-Q342 对溴酸根的吸附量最大，为 36.17mg/g，其次是木质改性活性炭（WB-Q342），为 26.18mg/g，椰壳改性活性炭（CS-Q342）吸附量最小，为 12.60mg/g。这一方面是由于煤基活性炭母体表面较多的碱性官能团提高了其对溴酸根的吸附效能；另一方面是由于环氧化季铵盐负载在煤基活性炭和木质活性炭较多的微孔内，导致煤基活性炭和木质活性炭对溴酸根的吸附效果好于椰壳活性炭。为了进一步分析三种改性活性炭的静态吸附规律，分别采用 Langmuir 吸附模型和 Freundlich 吸附模型对其进行拟合，如图 3-15～图 3-17 所示。

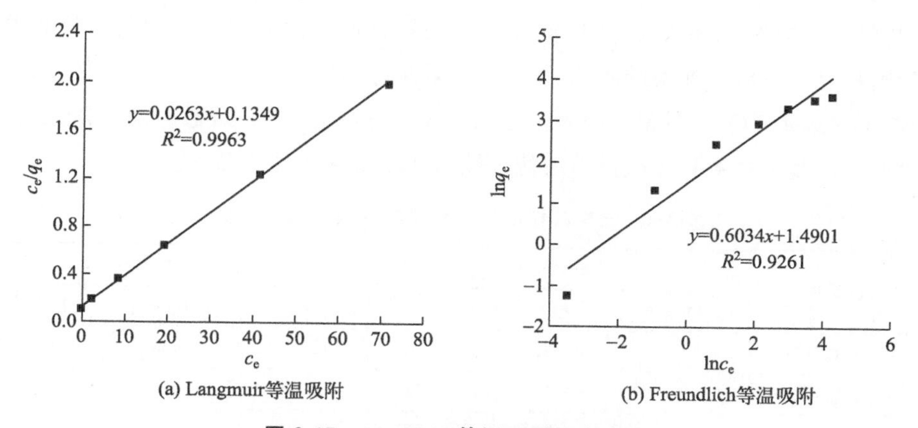


图 3-15　CB-Q342 等温吸附拟合曲线

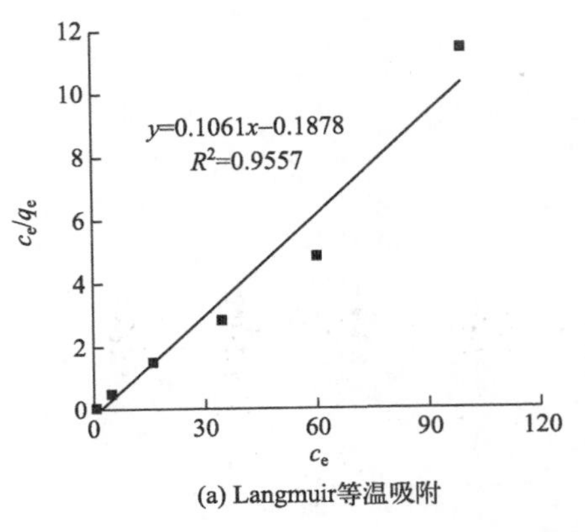


(a) Langmuir等温吸附

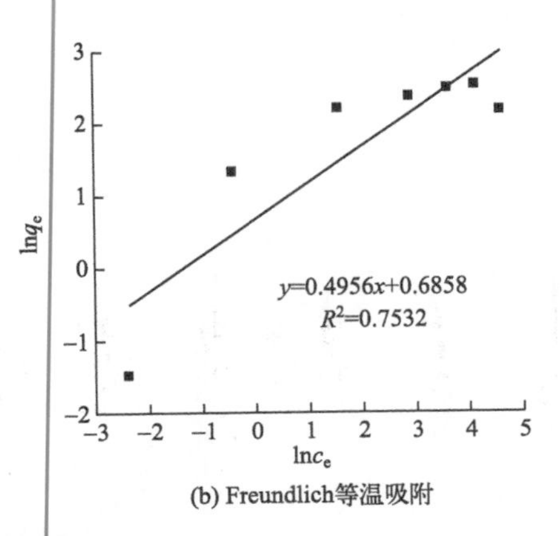


(b) Freundlich等温吸附

**图 3-16　CS-Q342 等温吸附拟合曲线**

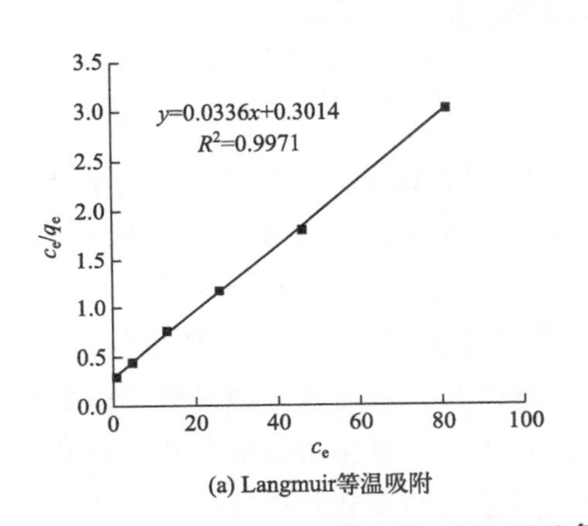


(a) Langmuir等温吸附

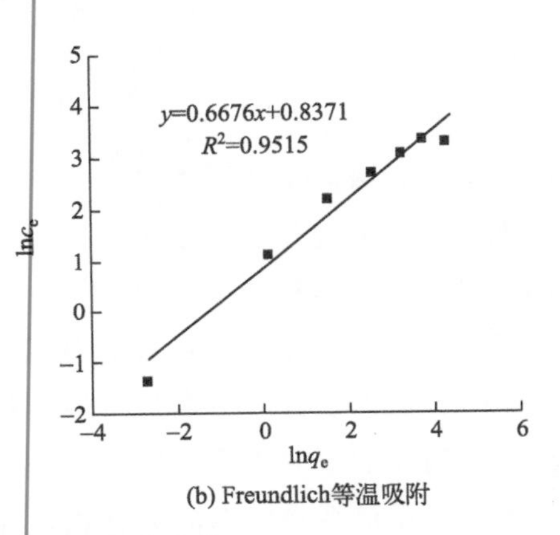


(b) Freundlich等温吸附

**图 3-17　WB-Q342 等温吸附拟合曲线**

CB-Q342、CS-Q342、WB-Q342 的等温吸附拟合详细参数见表 3-4。Langmuir 等温吸附模型可以较好地描述三种改性活性炭对水中溴酸根等温吸附过程（$R^2$ 分别为 0.996、0.956、0.997），说明三种改性活性炭上均匀地分布着吸附位点，且对溴酸根的吸附为单分子层吸附。此外，可以计算出 CB-Q342、WB-Q342、CS-Q342 的最大吸附量分别为 38.02mg/g、29.76mg/g 和 9.43mg/g。因此，煤基活性炭是环氧化季铵盐改性活性炭制备的最佳母体。

**表 3-4　三种改性活性炭等温吸附模型拟合参数**

| 活性炭种类 | Langmuir | | | Freundlich | | |
|---|---|---|---|---|---|---|
| | $q_m$/(mg/g) | $k_L$ | $R^2$ | $n$ | $k_F$ | $R^2$ |
| CB-Q342 | 38.02 | 0.195 | 0.996 | 1.657 | 4.438 | 0.926 |
| CS-Q342 | 9.43 | −0.565 | 0.956 | 2.018 | 1.985 | 0.753 |
| WB-Q342 | 29.76 | 0.111 | 0.997 | 1.498 | 2.310 | 0.952 |

### 3.2.3.2　环氧化季铵盐对改性活性炭吸附效能的影响

为了研究环氧化季铵盐对改性活性炭吸附效能的影响，选用QUAB188、QUAB342、QUAB360、QUAB426四种改性剂对煤基活性炭进行改性，改性条件为：活性炭质量1.5g；QUAB投加量均为4.17g；改性时间48h；改性温度50℃；改性pH＝12。改性活性炭分别记为CB-Q188、CB-Q342、CB-Q360、CB-Q426，通过静态吸附实验比较四种环氧化季铵盐改性活性炭对水中溴酸根的吸附效能（图3-18）。从图3-18中可以看出，当溴酸根的平衡浓度从0.2mg/L增加到120mg/L时，环氧化季铵盐改性煤基活性炭对溴酸根的吸附量先增加后降低，这是由于吸附饱和后脱附形成的，当平衡浓度低于30mg/L时，四种改性炭吸附量随平衡浓度的增加快速增加，之后逐渐达到平衡。同时可以看出，当季铵盐链长逐渐增加时，即当季铵盐分子量从188增加至426时，环氧化季铵盐改性活性炭的吸附量先增加后减少。且当季铵盐分子量增加到342时，改性活性炭（CB-Q342）对溴酸根的平衡吸附量达到最大（36.17mg/g），当季铵盐分子量继续增加时（＞342），改性活性炭对溴酸根的吸附量明显降低，从大到小依次为：CB-Q360（24.57mg/g）＞CB-Q426（15.44mg/g）＞CB-Q188（14.61mg/g）。以上结果说明：①QUAB342、QUAB360、QUAB426的环氧化季铵盐改性煤基活性炭比烷基链只有1个甲基的QUAB188改性的煤基活性炭吸附效能好，主要是因为季铵盐化合物中包含的长链烷基一方面由于其较高的疏水性能可以增强季铵盐化合物在GAC表面上的吸附强度，负载量大；另一方面这种官能团对于含低水合能的含氧阴离子（$ClO_4^-$，－214kJ/mol；$NO_3^-$，－306kJ/mol）有特殊的吸

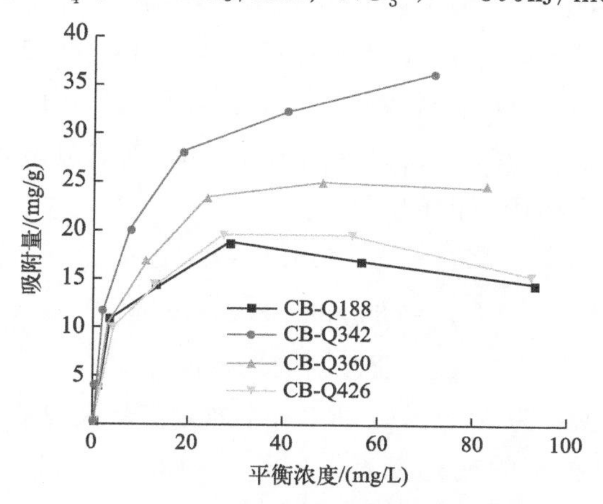


图3-18　四种改性活性炭等温吸附曲线

（$c_0$＝0.2mg/L、5mg/L、15mg/L、30mg/L、50mg/L、80mg/L、120mg/L，$T$＝25℃，$m_{活性炭}$＝50mg/50mL）

引力，而溴酸根的自由水合能与高氯酸根很相近，为－330kJ/mol，创造的疏水环境可抑制对亲水性硫酸盐类物质（$\Delta G_h$，－1080kJ/mol）的吸附。②QUAB360、QUAB426 的环氧化季铵盐改性煤基活性炭对溴酸根的吸附量比 QUAB342 改性煤基活性炭小，说明当烷基链碳原子的数量超过 12 时，对溴酸根的去除率随环氧化季铵盐烷基链碳原子数的增加反而降低，这是由于环氧化季铵盐粒径较大而堵塞了活性炭的微孔结构，进而抑制了 QUAB 与活性炭孔内含氧官能团的反应，由此降低了环氧化季铵盐改性活性炭去除溴酸根的效能。Parette 等在研究中也得出了同样的结论。所以，QUAB342 是这四种环氧化季铵盐化合物中改性煤基活性炭最优的改性剂。

#### 3.2.3.3 改性煤基活性炭制备条件的正交实验优化

为了优化 QUAB342 改性煤基活性炭的制备条件，设计了“四因素、三水平”正交改性实验，其优化结果如表 3-3。$A_i$ 表示因素 A（环氧化季铵盐投加量）的第 $i$ 个水平的样品吸附量的值，$B_i$ 表示因素 B（改性温度）的第 $i$ 个水平的样品吸附量的值，$C_i$ 表示因素 C（改性时间）的第 $i$ 个水平的样品吸附量的值，$D_i$ 表示因素 D（改性 pH 值）的第 $i$ 个水平的样品吸附量的值，$Y$ 为吸附量。

根据正交实验的方法，为了找到最优制备条件，首先计算出同一水平Ⅰ、Ⅱ、Ⅲ，分别表示四因素在 1、2、3 水平上的吸附量之和，以 $I_A$、$I_B$、$I_C$以及 $I_D$为例，计算方法如下：

$$I_A=A_1+A_2+A_3=25.090+24.383+15.723=65.196(\mathrm{mg/g})$$

$$I_B=B_1+B_4+B_7=25.090+22.580+23.861=71.531(\mathrm{mg/g})$$

$$I_C=C_1+C_6+C_8=25.090+19.213+21.946=66.249(\mathrm{mg/g})$$

$$I_D=D_1+D_5+D_9=25.090+25.137+24.644=74.871(\mathrm{mg/g})$$

然后计算出 $K_1$、$K_2$、$K_3$，分别为Ⅰ、Ⅱ、Ⅲ下吸附量的平均值。以 $K_{1A}$、$K_{2A}$、$K_{3A}$ 为例，计算方法如下：

$$K_{1A}=I_A/3=21.732\mathrm{mg/g}$$

$$K_{2A}=Ⅱ_A/3=22.31\mathrm{mg/g}$$

$$K_{3A}=Ⅲ_A/3=23.484\mathrm{mg/g}$$

最后计算出 $R$，为 $K_1$、$K_2$、$K_3$ 三个数之间最大与最小两相差值，表示其因素在实验指标的变化程度，$R=\max(K_i)-\min(K_i)$。如 $R_A=K_{3A}-K_{2A}=23.484-21.732=1.752$（mg/g）。

通过上述的计算方法，得出正交实验结果如表 3-3。从表 3-3 可知：

① $K_{3A}$ (23.484mg/g) >$K_{2A}$ (22.31mg/g) >$K_{1A}$ (21.732mg/g)，即当改性投加量为2.78g/g时，改性活性炭对溴酸根的吸附量最大，其次为1.75g/g，最后为3.81g/g。

② $K_{1B}$ (23.844mg/g) >$K_{2B}$ (23.822mg/g) >$K_{3B}$ (19.86mg/g)，即当改性温度从30℃增加到80℃时，改性活性炭对溴酸根的吸附量随着改性温度的增高而降低，说明在30℃时，改性剂在活性炭上的吸附性能达到最大，同时也具有最多的溴酸根吸附活性位，而当温度大于或等于50℃时，改性剂在活性炭表面的吸附活性受到影响，因此负载量会相应降低，从而导致改性活性炭对溴酸根的吸附效能降低。

③ $K_{2C}$ (23.869mg/g) >$K_{1C}$ (22.083mg/g) >$K_{3C}$ (21.574mg/g)，即当改性时间从24h到72h时，改性活性炭对溴酸根的吸附量随着改性时间的增加先增加后降低，且在改性时间为48h时，达到最大。这一结果说明，改性时间小于或等于24h时，时间的增加有利于提高改性剂在活性炭表面的负载量，从而进一步提高其对溴酸根的吸附效能。而当改性时间大于48h时，由于改性剂在活性炭表面已达到吸附饱和，增加的改性剂将失去其在活性炭上的吸附点位而脱落下来，因此对溴酸根的吸附量也不会增加。

④ $K_{1D}$ (24.957mg/g) >$K_{2D}$ (22.485mg/g) >$K_{3D}$ (20.083mg/g)，即随着pH值从8.5增加到13.5时，改性活性炭对溴酸根的吸附量随着pH值的增加而降低，在pH=8.5时，改性活性炭对溴酸根吸附效能达到最大。

同时可以看出：$R_D$ (4.874mg/g) >$R_B$ (3.984mg/g) >$R_C$ (2.295mg/g) >$R_A$ (1.752mg/g)，说明改性pH值效果影响最大，环氧化季铵盐体积对改性效果影响最小。

综上所述，环氧化季铵盐改性活性炭的最优制备条件为：环氧化季铵盐投加量为2.78g/g、改性温度30℃、改性时间48h、改性pH值为8.5，并将优化后吸附效果最佳的环氧化季铵盐改性活性炭命名为CB-Q342-O。为了验证这一结果，在同样反应条件下测定CB-Q342-O对溴酸根的吸附量，结果为26.124mg/g，符合正交实验得到的结论。

## 3.2.4 环氧化季铵盐改性活性炭对溴酸根的吸附效能

### 3.2.4.1 动力学吸附效能

为了考察优化后环氧化季铵盐改性活性炭对溴酸根的吸附影响规律，研究了其动力学吸附过程，如图3-19所示。

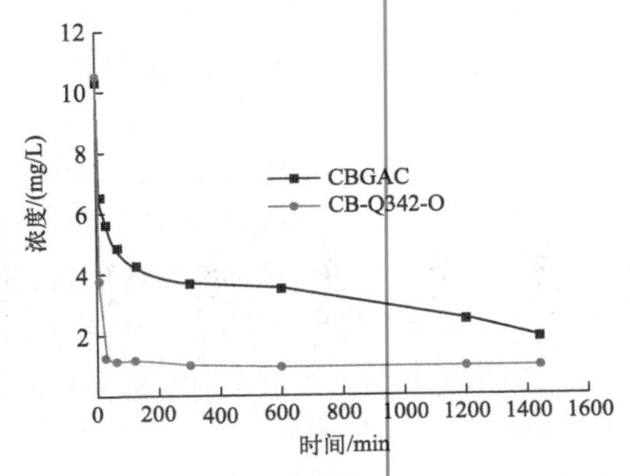


**图 3-19 改性前后活性炭对溴酸根的动力学吸附曲线**

($c_0$=10mg/L，$T$=25℃，$m_{活性炭}$=50mg/50mL)

由图 3-19 可知，当初始溴酸根浓度为 10mg/L 时，CBGAC 和 CB-Q342-O 对水中溴酸根的浓度随时间增加而减少，在 0～30min 内，改性后的活性炭对溴酸根的吸附速率明显增加，CB-Q342-O 对溴酸根的吸附使溴酸根浓度从 10.44mg/L 降到 1.18mg/L，CBGAC 使溴酸根浓度从 10.33mg/L 降到 5.62mg/L；在 30min 后，CB-Q342-O 对溴酸根的吸附趋于平衡，CBGAC 对溴酸根的吸附速率减缓且在 900min 后达到平衡。此外，相同时间内，CB-Q342-O 对溴酸根的去除效果显著大于 CBGAC，优化改性后活性炭 CB-Q342-O 对溴酸根的吸附速率明显提高，吸附平衡时去除率从改性前的 81.18%提高到 91.22%。

为了进一步研究改性优化前后的动力学吸附原理，通过准一级动力学和准二级动力学方程进行拟合（表 3-5）。

**表 3-5 优化改性前后活性炭的动力学拟合参数**

| 活性炭类型 | $q_{e,exp}$ /(mg/g) | 准一级动力学 | | | 准二级动力学 | | |
|---|---|---|---|---|---|---|---|
| | | $k_1$ /$min^{-1}$ | $q_{e,cal}$ /(mg/g) | $R^2$ | $k_2$ /[g/(mg·min)] | $q_{e,cal}$ /(mg/g) | $R^2$ |
| CBGAC | 8.387 | 0.0018 | 4.12 | 0.813 | 0.0033 | 8.23 | 0.994 |
| CB-Q342-O | 9.527 | 0.0025 | 0.71 | 0.334 | 0.0553 | 9.52 | 1 |

由表 3-5 可以看出，准二级动力学吸附模型能很好地描述 CBGAC 和 CB-Q342-O 的动力学吸附过程（$R^2$ 均为 0.99 以上），根据准二级动力学模型计算得到的平衡吸附量（$q_{e,cal}$）值与通过实验确定的 $q_{e,exp}$ 值比较接近，且改性后的活性炭 CB-Q342-O 对溴酸根的吸附速率常数 $k_2$（0.0553）比改

性前（0.0033）大幅提高，说明优化后的环氧化季铵盐改性煤基活性炭对溴酸根的吸附速率明显增加。

### 3.2.4.2 等温吸附效能

为了对比改性前后活性炭对溴酸根的吸附效能，进一步开展了等温吸附研究（图 3-20）。从图 3-20 中可以看出，CBGAC 和 CB-Q342-O 对溴酸根的吸附量都随着溴酸根平衡浓度的增加而增加，当溴酸根平衡浓度低于 20mg/L 时，CBGAC 吸附量快速上升，随后趋于平缓，在平衡浓度为 96mg/L 时达到平衡；CB-Q342-O 对溴酸根的吸附在平衡浓度小于 10mg/L 时呈直线上升趋势，在平衡浓度为 74mg/L 时达到平衡。当吸附达到平衡时，优化改性后的活性炭 CB-Q342-O 的吸附量（53.49mg/g）明显高于 CBGAC 的吸附量（20.54mg/g）。

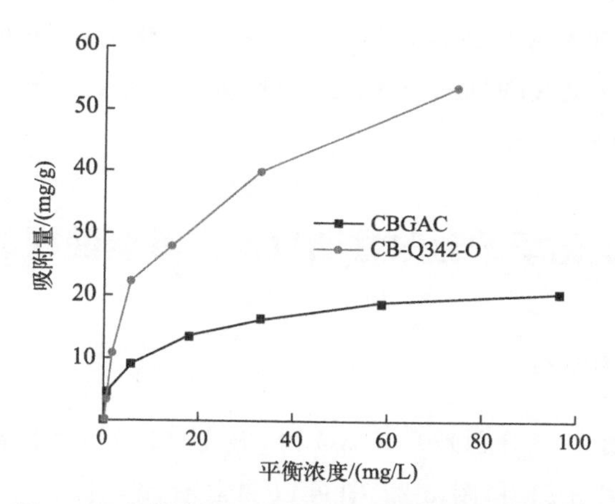


**图 3-20　改性前后活性炭对溴酸根的等温吸附曲线**

（$c_0$=0.2mg/L、5mg/L、15mg/L、30mg/L、50mg/L、80mg/L、120mg/L）

为考察优化改性前后活性炭吸附溴酸根机理，本研究采用 Langmuir、Freundlich 和 D-R 等温吸附模型对等温吸附过程进行拟合。拟合结果如表 3-6 所列。

**表 3-6　优化改性前后活性炭的等温吸附模型拟合参数**

| 活性炭类型 | Langmuir | | | Freundlich | | | D-R | | | |
|---|---|---|---|---|---|---|---|---|---|---|
| | $q_m$ /(mg/g) | $k_L$ /(L/mg) | $R^2$ | $n$ | $k_F$ | $R^2$ | $q_0$ /(mmol/g) | $\gamma$ /(mol$^2$/kJ$^2$) | $E$ /(kJ/mol) | $R^2$ |
| CBGAC | 21.46 | 0.15 | 0.991 | 1.91 | 2.67 | 0.922 | 1.18 | 0.0042 | 10.93 | 0.963 |
| CB-Q342-O | 58.14 | 0.10 | 0.978 | 2.01 | 7.32 | 0.966 | 3.07 | 0.0044 | 10.73 | 0.988 |

由表 3-6 可以看出，对于优化改性后的活性炭 CB-Q342-O，Langmuir、Freundlich 和 D-R 等温吸附模型能较好地描述其对溴酸根的吸附过程（$R^2$ 分别为 0.978、0.966 和 0.988），说明 CB-Q342-O 表面均一，各处吸附能相同，活性炭对溴酸根的吸附属于单分子吸附。此外，通过 D-R 吸附模型计算出的平均吸附自由能 $E$ 为 10.73kJ/mol，大于 8kJ/mol 小于 16kJ/mol，这说明 CB-Q342-O 对水中溴酸根的吸附属于离子交换吸附。这主要是由于活性炭表面负载的季铵盐官能团对溴酸根有较强的离子交换性能。而对于改性前的 CBGAC，Langmuir 和 D-R 等温吸附模型均可以较好地描述其对溴酸根的吸附过程（$R^2$ 分别为 0.991 和 0.963），说明对溴酸根的吸附也属于单分子吸附；且通过 D-R 吸附模型计算出的平均吸附自由能 $E$ 为 10.93kJ/mol，说明 CBGAC 对水中溴酸根的吸附也属于离子交换吸附。

总之，环氧化季铵盐改性可以有效提高活性炭对含氧阴离子溴酸根的吸附效能，CB-Q342-O 的最大吸附量达到 58.14mg/g（表 3-6），比优化改性前增加了 36.68mg/g。

## 3.2.5 环氧化季铵盐改性活性炭去除溴酸根的机理探讨

### 3.2.5.1 扫描电镜分析

图 3-21 和图 3-22 分别是 CBGAC 和 CB-Q342-O 放大倍数为 10μm 的扫描电镜图，从图 3-21 和图 3-22 中可以明显看出，优化改性后的活性炭

图 3-21 CBGAC 扫描电镜图（10μm）

CB-Q342-O 表面有很多白色小块，而煤基原炭 CBGAC 表面却是光滑的，证明活性炭表面成功负载了 QUAB342。

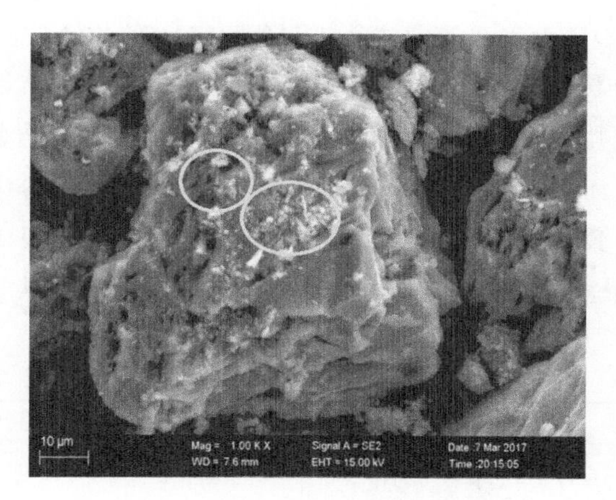


图 3-22　CB-Q342-O 扫描电镜图（10μm）

### 3.2.5.2　比表面积和孔容孔径分析

表 3-7 为优化改性前后活性炭的比表面积及孔容孔径分布情况。由表 3-7 可以看出，经过 QUAB342 改性后的活性炭比表面积和总孔容量均减少了，比表面积从 928.2$m^2/g$ 减少到 541.6$m^2/g$，减少了 41.7%；总孔容量减少了 0.158$cm^3/g$，为改性前的 67%，其中，主要是微孔孔容量的减少，减少了 18.5%。这说明 QUAB342 主要负载在活性炭的微孔内。

表 3-7　优化改性前后活性炭的比表面积及孔容孔径分布情况

| 活性炭类型 | 微孔/($cm^3/g$) | 中孔/($cm^3/g$) | 总的孔容/($cm^3/g$) | 比表面积/($m^2/g$) |
|---|---|---|---|---|
| CBGAC | 0.394 | 0.086 | 0.480 | 928.2 |
| CB-Q342-O | 0.321 | 0.091 | 0.322 | 541.6 |
| 减少量 | 18.5% | −5.8% | 32.9% | 41.7% |

### 3.2.5.3　元素分析

表 3-8 为优化改性前后活性炭的元素分析结果。优化改性后的活性炭 CB-Q342-O 的含 N 量明显增加，从改性前的 0.93%增加到 1.2155%，结合前面的 XPS 和 Zeta 电位结果综合分析，$N^+$ 主要是由 QUAB342 提供，进一步说明 QUAB342 已成功负载在活性炭表面；同时，O 元素含量从

13.955%降低到6.792%，说明QUAB342与煤基活性炭表面含氧官能团发生反应而消耗；此外，C、H的含量分别从83.4%增加到88.615%、从0.879%增加到2.5655%，这是由于QUAB342上的长链烷基带有较多的C、H元素。综合分析优化改性前后的吸附实验和元素分析结果可知，活性炭经过环氧化季铵盐QUAB342负载改性后，其表面带正电含氮碱性官能团含量会明显增加，而环氧化季铵盐的 $pK_a$ 值均大于12，其等电位点值也会相应提高，从而导致其对水中溴酸根的吸附效能也增加。因此，环氧化季铵盐改性活性炭的含氮量越大，其对溴酸根的吸附效能就越大。

**表3-8 优化改性前后活性炭的元素分析**

| 活性炭类型 | 含量（质量分数）/% | | | | |
|---|---|---|---|---|---|
| | O | N | C | S | H |
| CBGAC | 13.955±0.010 | 0.930±0.000 | 83.400±0.000 | 0.836±0.000 | 0.879±0.000 |
| CB-Q342-O | 6.792±0.180 | 1.216±0.003 | 88.615±0.035 | 0.812±0.003 | 2.566±0.002 |

### 3.2.5.4 傅里叶红外光谱分析

图3-23为优化改性前后活性炭的傅里叶红外吸收光谱图。优化改性前后两种炭的出峰位置相同，波数3420cm$^{-1}$是C—OH峰（羟基），1640cm$^{-1}$是C═O峰（羰基），1395cm$^{-1}$是COOH峰（羧基），1115cm$^{-1}$是O—C—O峰（醚基）。对比优化改性前后两种炭，煤基活性炭表面上的羟基、羰基和羧基经改性后都有所减少，而醚基有所增加，是因为QUAB342可以与活性炭表面羟基和羧基发生化学键合生成醚基，从而负载到活性炭上。

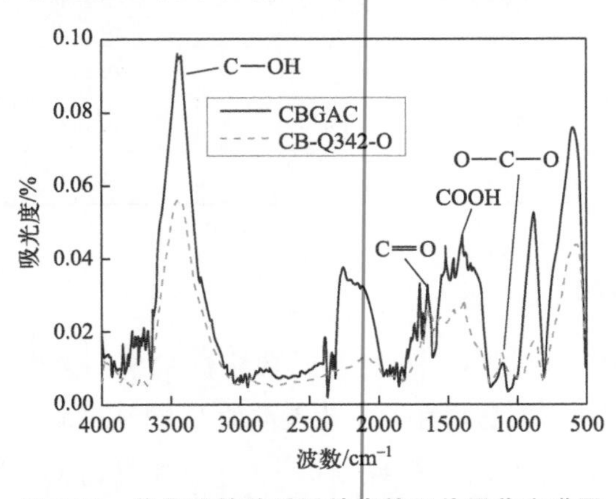


**图3-23 优化改性前后活性炭的红外吸收光谱图**

### 3.2.5.5　X 射线光电子能谱分析

通过 XPS 分析，优化改性前后活性炭的元素占比如表 3-9 所列。可以看出，优化改性后的活性炭 CB-Q342-O 表面的 N 1s 和 Cl 2p 含量明显增加，其中，N 含量从 1.07% 增加到 3.95%，Cl 含量从 0.16% 增加到 1.09%，这一结果说明含有一个带正电荷氮官能团（$N^+$）的环氧化季铵盐 QUAB342 已成功地通过阳离子化反应负载到 CBGAC 上，且 $Cl^-$ 作为平衡电荷离子保留在季铵盐长链上。此外，吸附后，CB-Q342-O 的 Cl 2p 含量减少到 0.29%，说明 CB-Q342-O 对溴酸根部分是通过离子交换反应去除的。

表 3-9　优化改性前后活性炭的元素占比

| 活性炭类型 | 元素含量（原子分数）/% | | | | |
|---|---|---|---|---|---|
| | C 1s | Cl 2p | N 1s | O 1s | S 2p |
| CBGAC | 75.48 | 0.16 | 1.07 | 22.85 | 0.45 |
| CB-Q342-O | 72.9 | 1.09 | 3.95 | 21.71 | 0.35 |

为了对优化改性前后活性炭表面的 N 元素进行定性、半定量分析以及元素化学价态分析，采用 XPS 窄扫描进行分析，XPS 所测定的结合能范围主要是 392eV 到 412eV。如图 3-24 所示，N 光谱显示了优化改性前后活性炭上 N 的各种化学价态。从图 3-24（a）可以看出 CB-Q342-O 的 N 光谱可以拟合出三个峰，研究表明，398.5eV 是 [—N ═]，400.2eV 是 [—NH—]，402.6eV 是 [$N^+$]。进行拟合后计算出 N 元素主要以 [$N^+$] 为主，占 58.83%，此外 [—NH—] 占 22.55%，[—N═] 占 18.62%。而图 3-24（b）中在 390～412eV 没有明显的峰，说明 CBGAC 表面 N 元素含量很少，这一结果进一步说明了 QUAB342 成功地负载在活性炭表面。

### 3.2.5.6　Zeta 电位分析

图 3-25 是优化改性前后活性炭的 Zeta 电位变化图。活性炭表面的化学官能团随着溶液 pH 值不同而解离程度不同，导致活性炭表面电位的变化。经环氧化季铵盐改性后，活性炭表面的正电性增加。从图 3-25 可以看出，活性炭原炭 CBGAC 的 Zeta 电位随着 pH 值的增加先下降后上升，优化改性后的活性炭 CB-Q342-O 的 Zeta 电位随 pH 值的增加而降低。在相同 pH 值下，改性后的活性炭正电性要高于未改性活性炭，而负电性要低于未改性炭，正电性的增加与表面环氧化季铵盐基团相关，且正电性的升高有助于提高活性炭对水中溴酸根的吸附。

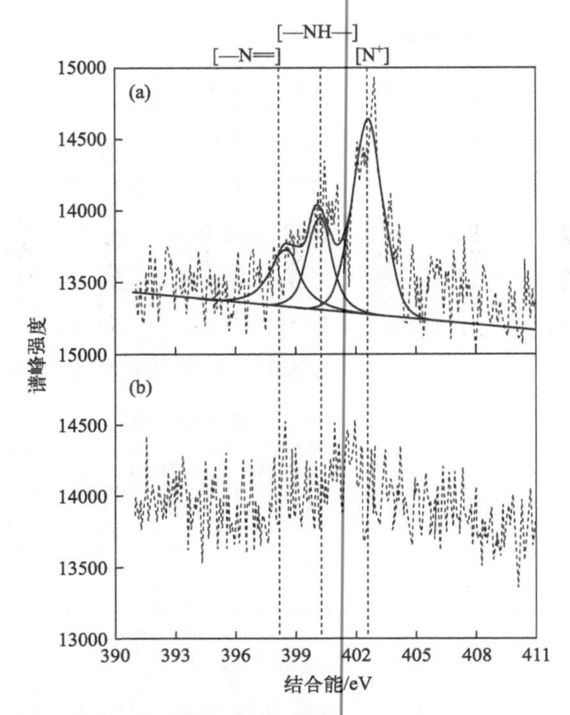


图 3-24 优化改性前后活性炭表面的 N 元素光谱分析

(a) CB-Q342-O；(b) CBGAC

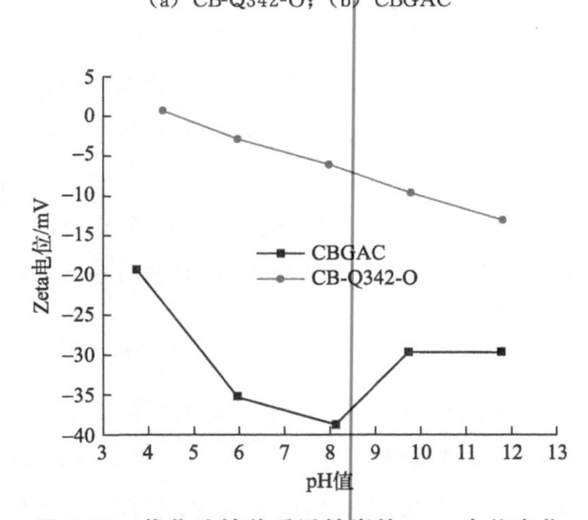


图 3-25 优化改性前后活性炭的 Zeta 电位变化

综上所述，本研究的主要结论如下：

首先，考察了三种原炭对溴酸根的去除效能，结果发现：煤基活性炭的吸附速率和吸附量均比其他两种活性炭大，活性炭表面较多的碱性官能团以及—SH（巯基）、—S—S（双硫基团）均有利于活性炭对水中溴酸根的吸附；此外，活性炭表面较多的酚羟基和羧酸等官能团，可以在阳离子化反应过程中与季铵盐发生键合，从而实现季铵盐在活性炭表面的化学固定负载。

其次，优化了改性活性炭对溴酸盐的吸附效能，结果发现：优化改性后活性炭比改性前对溴酸根的吸附速率明显提高，吸附平衡时去除率从改性前的 81.18% 提高到 91.22%，最大吸附量从 21.46mg/g 提高到 58.14mg/g；此外，通过 D-R 计算出的平均吸附自由能均在 8～16kJ/mol 之间，说明 CBGAC 和 CB-Q342-O 对水中溴酸根的吸附属于离子交换吸附。

最后，初步探讨了改性活性炭对溴酸根的吸附机理与再生性能，结果发现：CBGAC 对水中溴酸根的去除主要是通过物理吸附和还原作用，CB-Q342-O 对溴酸根的去除主要是由于固定负载在活性炭表面的带有［$N^+$］的季铵盐对溴酸根具有很好的离子交换吸附性能。

## 参考文献


［1］田甜. 中国农村地下水中有机微污染物和金属的浓度分布及健康风险［D］. 大连：大连理工大学，2019.

［2］Lv L，Xie Y，Liu G，et al. Removal of perchlorate from aqueous solution by cross-linked Fe(Ⅲ)-chitosan complex［J］. Journal of Environmental Sciences，2014，26 (4)：792-800.

［3］史亚利，高健民，李鑫，等. 浏阳河水、底泥和土壤中高氯酸盐的污染［J］. 环境化学，2010，29 (03)：388-391.

［4］高乃云，李富生，汤浅晶，等. 去除饮用水中高氯酸盐的研究进展［J］. 中国给水排水，2003 (19)：47-49.

［5］Xu J，Song Y，Min B，et al. Microbial degradation of perchlorate：Principles and applications［J］. Environmental Engineering Science，2003，20 (5)：405-422.

［6］Min B，Evans P J，Chu A K，et al. Perchlorate removal in sand and plastic media bioreactors［J］. Water Research，2004，38 (1)：47-60.

［7］Gu B，Brown G M，Chiang C C. Treatment of perchlorate-contaminated groundwater using highly selective，regenerable ion-exchange technologies［J］. Environmental Science & Technology，2007，41 (17)：6277-6282.

［8］Na C，Cannon F S，Hagerup B. Perchlorate removal via iron-preloaded GAC and borohydride regeneration［J］. Journal-American Water Works Association，2002，94 (11)：90-102.

［9］Mahmudov R，Huang C P. Perchlorate removal by activated carbon adsorption［J］. Separation and Purification Technology，2010，70 (3)：329-337.

［10］Chen W，Cannon F S. Thermal reactivation of ammonia-tailored granular activated carbon exhausted with perchlorate［J］. Carbon，2005，43 (13)：2742-2749.

［11］Chen W，Cannon F S，Rangel-Mendez J R. Ammonia-tailoring of GAC to enhance perchlorate removal. Ⅰ：Characterization of $NH_3$ thermally tailored GACs［J］. Carbon，2005，43 (3)：573-580.

[12] Chen W, Cannon F S, Rangel-Mendez J R. Ammonia-tailoring of GAC to enhance perchlorate removal. Ⅱ: Perchlorate adsorption [J]. Carbon, 2005, 43 (3): 581-590.

[13] Patterson J P, Parette R, Cannon F S. Oxidation of intermediate sulfur species (thiosulfate) by free chlorine to increase the bed life of tailored granular-activated carbon removing perchlorate [J]. Environmental Engineering Science, 2010, 27 (10): 835-843.

[14] Wright M T, Izbicki J A, Jurgens B C. A multi-tracer and well-bore flow profile approach to determine occurrence, movement, and sources of perchlorate in groundwater [J]. Applied Geochemistry, 2021, 129.

[15] 侯嫔.季铵盐改性颗粒活性炭去除地下水中微量高氯酸盐的研究 [D].北京:中国矿业大学(北京),2012.

[16] Crittenden J C, Reddy P S, Hand D W, et al. Prediction of GAC performance using rapid small-scale column tests [R]. AWWARF, 1989, 90549.

[17] Parette R, Cannon F S, Weeks K. Removing low ppb level perchlorate, RDX, and HMX from groundwater with cetyltrimethylammonium chloride (CTAC) pre-loaded activated carbon [J]. Water research, 2005, 39 (19): 4683-4692.

[18] Patterson J, Parette R, Cannon F S, et al. Competition of anions with perchlorate for exchange sites on cationic surfactant-tailored GAC [J]. Environmental Engineering Science, 2011, 28 (4): 249-256.

[19] Vickerman J C, Gilmore I S. Surface analysis: The principal techniques [M]. Hoboken: John Wiley & Sons, 2011.

[20] Silva M A. Highway safety flares threaten water quality with perchlorate [C]. Santa Clara Valley Water District, 2003.

[21] Moore B C, Cannon F S, Westrick J A, et al. Changes in GAC pore structure during full-scale water treatment at Cincinnati: A comparison between virgin and thermally reactivated GAC [J]. Carbon, 2001, 39 (6): 789-807.

[22] Boehm H P, Diehl E, Heck W, et al. Surface oxides of carbon [J]. Angewandte Chemie International Edition in English, 1964, 3 (10): 669-677.

[23] Bonnesen P V, Brown G M, Alexandratos S D, et al. Development of bifunctional anion-exchange resins with improved selectivity and sorptive kinetics for pertechnetate: Batch-equilibrium experiments [J]. Environmental science & technology, 2000, 34 (17): 3761-3766.

[24] Ocampo P R, Leyva R R, Mendoza B J, et al. Adsorption rate of phenol from aqueous solution onto organobentonite: Surface diffusion and kinetic models [J]. Journal of Colloid and Interface Science, 2011, 364 (1): 195-204.

[25] 刘润生,张燕.饮用水中溴酸盐的去除技术 [J].环境科学与技术,2010 (12): 66-70.

[26] Farooq W, Hong H J, Kim E J, et al. Removal of Bromate ($BrO_3^-$) from water using cationic surfactant-modified powdered activated carbon (SM-PAC) [J]. Separation Science and Technology, 2012, 47 (13): 1906-1912.

[27] Wang L, Zhang J, Liu J, et al. Removal of bromate ion using powdered activated carbon [J]. Journal of Environmental Sciences, 2010, 22 (12): 1846-1853.

[28] 张永清,吴清平,张菊梅,等.活性炭控制矿泉水中溴酸盐的选型及效果研究 [J].食品工业科技,2011 (04): 65-68, 71.

[29] 尹军,张小雨,刘志生,等.含溴矿泉水臭氧化过程中溴酸盐的生成及控制 [J].供水技术,2008 (06): 1-4.

[30] 张书芬，王全林，沈坚，等. 饮用水中臭氧消毒副产物溴酸盐含量的控制技术探讨 [J]. 水处理技术，2011 (01)：28-32.

[31] Chairez M，Luna-Velasco A，Field J A，et al. Reduction of bromate by biogenic sulfide produced during microbial sulfur disproportionation [J]. Biodegradation，2010，21 (2)：235-244.

[32] 岳银玲，李淑敏，应波，等. 超市中瓶装矿泉水溴酸盐含量的调查 [J]. 中国卫生检验杂志，2006 (06)：677-678.

[33] Xie L，Shang C. A review on bromate occurrence and removal strategies in water supply [J]. Water Supply，2006，6 (6)：131-136.

[34] Johnson C J，Singer P C. Impact of a magnetic ion exchange resin on ozone demand and bromate formation during drinking water treatment [J]. Water Research，2004，38 (17)：3738-3750.

[35] Bouland S，Duguet J P，Montiel A. Minimizing bromate concentration by controlling the ozone reaction time in a full-scale plant [J]. Ozone-Science & Engineering，2004，26 (4)：381-388.

[36] Kim H S，Yamada H，Tsuno H. The removal of estrogenic activity and control of brominated by-products during ozonation of secondary effluents [J]. Water Research，2007，41 (7)：1441-1446.

[37] Chuang Y H，Lin A Y C，Wang X H，et al. The contribution of dissolved organic nitrogen and chloramines to nitrogenous disinfection byproduct formation from natural organic matter [J]. Water Research，2013，47 (3)：1308-1316.

[38] 杜欣俊，于水利，唐玉霖. 改性颗粒活性炭对水中溴酸根的吸附特性研究 [J]. 环境科学学报，2014 (03)：630-637.

[39] Siddiqui M，Zhai W，Gary A，et al. Bromate ion removal by activated carbon [J]. Water Research，1996，30 (7)：1651-1660.

[40] Liu T M，Zhao Z W，Cui F Y，et al. Bromate removal by activated carbon adsorption：Material selection and impact factors study [J]. Journal of Harbin Institute of Technology (New Series)，2011，18 (5)：81-85.

[41] Bao L M，Griffini O，Santianni D，et al. Removal of bromate ion from water using granular activated carbon [J]. Water Research，1999，33 (13)：2959-2970.

[42] Huang W J，Cheng Y L. Effect of characteristics of activated carbon on removal of bromate [J]. Separation and Purification Technology，2008，59 (1)：101-107.

[43] Chen C，Apul O G，Karanfil T. Removal of bromide from surface waters using silver impregnated activated carbon [J]. Water Research，2017，113：223-230.

[44] Plewa M J，Wagner E D，Richardson S D，et al. Chemical and biological characterization of newly discovered lodoacid drinking water disinfection byproducts [J]. Environmental Science & Technology，2004，38 (18)：4713-4722.

[45] Siddiqui M S，Amy G L，Rice R G. Bromate ion formation in drinking water：A critical review [J]. Journal/American Water Works Association，1995，87 (10)：58.

[46] 陈国光，童俊，朱慧峰，等. 高溴离子原水深度处理溴酸盐的控制与对策 [J]. 给水排水，2012 (03)：20-22.

[47] 张奎山，刘继先，赵欣萍. 深圳市饮用水溴酸盐风险调查研究 [J]. 给水排水，2008 (增 1)：111-113.

[48] 强志民，陆晓巍，张涛. 饮用水臭氧氧化处理过程中溴酸根的产生及控制 [J]. 环境工程学报，2011 (08)：1689-1695.

[49] Wiśniewski J A，Kabsch-Korbutowicz M，Łakomska S. Removal of bromate ions from water in

the processes with ion-exchange membranes [J]. Separation and Purification Technology，2015，145：75-82.

[50] Von Gunten U，Hoigne J. Bromate formation during ozonization of bromide-containing waters：Interaction of ozone and hydroxyl radical reactions [J]. Environmental Science & Technology，1994，28 (7)：1234-1242.

[51] Heeb M B，Criquet J，Zimmermann-Steffens S G，et al. Oxidative treatment of bromide-containing waters：Formation of bromine and its reactions with inorganic and organic compounds-a critical review [J]. Water Research，2014，48：15-42.

[52] 王祖琴，李田. 含溴水臭氧化过程中溴酸盐的形成与控制 [J]. 净水技术，2001 (02)：7-11.

[53] Tyrovola K，Diamadopoulos E. Bromate formation during ozonation of groundwater in coastal areas in Greece [J]. Desalination，2005，176 (1-3)：201-209.

[54] WHO. Bromate in drinking water：Background document for of WHO guidelines for drinking-water quality [R]. Genève，2005：4-10.

[55] Wilbourn J. Toxicity of bromate and some other brominated compounds in drinking water [M] Oxford：Blackwell Scientific Publishers，2013：1-8.

[56] Marhaba T F，Bengraine K. Review of strategies forminimizing bromate formation resulting from drinking water ozonation [J]. Clean Technologies and Environmental Policy，2003，5 (2)：101-112.

[57] 安东，李伟光，崔福义，等. 溴酸盐的生成及控制 [J]. 水处理技术，2005 (06)：54-55，78.

[58] Quick C A，Chole R A，Mauer M. Deafness and renal failure due to potassium bromate poisoning [J]. Archives of otolaryngology，1975，101 (8)：494-495.

[59] 吕淼. $H_2O_2/O_3$ 高级氧化控制黄河水臭氧化过程中溴酸盐的研究 [D]. 北京：清华大学，2010.

[60] Pinkernell U，Von Gunten U. Bromate minimization during ozonation：Mechanistic considerations [J]. Environmental Science and Technology，2001，35 (12)：2525-2531.

[61] Buffle M O，Galli S，Von Gunten U. Enhanced bromate control during ozonation：The chlorine-ammonia process [J]. Environmental Science and Technology，2004，38 (19)：5187-5195.

[62] 朱琦. 饮用水处理过程中溴酸盐的生成特性及优化控制研究 [D]. 哈尔滨：哈尔滨工业大学，2012.

[63] Chubar N I，Samanidou V F，Kouts V S，et al. Adsorption of fluoride，chloride，bromide，and bromate ions on a novel ion exchanger [J]. J Colloid Interface Sci，2005，291 (1)：67-74.

[64] 俞潇婷. 水溶液中臭氧消毒过程溴离子的反应机制和溴酸根的去除研究 [D]. 上海：复旦大学，2012.

[65] 马军，刘晓飞，王刚，等. 臭氧/高锰酸盐控制臭氧氧化副产物 [J]. 中国给水排水，2005 (06)：12-15.

[66] 董紫君. 高锰酸钾/臭氧复合氧化抑制溴酸盐的生成 [D]. 哈尔滨：哈尔滨工业大学，2008.

[67] 陈伟鹏. 催化臭氧氧化对溴酸盐生成影响研究 [D]. 哈尔滨：哈尔滨工业大学，2007.

[68] Wang Y，Yu J，Zhang D，et al. Addition of hydrogen peroxide for the simultaneous control of bromate and odor during advanced drinking water treatment using ozone [J]. Journal of Environmental Sciences，2014，26 (3)：550-554.

[69] Mills A，Meadows G. Heterogeneous redox catalysis：A novel route for removing bromate ions from water [J]. Water Research，1995，29 (9)：2181-2181.

[70] Peldszus S，Andrews S A，Souza R，et al. Effect of medium-pressure UV irradiation on bromate concentrations in drinking water，a pilot-scale study [J]. Water Research，2004，38 (1)：211-217.

[71] 伍秀琼. 活性炭负载纳米零价铁去除溴酸盐的研究 [D]. 长沙：湖南大学，2013.

[72] 董文艺，董紫君，余小海，等. 硫酸亚铁还原法去除饮用水中溴酸盐的研究 [C]. 中国城镇水务发展国际研讨会，2008：46-52.

[73] Chitrakar R，Makita Y，Sonoda A，et al. Fe-Al layered double hydroxides in bromate reduction：Synthesis and reactivity [J]. Journal of Colloid and Interface Science，2011，354 (2)：798-803.

[74] 吴清平，张颖辉，张菊梅，等. 活性炭控制饮用水中溴酸盐的研究进展 [J]. 中国卫生检验杂志，2009 (05)：1185-1187.

[75] Hong S，Deng S，Yao X，et al. Bromate removal from water by polypyrrole tailored activated carbon [J]. Journal of Colloid and Interface Science，2016，467：10-16.

[76] 林涛，陈惠，华伟，等. 饮用水处理中活性炭吸附对 $BrO_3^-$ 的去除研究 [J]. 华中科技大学学报（自然科学版），2014 (05)：95-100.

[77] 苏良佺. 活性炭在水处理中的应用 [J]. 林业勘察设计，1998 (01)：62-65.

[78] 徐越群，赵巧丽. 活性炭吸附技术及其在水处理中的应用 [J]. 石家庄铁路职业技术学院学报，2010 (01)：48-50.

[79] 闫宗兰，尉震，石军. 活性炭的制备及其在污水处理中的应用 [J]. 天津农学院学报，2010 (03)：42-44，57.

[80] 张乐忠，胡家朋，赵升云，等. 活性炭改性研究新进展 [J]. 材料导报，2009 (增1)：435-438.

[81] 梁霞，王学江. 活性炭改性方法及其在水处理中的应用 [J]. 水处理技术，2011 (08)：1-6.

[82] 詹亮，李开喜，朱星明，等. 正交实验法在超级活性炭研制中的应用 [J]. 煤炭转化，2001 (04)：71-74.

[83] Attia A A，Rashwan W E，Khedr S A. Capacity of activated carbon in the removal of acid dyes subsequent to its thermal treatment [J]. Dyes and Pigments，2006，69 (3)：128-136.

[84] Rangel-Mendez J R，Cannon F S. Improved activated carbon by thermal treatment in methane and steam：Physicochemical influences on MIB sorption capacity [J]. Carbon，2005，43 (3)：467-479.

[85] 陈维芳，王宏岩，于哲，等. 阳离子表面活性剂改性的活性炭吸附砷（V）和砷（Ⅲ）[J]. 环境科学学报，2013 (12)：3197-3204.

[86] 姜良艳，周仕学，王文超，等. 活性炭负载锰氧化物用于吸附甲醛 [J]. 环境科学学报，2008 (02)：337-341.

[87] 丁春生，倪芳明，缪佳，等. 氨水改性活性炭的制备及其对苯酚吸附性能的研究 [J]. 武汉理工大学学报（交通科学与工程版），2011 (06)：1237-1241.

[88] 杜光智. 活性炭水处理技术的现状和发展 [J]. 环境科学与技术，1990 (01)：20-23.

[89] 张会平，傅志鸿，叶李艺，等. 活性炭的电化学再生机理 [J]. 厦门大学学报（自然科学版），2000 (01)：79-83.

[90] 许静，黄肖容，隋贤栋，等. 活性炭水处理技术及其再生方法 [J]. 广东化工，2005 (09)：34-36.

[91] 陈茂生，王剑虹，宁平，等. 微波辐照载甲苯活性炭再生研究 [J]. 环境污染治理技术与设备，2006 (06)：77-79.

[92] 中野重和，田树知子，北川睦夫，等. 活性炭水处理技术近况 [J]. 河海科技进展，1994 (04)：82-90.

[93] 戴芳天. 活性炭在环境保护方面的应用 [J]. 东北林业大学学报，2003 (02)：48-49.

[94] 李珊珊. 活性炭吸附技术在水处理中的应用 [J]. 科技与企业，2014 (15)：177.

[95] 王宝庆，陈亚雄，宁平. 活性炭水处理技术应用 [J]. 云南环境科学，2000 (03)：46-49.

[96] 刘燕，姚智文，卢钢，等. $O_3$/BAC工艺中溴酸盐的控制 [J]. 供水技术，2009 (06)：17-20.

[97] 鲁金凤，王楚亚，刘宇心，等. 活性炭去除饮用水中溴酸盐的研究进展 [J]. 水资源与水工程学报，2013 (05)：6-10，16.

[98] Chen W F，Zhang Z Y，Li Q，et al. Adsorption of bromate and competition from oxyanions on cationic surfactant-modified granular activated carbon (GAC) [J]. Chemical Engineering Journal，2012，203：319-325.

[99] 王昌辉，裴元生. 给水处理厂废弃铁铝泥对正磷酸盐的吸附特征 [J]. 环境科学，2011 (08)：2371-2377.

[100] Tütem E，Apak R，ünal F. Adsorptive removal of chlorophenols from water by bituminous shale [J]. Water Research，1998，32 (8)：2315-2324.

[101] Rodrigues L A，Maschio L J，Da Silva R E，et al. Adsorption of Cr (Ⅵ) from aqueous solution by hydrous zirconium oxide [J]. J Hazard Mater，2010，173 (1-3)：630-636.

[102] Zawadzki Z. Analysis of the surface properties of active carbon by infrared spectroscopy [J]. Carbon，1980，18 (4)：281-285.

[103] Usmani T H，Wahab Ahmed T，Ahmed S Z，et al. Preparation and characterization of activated carbon from a low rank coal [J]. Carbon，1996，34 (1)：77-82.

[104] Halajnia A，Oustan S，Najafi N，et al. The adsorption characteristics of nitrate on Mg-Fe and Mg-Al layered double hydroxides in a simulated soil solution [J]. Applied Clay Science，2012，70：28-36.

[105] Jiang H，Chen P，Luo S，et al. Synthesis of novel nanocomposite $Fe_3O_4$/$ZrO_2$/chitosan and its application for removal of nitrate and phosphate [J]. Applied Surface Science，2013，284：942-949.

[106] Gu B，Brown G M，Spiro D A. Efficient treatment of perchlorate ($ClO_4^-$) -contaminated groundwater with bifunctional anion exchange resins [J]. Kluwer Academic/Plenum：New York，2000：165-176.

[107] Gu B H，Brown G M，Maya L，et al. Regeneration of perchlorate $ClO_4^-$) -loaded anion exchange resins by a novel tetrachloroferrate ($FeCl_4^-$) displacement technique [J]. Environmental Science & Technology，2001，35 (16)：3363-3368.

[108] Xiong Z，Zhao D，Harper W F. Sorption and desorption of perchlorate with various classes of ion exchangers：A comparative study [J]. Industrial & Engineering Chemistry Research，2007，46 (26)：9213-9222.

[109] Chitrakar R，Makita Y，Sonoda A，et al. Adsorption of trace levels of bromate from aqueous solution by organo-montmorillonite [J]. Applied Clay Science，2011，51 (3)：375-379.

[110] Hou P，Cannon F S，Brown N R，et al. Granular activated carbon anchored with quaternary ammonium/epoxide-forming compounds to enhance perchlorate removal from groundwater [J]. Carbon，2013，53：197-207.

[111] Parette R，Cannon F S. The removal of perchlorate from groundwater by activated carbon tailored with cationic surfactants [J]. Water Research，2005，39 (16)：4020-4028.

[112] 郑雯婧，林建伟，詹艳慧，等. 锆-十六烷基三甲基氯化铵改性活性炭对水中硝酸盐和磷酸盐的吸附特性 [J]. 环境科学，2015 (06)：2185-2194.

[113] Tsubouchi M, Mitsushio H, Yamasaki N. Determination of cationic surfactants by two-phase titration [J]. Analytical chemistry, 1981, 53 (12): 1957-1959.

[114] 李梅. 改性 $TiO_2$ 协同 $H_2O_2$ 光催化降解间硝基苯磺酸钠的研究 [D]. 哈尔滨：哈尔滨工业大学，2011.

[115] Deng S B, Ting Y P. Polyethylenimine-modified fungal biomass as a high-capacity biosorbent for Cr (Ⅵ) anions: Sorption capacity and uptake mechisms [J]. Environmental Science & Technology, 2005, 39 (21): 8490-8496.

# 第4章 金属改性炭材料用于矿井水中特征污染物的去除研究

在煤炭开采过程中，地下水与煤层、岩层接触，加上人类的活动的影响，发生了一系列的物理、化学和生化反应，致使矿井水中主要超标项目有酸度、悬浮物、浊度、硬度、矿化度、硫酸盐、氟化物等。本章介绍的影响矿井水水质的特征污染物，主要为砷、氟。矿井水中的砷主要以无机的 $H_3AsO_3$、$H_2AsO_4$、$HAsO_4^{2-}$ 形式存在。砷的毒性主要是影响与硫氢基（—SH）有关的酶的作用，妨碍细胞呼吸。氟是持久性和不可降解的有毒物质，是制约矿井水回用的条件之一，氟及其一些化合物都有毒和较强的腐蚀性。而且，氟离子在人体组织内有渗透性。氢氟酸接触皮肤如不及时处理可以腐烂至骨而造成永久性的损伤，并且氟离子可以和钙离子结合而使人发生中毒。本课题组致力于研究使用功能化碳材料去除矿井水中特征污染物，开发新型高效绿色的改性活性炭，去除矿井水中砷、氟，发挥活性炭材料的最大功能性和环境友好性，为实际水厂高效去除矿井水中特征污染物提供了新的思路。

## 4.1 矿井水中砷的去除研究

### 4.1.1 概述

随着工业化进程的加快和环境承载力的下降，我国部分地区出现了地下水砷污染问题。2013 年中国医科大学公共卫生学院孙贵范教授和他的团队绘制的我国砷污染分布图中砷浓度超过10μg/L的区域总面积大约有58万平方公里，其中，新疆、吉林、辽宁、宁夏、陕西和内蒙古等地区砷污染情况相对较严重。人如果发生砷中毒则可能出现染色体变异、皮肤角质化、肌无力等症状，严重会造成皮肤、膀胱、肾等多种内脏器官的癌变。地下水中砷的超标严重威胁着水生态安全和人类身体健康，因此受到了国内外研究人员的广泛关注。为了确保人民群众的饮水安全，世界卫生组织将饮用水中砷的安全标准制定为10μg/L，我国《生活饮用水卫生标准》（GB 5749—2022）中规定饮用水中砷的毒理指标为0.01mg/L。鉴于高浓度砷矿井水具有比较严重的危害性，因此有必要对其进行处理，使矿井水中砷达标排放。

水中砷的主要去除方法主要有混凝沉淀法、离子交换法、膜分离法以及吸附法。考虑到目前的环境条件，吸附法因去除效果好、投资少的优点而被广泛应用到饮用水除砷中。吸附法中常用的吸附剂为铁基类，例如零价铁、氧化铁和无定形氢氧化铁。它们具有较大的表面积和易与含氧阴离子结合以及易制备的优点，但它们同时存在着易失活、易团聚、回收利用率不高的缺点。因此，将它们负载到具有一定力学性质的载体（活性炭、沸石、蒙脱石、煤渣）上成为目前国内外研究的重点。

本研究拟采用液相浸渍还原法制备纳米零价铁改性活性炭，该方法首先将二价铁离子高效浸渍吸附到活性炭表面，然后通过液相还原法将吸附到活性炭表面的二价铁离子还原成纳米零价铁。该方法不仅有效提高了纳米零价铁在活性炭表面的负载量，从而提高其对水中砷的吸附效能，而且克服了纳米零价铁单独使用时在实际水处理工程中易团聚、易流失而造成二次污染的问题。因此，本研究为实际水处理中砷的有效去除提供了技术支撑和理论基础，具有一定的推广和应用价值。

## 4.1.2 材料与方法

### 4.1.2.1 材料与试剂

本实验采用的颗粒活性炭（GAC）主要有煤基活性炭（CBGAC）、椰壳活性炭（CSGAC）和木质活性炭（WBGAC）三种，分别购自大同金鼎活性炭公司、唐山建鑫活性炭公司和广州韩研活性炭公司。本实验所使用的活性炭均需要经过预处理。首先，将其粉碎研磨，然后过200～400目标准筛。再将筛分后的活性炭用盐酸和去离子水清洗去除多余的灰分和杂质，最后将洗净的活性炭放到105℃干燥箱里干燥后待用。

本实验所使用的化学试剂主要有砷酸钠、七水合硫酸亚铁、硼氢化钠、无水乙醇、氢氧化钠和盐酸（均为分析纯），分别购自西陇化工股份有限公司、山东西亚化学股份有限公司，实验所用溶液均由超纯水配制。

#### 4.1.2.2 nZVI-GAC的制备与优化

本实验是在液相条件下，首先将1.0g预处理后的煤基活性炭，在100mL 0.3mol/L的$FeSO_4$溶液中浸渍4h，然后向混合液加入50mL 0.3mol/L的$NaBH_4$（滴加速度为5mL/min），用磁力搅拌器搅拌30min（温度设置为25℃，速度为400r/min，同时通入氮气），将分离出来后的成品真空干燥10h（80℃），之后在隔绝氧气的玻璃瓶中储存备用。具体的试验装置图如图4-1所示。

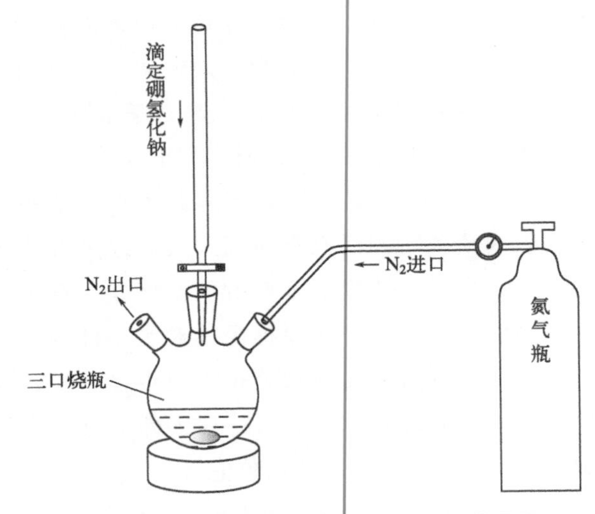


图4-1 制备纳米零价铁改性活性炭的装置图

本实验先采用单因素变量法对纳米零价铁改性活性炭的制备条件进行优化。实验选取一定浓度（炭铁比为1∶0.8、1∶1、1∶1.2）的硫酸亚铁溶液，在温度为25℃、35℃和45℃，浸渍时间为2h、4h和6h下进行优化。

选取三因素三水平设计，其中：三个因素选取浸渍时间（2h、4h和6h）、C∶Fe（1∶0.8、1∶1、1∶1.2）、浸渍温度（25℃、35℃和45℃）。

首先，在一系列的50mL的玻璃锥形瓶中加入40mg/L（50mL）砷溶液，再加入0.05g制备成功的纳米零价铁活性炭。然后将这些小玻璃瓶密封好后放入恒温振荡箱中吸附8h，吸附后的溶液经过0.45μm过滤器进行过滤。最后按照本章中砷的测试方法进行测试，实验标准偏差控制在5%左右。

#### 4.1.2.3 砷的吸附与测定

本实验对预处理后的活性炭进行了吸附动力学实验和等温吸附实验。动力学吸附实验中砷的初始浓度为2mg/L，等温吸附实验中砷的初始浓度依次为0mg/L、0.1mg/L、0.5mg/L、1mg/L、2mg/L、5mg/L、10mg/L和20mg/L，以上实验均设置一组平行样，一组空白样。

本实验中砷的检测方法采用ICP-MS（ICAPQ，Thermo Fisher）。检测As（Ⅴ）的过程中，分别往样品中加入10μg/L的Bi和Y溶液作为内标。本章中As（Ⅴ）的仪器检出限为10μg/L。所得As（Ⅴ）的浓度均取平均值，标准偏差在5%以下。

#### 4.1.2.4 活性炭母体和nZVI-GAC的表征

本实验采用美国Quantachrome公司生产的Autosorb-iQ检测活性炭的BET比表面积和孔容孔径分布；采用扫描电镜（MERLIN VP Compact）对活性炭表面形貌进行成像观察分析。采用德国布鲁克公司生产的D8 ADVANCE型射线衍射仪对nZVI、nZVI-GAC改性前后和吸附砷前后进行XRD测试分析；采用美国热电公司生产的Thermo escalab 250Xi X射线光电子能谱仪来测定GAC、nZVI-GAC和吸附后nZVI-GAC表面的成分；采用英国马尔文公司生产的Zetasizer Nano ZS测定Zeta电位；采用美国尼高力公司生产的Nicolet IS10红外光谱仪来测定GAC、nZVI-GAC和吸附后nZVI-GAC表面的官能团。

#### 4.1.2.5 nZVI-GAC吸附砷的影响因素

本实验将0.05g nZVI-GAC添加到50mL的As（Ⅴ）溶液（初始浓度分别为5mg/L、20mg/L、40mg/L）中，然后添加0.01mol/L的标准HCl溶液或0.1mol/L的标准NaOH溶液调节溶液的pH值（4、5、6、6.5、7、8、9、10），然后置于温度为（25±0.5）℃的恒温摇床中振荡吸附。

将0.05g的纳米零价铁活性炭吸附剂置于50mL的锥形瓶中，分别加入50mL含有NaF、NaCl、$NaNO_3$、$Na_2SO_4$、$Na_2SiO_3$、$NaHCO_3$、$Na_2HPO_4$、$Na_2CO_3$等共存离子的砷溶液（20mg/L）中，共存离子的起始浓度为0mmol/L、0.1mmol/L、1mmol/L，调节pH值为7.5，在温度为（25±

0.5)℃、转速为200r/min的恒温摇床中振荡吸附8h。

#### 4.1.2.6 nZVI-GAC的再生

先将吸附平衡的溶液静置一定时间，然后倒掉上层清液，将得到的吸附材料进行洗涤、静置2～3次（无水乙醇和去离子水），随后加入50mL 0.1mol/LNaOH溶液于锥形瓶中，并置于恒温振荡箱上进行一定时间（8h和24h）的浸渍处理，然后将上清液通过0.45μm纤维滤膜并测定砷含量。

将再生后的nZVI-GAC用无水乙醇和去离子水进行洗涤，然后在pH=6.5、$T$=25℃条件下对35mg/LAs（Ⅴ）溶液进行等温吸附实验。

### 4.1.3 活性炭母体对砷的吸附效能

#### 4.1.3.1 动力学吸附

本实验通过动力学吸附实验考察了三种不同材质活性炭对砷的吸附饱和时间和动力学吸附规律，如图4-2所示。

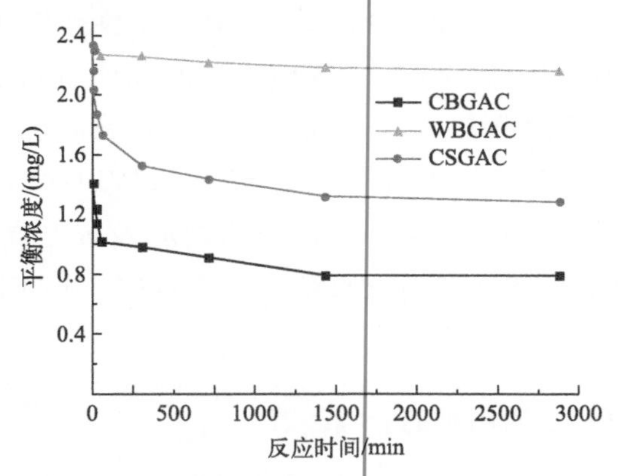


**图4-2 三种活性炭对砷的动力学吸附曲线**

（$c_0$=2.346mg/L，$T$=25℃）

由图4-2可知，在动力学吸附过程中，0～30min内砷含量下降速度最快，24h后砷浓度基本保持不变。吸附速率从高到低依次为煤基活性炭、椰壳活性炭和木质活性炭。从720min开始，平衡浓度基本稳定。三种活性炭在24h内，煤基的吸附速率和吸附量均比其他两种活性炭大，其吸附量为1.561mg/g。椰壳活性炭的吸附量为1.068mg/g，木质活性炭的吸附量为0.184mg/g。

为了进一步研究上述三种活性炭的动力学吸附过程，通过公式对三种活性炭的动力学吸附数据进行拟合，分析三种活性炭对砷的动力学吸附，拟合参数如表 4-1 所列。

**表 4-1　三种活性炭动力学拟合参数**

| 模型 | 参数 | 煤基活性炭 | 椰壳活性炭 | 木质活性炭 |
|---|---|---|---|---|
| 一级动力学 | $k_1$ | −0.00028 | −0.00019 | −0.000253 |
| | $R^2$ | 0.400 | 0.565 | 0.731 |
| 二级动力学 | $k_2$ | −0.00026 | −0.00012 | 0.00011 |
| | $R^2$ | 0.566 | 0.633 | 0.741 |
| 准一级动力学 | $k_1$ | −0.00275 | −0.00022 | −0.00136 |
| | $R^2$ | 0.844 | 0.924 | 0.943 |
| 准二级动力学 | $k_2$ | 0.61542 | 0.93256 | 5.41309 |
| | $R^2$ | 0.999 | 0.998 | 0.978 |

从表 4-1 可以看出，准二级动力学模型对这三种活性炭的吸附拟合效果最好，相关系数 $R^2$ 分别达到了 0.999、0.998 和 0.978，说明准二级动力学模型可以较好地描述三种活性炭对砷的动力学吸附过程。结果表明，煤基活性炭吸附能力最佳。

#### 4.1.3.2　等温吸附

本研究通过等温吸附实验考察三种活性炭对砷的吸附能力的大小，如图 4-3 所示。

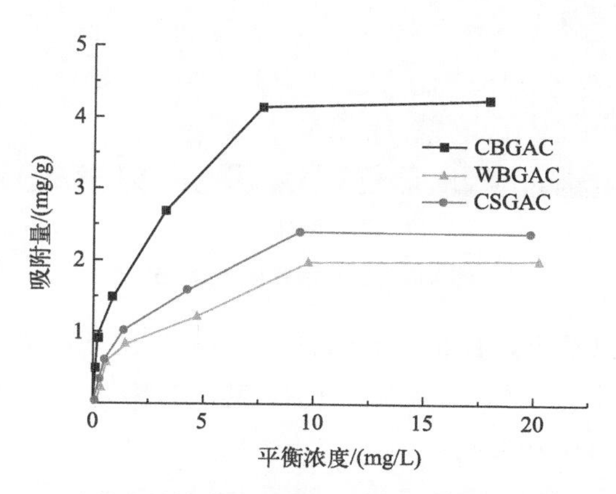


**图 4-3　三种活性炭对砷的静态等温吸附曲线（$T$=25℃）**

由图 4-3 可以看出，当水中砷的初始浓度为 10mg/L 时，与木质和椰壳活性炭相比，煤基活性炭对砷的吸附量最大。

为了更好地分析三种活性炭等温吸附曲线变化规律，三种活性炭的等温拟合结果如表 4-2 所列。

**表 4-2　三种活性炭等温吸附模型参数**

| 活性炭类型 | Langmuir | | | Freundlich | | |
|---|---|---|---|---|---|---|
| | $q_m$/(mg/g) | $k_L$ | $R^2$ | $n$ | $k_F$ | $R^2$ |
| CBGAC | 4.545 | 0.819 | 0.991 | 1.888 | 1.698 | 0.896 |
| CSGAC | 2.660 | 0.520 | 0.992 | 1.710 | 1.795 | 0.907 |
| WBGAC | 0.838 | 0.331 | 0.978 | 0.980 | −1.360 | 0.657 |

由表 4-2 可以看出，煤基、椰壳和木质活性炭的最大吸附量分别为 4.545mg/g、2.660mg/g 和 0.838mg/g，Langmuir 模型能够很好地描述煤基、椰壳和木质活性炭对砷的吸附作用。因此可以推断煤基、椰壳和木质活性炭属于单分子层吸附，且三种活性炭的吸附平衡常数 $k_L$ 均处于 $0<k_L<1$ 范围内，表明其对砷的吸附较容易进行。

#### 4.1.3.3　SEM 分析

为了更加直观地了解活性炭表面微观形貌，本研究对活性炭进行了 SEM 扫描分析，如图 4-4 所示。

(a) 煤基活性炭

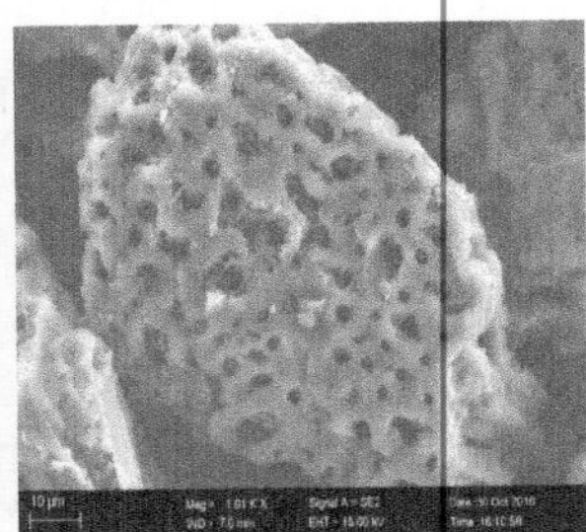

(b) 椰壳活性炭

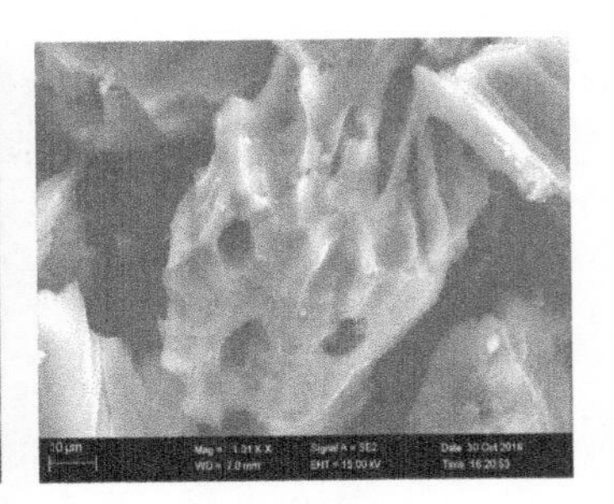

(c) 木质活性炭

**图 4-4　三种活性炭 SEM 图**

由图 4-4 可以看出，在相同放大倍数（10μm）下，木质活性炭表面孔径最大，主要以中孔（20～500Å）为主，其次为椰壳活性炭与煤基活性炭，主要以微孔为主（<20Å）。

#### 4.1.3.4　BET 分析

为了研究三种活性炭对砷的吸附机理，本研究进行了 BET 比表面积和孔容孔径分析，如表 4-3 和图 4-5 所示（书后另见彩图）。

表 4-3　三种活性炭的比表面积及孔容孔径

| 活性炭类型 | 微孔 /($cm^3/g$) | 中孔 /($cm^3/g$) | 总的孔容 /($cm^3/g$) | 比表面积 /($m^2/g$) |
| --- | --- | --- | --- | --- |
| CBGAC | 0.394 | 0.086 | 0.480 | 928.2 |
| CSGAC | 0.388 | 0.033 | 0.421 | 995.6 |
| WBGAC | 0.615 | 1.020 | 1.635 | 1696.4 |

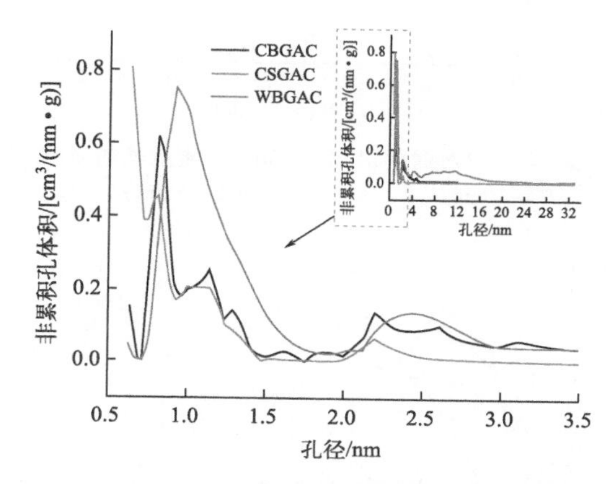


图 4-5　三种活性炭表面孔容孔径分布

由表4-3和图4-5可知，三种活性炭的总孔容体积从大到小依次为木质活性炭、煤基活性炭、椰壳活性炭，且木质活性炭的总孔容量、微孔和中孔孔容量最大，分别为 1.635$cm^3/g$、0.615$cm^3/g$ 和 1.020$cm^3/g$，其相应的比表面积也是最大的，为 1696.4$m^2/g$。煤基和椰壳活性炭较大的比表面积和总孔容量主要是由微孔贡献的，木质活性炭由微孔和中孔共同贡献。

## 4.1.4　nZVI-GAC 制备条件的优化

### 4.1.4.1　浸渍时间

本实验考察了浸渍时间对 nZVI-GAC 吸附效能的影响，如图4-6所示。

从图4-6可知，浸渍时间为2h时，nZVI-GAC 对砷的吸附量最大(24.96mg/g)，当浸渍时间分别增加到4h和6h时，nZVI-GAC 对砷的吸附量逐渐减小。

### 4.1.4.2　炭铁比

炭铁比对 nZVI-GAC 吸附效能的影响如图4-7所示。

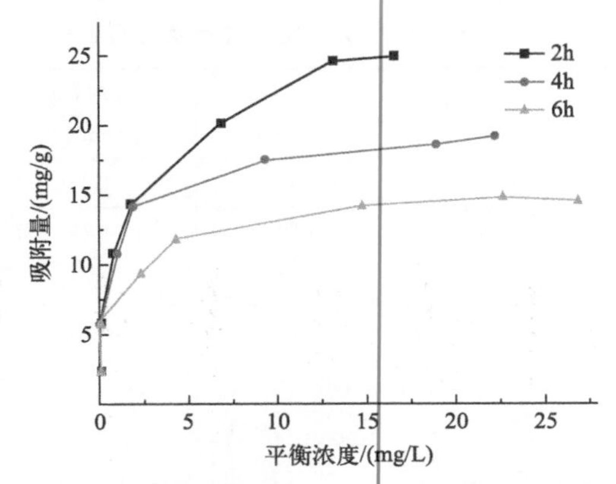


**图 4-6　浸渍时间对 nZVI-GAC 吸附效能的影响**

（$c_0$=2mg/L、5mg/L、10mg/L、15mg/L、25mg/L、35mg/L、40mg/L，$T$=25℃）

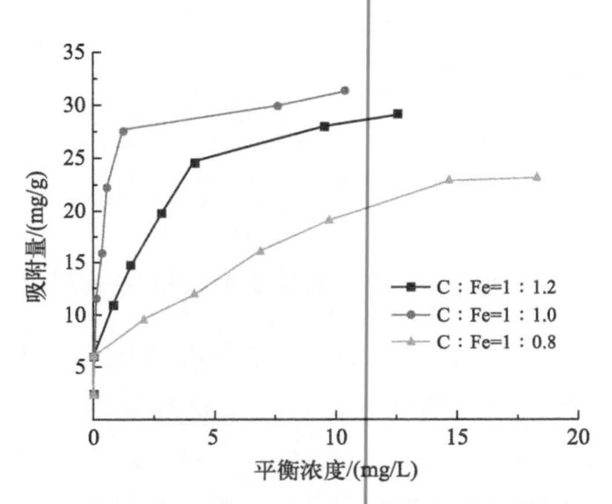


**图 4-7　C：Fe 对 nZVI-GAC 吸附效能的影响**

从图 4-7 可以看出，当炭铁比从 1：1.2 增加到 1：0.8 时，纳米零价铁改性活性炭对砷的吸附量先增加后减小。其中，当炭铁比为 1：1.0 时，砷的吸附量达到最大值，为 31.10mg/g。当炭铁比为 1：1.2 时，对砷的吸附量减少，为 28.86mg/g。

#### 4.1.4.3　浸渍温度

图 4-8 为浸渍温度对 nZVI-GAC 吸附效能的影响。由图 4-8 可以看出，当浸渍温度从 25℃升高到 45℃时，nZVI-GAC 对砷的吸附量先增加后降低，其中，在浸渍温度为 35℃时，nZVI-GAC 对砷的吸附量达到最大，为 32.96mg/g。为了进一步探究 nZVI-GAC 的最佳制备条件，本实验对比了 nZVI-GAC、单独负载二价铁活性炭和煤基活性炭对水中砷的吸附效能，如图 4-9 所示。

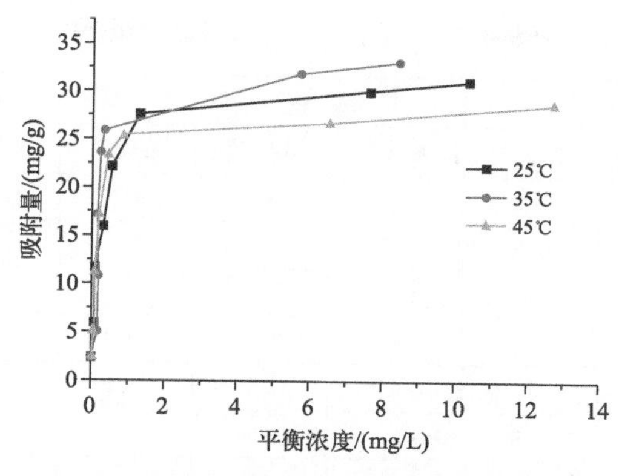


图4-8 浸渍温度对nZVI-GAC吸附效能的影响（初始浓度为40mg/L）

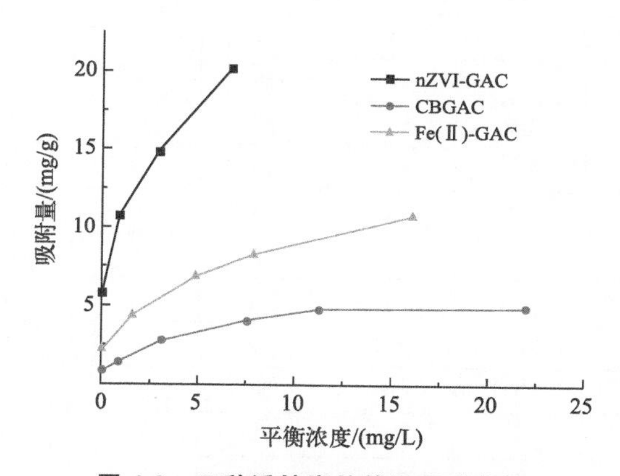


图4-9 三种活性炭的等温吸附曲线

（$c_0$=1mg/L、2mg/L、5mg/L、10mg/L、15mg/L、25mg/L，$T$=25℃）

从图4-9可以看出，三种活性炭对砷的吸附量大小依次为：nZVI-GAC、Fe（Ⅱ)-GAC和CBGAC。表明nZVI-GAC具有较强的吸附优势性能。

#### 4.1.4.4 曲面响应优化

本实验的设计、数据统计分析、建模以及制备参数的优化均采用Desigen-expert软件（Version8.0.6）完成，其设计结果如表4-4和表4-5所列。

表4-4 实验因素的编码和水平

| 因素 | 编码 | 水平 | | |
|---|---|---|---|---|
| | | −1 | 0 | 1 |
| C∶Fe/(g/g) | X1 | 0.8 | 1 | 1.2 |
| 浸渍温度/℃ | X2 | 25 | 35 | 45 |
| 浸渍时间/h | X3 | 2 | 4 | 6 |

表 4-5 中心组合实验设计及结果

| 编号 | C∶Fe/(g/g) | | 浸渍温度/℃ | | 浸渍时间/h | | 响应值/(mg/g) |
|---|---|---|---|---|---|---|---|
| | 编码值 | 实际值 | 编码值 | 实际值 | 编码值 | 实际值 | |
| 1 | 1 | 1.2 | 1 | 45 | 1 | 6 | 25.56 |
| 2 | −1 | 0.8 | −1 | 25 | −1 | 2 | 18.12 |
| 3 | −1 | 0.8 | 1 | 45 | 1 | 6 | 19.56 |
| 4 | 0 | 1 | 0 | 35 | 0 | 4 | 35.68 |
| 5 | 0 | 1 | 0 | 35 | −1 | 2 | 30.56 |
| 6 | −1 | 0.8 | −1 | 25 | 1 | 6 | 20.02 |
| 7 | 0 | 1 | 1 | 45 | 0 | 4 | 30.72 |
| 8 | 1 | 1.2 | 1 | 45 | −1 | 2 | 24.24 |
| 9 | −1 | 0.8 | 1 | 45 | −1 | 2 | 20.83 |
| 10 | 0 | 1 | 0 | 35 | 0 | 4 | 35.02 |
| 11 | 1 | 1.2 | −1 | 25 | −1 | 2 | 22.51 |
| 12 | 0 | 1 | −1 | 25 | 0 | 4 | 26.77 |
| 13 | −1 | 0.8 | 0 | 35 | 0 | 4 | 28.86 |
| 14 | 1 | 1.2 | 0 | 35 | 0 | 4 | 30.02 |
| 15 | 0 | 1 | 0 | 35 | 0 | 4 | 34.54 |
| 16 | 1 | 1.2 | −1 | 25 | 1 | 6 | 22.52 |
| 17 | 0 | 1 | 0 | 35 | 0 | 4 | 33.86 |
| 18 | 0 | 1 | 0 | 35 | 1 | 6 | 32.02 |
| 19 | 0 | 1 | 0 | 35 | 0 | 4 | 33.12 |
| 20 | 0 | 1 | 0 | 35 | 0 | 4 | 34.57 |

通过多项式回归方程对实验数据进行回归拟合，从而确立砷吸附量的最优拟合二次多项式方程。对上述模型方程进行方差分析（ANOVA），其结果值如表 4-6 所列。

表 4-6 砷吸附量的方差分析结果

| 方差项 | 总方差 | 自由度 | 平均方差 | *F* 值 | *P* 值 | 显著性 |
|---|---|---|---|---|---|---|
| 模型 | 642.62 | 9 | 71.40 | 56.05 | | |
| X1 | 30.49 | 1 | 30.49 | 23.93 | 0.0006 | |
| X2 | 12.03 | 1 | 12.03 | 9.45 | 0.0118 | |
| X3 | 1.17 | 1 | 1.17 | 0.92 | 0.3606 | |
| X1X2 | 0.79 | 1 | 0.79 | 0.62 | 0.4482 | |
| X1X3 | 0.061 | 1 | 0.061 | 0.048 | 0.8309 | |
| X2X3 | 0.43 | 1 | 0.43 | 0.34 | 0.5730 | |

续表

| 方差项 | 总方差 | 自由度 | 平均方差 | $F$ 值 | $P$ 值 | 显著性 |
|---|---|---|---|---|---|---|
| $X1^2$ | 58.59 | 1 | 58.59 | 45.99 | | |
| $X2^2$ | 77.57 | 1 | 77.57 | 60.89 | <0.0001 | |
| $X3^2$ | 21.04 | 1 | 21.04 | 16.51 | 0.0023 | |
| 残差 | 12.74 | 10 | 1.27 | | | |
| 失拟项 | 8.76 | 5 | 1.75 | 2.20 | 0.2030 | 不显著 |
| 净误差 | 3.98 | 5 | 0.80 | | | |
| 总计 | 655.36 | 19 | | | | |
| $R^2$ | 0.981 | | | | | |
| $R^2_{adj}$ | 0.963 | | | | | |
| CV% | 4.04 | | | | | |

由表 4-6 的方差分析可知，本模型显著性检验 $P<0.05$，表明该模型具有统计学意义。其中 X1、X2、$X1^2$、$X2^2$、$X3^2$ 的假定值小于 0.05，为本模型的显著项。模型的拟合优度可通过相关系数（$R^2$）和修正相关系数（$R^2_{adj}$）来验证。$R^2_{adj}=0.963$，表明该模型拟合程度良好。该模型的变异系数约为 4.04%，说明实验的重复性较好。相关系数 $R^2$ 为 0.981，表明实测值和预测值之间的相关性非常高，实验误差较小。三种因素对砷吸附量的影响程度为：炭铁比>浸渍温度>浸渍时间。且在两因素的交互作用中，炭铁比与浸渍温度的交互作用对砷吸附值的影响最大，炭铁比与浸渍时间的交互作用对砷的吸附值影响最小。

本实验考察了炭铁比与浸渍温度对砷吸附量的交互影响的具体情况，其响应曲面图与等高线图如图 4-10 所示（书后另见彩图）。

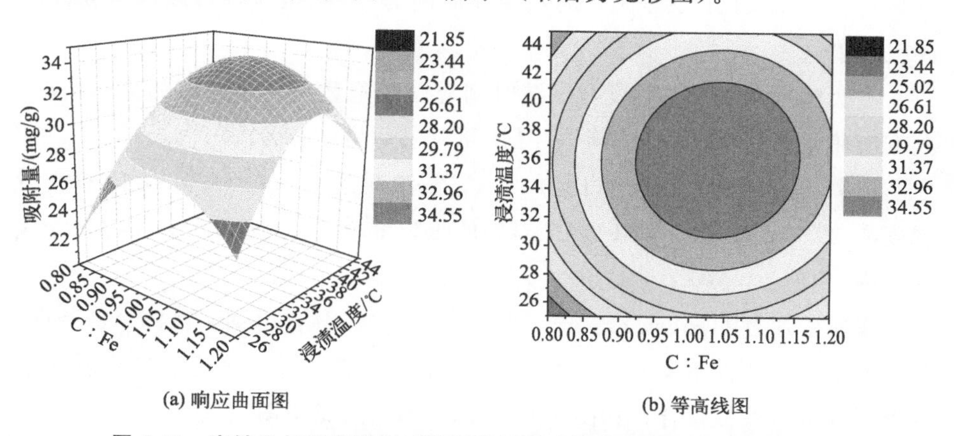


图 4-10　炭铁比与浸渍温度对砷吸附量影响的响应曲面图和等高线图

由图 4-10 可以看出，当浸渍温度为 35℃（代码值为 0）时，nZVI-GAC 对砷的吸附量随着炭铁比的增加从 26.10mg/g 增加到了 34.50mg/g。等高线图中心区域砷的吸附量高于 34.50mg/g，这一区域中的炭铁比和浸渍温度范围都在 0 水平附近。这一结果说明两者的交互影响作用较弱，与表 4-6 所分析的结果一致（$P$=0.8309>0.05）。

本实验考察了炭铁比与浸渍时间对砷吸附量的交互影响的具体情况，其响应曲面图与等高线图如图 4-11 所示（书后另见彩图）。

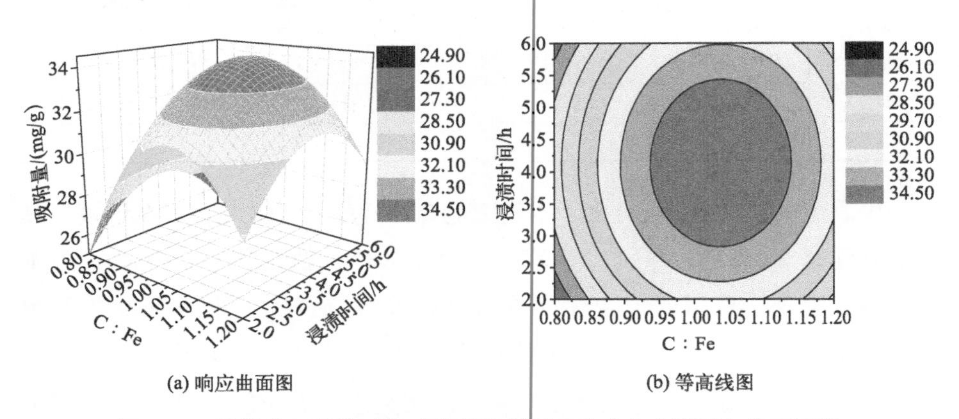


图 4-11　炭铁比与浸渍时间对砷吸附量影响的响应曲面图和等高线图

由图 4-11 可知，nZVI-GAC 对砷吸附量的变化范围（24.90～34.50mg/g）比图 4-10 的小，表明炭铁比与浸渍时间对砷吸附值的显著性较炭铁比与浸渍温度的显著性弱。砷吸附量随炭铁比的增加先缓慢增大后快速减少，并且在炭铁比为 1∶1.05 时取得最大值。浸渍时间对砷的吸附值也出现同样的变化趋势。在炭铁比为 1∶1.05，浸渍时间为 4h 附近时，可以取得较高的砷吸附值。

本实验考察了浸渍温度与浸渍时间对砷吸附量的交互影响的具体情况，其响应曲面图与等高线图如图 4-12 所示（书后另见彩图）。

由图 4-12 可知，在炭铁比为 1∶1，浸渍时间在 3.0～5.0h 之间和浸渍温度在 32～40℃时，nZVI-GAC 对砷的吸附量较大，在 33.51～34.75mg/g 范围内。

本实验通过 Desigen-expert（Version8.0.6）软件得到了最优制备条件，并考察了最优条件下制备的活性炭吸附砷的效能，将所得到的吸附量为实际值，并进行线性拟合，如图 4-13 所示（书后另见彩图）。

由图 4-13 可知，吸附量的实测值与预测值线性拟合效果较好，$R^2$ 达到

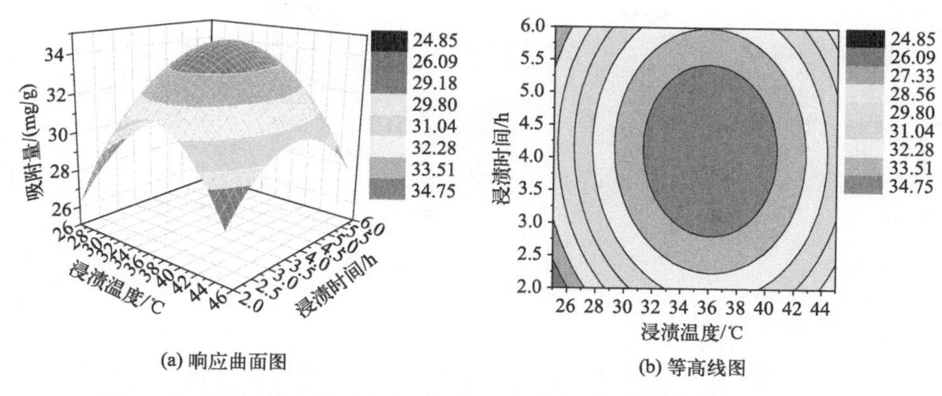


(a) 响应曲面图　(b) 等高线图

图 4-12 浸渍温度与浸渍时间对砷吸附量影响的响应曲面图和等高线图

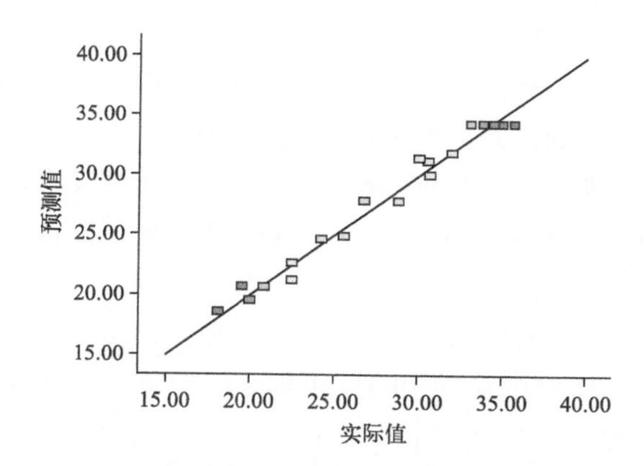


图 4-13 实际值与预测值之间的线性拟合

0.98，进一步表明了响应曲面法的可靠性较高。nZVI-GAC 的最佳制备条件为：炭铁比为 1∶1.04、浸渍时间为 4.12h、浸渍温度为 36℃，此时获得最优的砷吸附量为 35.68mg/g。为了验证模型方程的合适性和有效性，在试验水平范围内，进行了 5 次最佳制备条件的验证试验。结果显示，预测值（34.30mg/g）与实验值（35.68mg/g）比较接近，相对误差 4.02%，证明此模型是合适有效的，并具有一定的实践指导意义。

## 4.1.5 nZVI-GAC 吸附砷的影响因素研究

### 4.1.5.1 初始 pH 值

本研究考察了初始 pH 值对 nZVI-GAC 去除砷的影响，如图 4-14 所示。

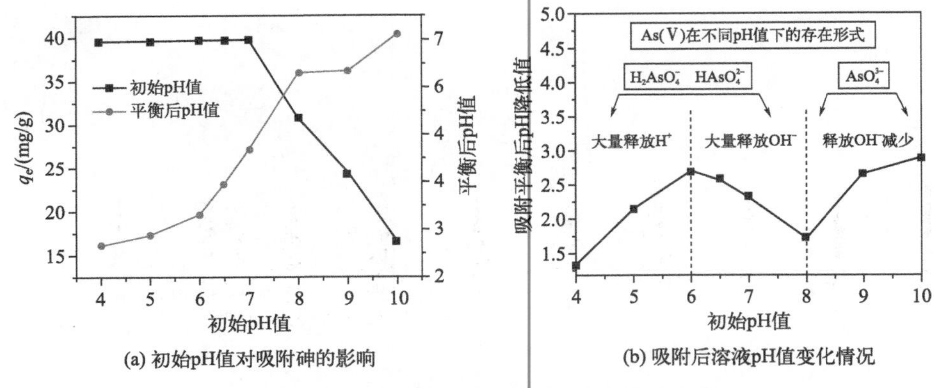


(a) 初始pH值对吸附砷的影响

(b) 吸附后溶液pH值变化情况

**图 4-14 初始 pH 值对 nZVI-GAC 去除砷的影响**

从图 4-14（a）可以看出，nZVI-GAC 在偏酸性与中性条件下（初始 pH 值为 4～7 时）对砷的吸附量较大，且基本维持不变，且在初始 pH 值为 7.0 时，砷吸附量达到最大，为 39.81mg/g。然而，当初始 pH 值从 7 增加到 10 的过程中，砷吸附量急剧下降，并在 pH＝10 时吸附量降到最低，为 16.75mg/g，仅为最大吸附量的 42％。这表明溶液处于碱性时，不利于砷的去除。

从图 4-14（b）不难看出，pH 的降低值呈现先增加，后降低，再增加的趋势。当初始 pH 值在 4～6 和 8～10 时，吸附 As（Ⅴ）后的溶液 pH 的降低值均逐渐增加，而当初始 pH 值在 6～8 时，吸附 As（Ⅴ）后溶液 pH 的降低值逐渐下降。

通过 pH 值对 nZVI-GAC 吸附 As（Ⅴ）的影响研究，可以得出，在酸性或者中性条件下，nZVI-GAC 对 As（Ⅴ）的吸附效能明显优于碱性条件（pH＞7.2）。

#### 4.1.5.2 初始浓度

本研究考察了初始浓度对 nZVI-GAC 吸附 As（Ⅴ）的影响，如图 4-15 所示。

由图 4-15 可以看出，随着砷溶液初始浓度从 5mg/L 增加到 40mg/L，nZVI-GAC 对砷的饱和吸附量也从 4.95mg/g 明显增加到 34.87mg/g。初始浓度为 5mg/L 时，nZVI-GAC 在 10min 时即可达到平衡吸附量（4.95mg/g）的 98％。此外初始浓度为 20mg/L 和 40mg/L 时，nZVI-GAC 在 240min 时分别可以达到平衡吸附量的 97.2％（19.4mg/g）和 84.6％（34.87mg/g），这也表明本实验所制备的 nZVI-GAC 在低浓度和高浓度条件都可以获得较好的吸附效果。

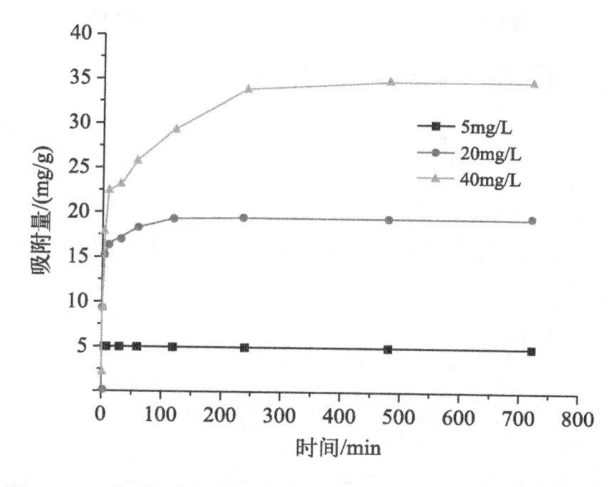


图 4-15 初始浓度对 nZVI-GAC 吸附 As（V）的影响

#### 4.1.5.3 共存离子

本实验考察了竞争离子对 nZVI-GAC 吸附 As（V）效果的影响，如图 4-16 所示。

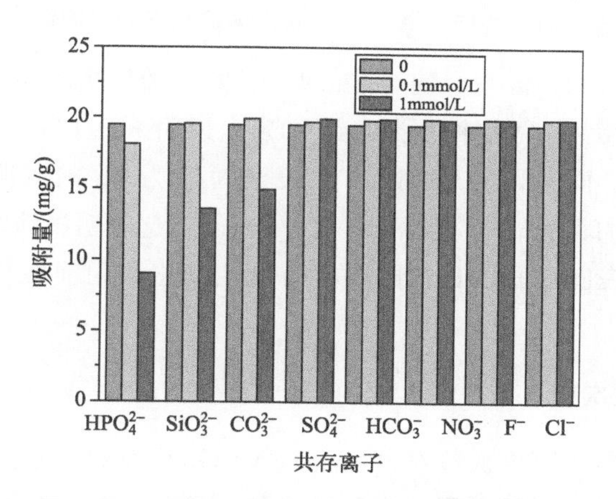


图 4-16 共存离子对 nZVI-GAC 去除砷的影响

由图 4-16 可知，不同的离子对 nZVI-GAC 去除砷效果的影响差别较大。共存阴离子中，$HCO_3^-$、$SO_4^{2-}$、$NO_3^-$、$Cl^-$、$F^-$ 对 nZVI-GAC 去除砷基本无影响，而 $HPO_4^{2-}$、$SiO_3^{2-}$、$CO_3^{2-}$ 起抑制作用，且抑制能力从大到小依次为：$HPO_4^{2-} > SiO_3^{2-} > CO_3^{2-}$。随着共存离子浓度的逐渐增加，$HPO_4^{2-}$、$CO_3^{2-}$、$SiO_3^{2-}$ 对砷吸附的抑制作用也逐渐增强。此外，随着 NaF、$NaNO_3$、NaCl 浓度的增加，对砷的吸附有稍微的促进作用。

## 4.1.6 nZVI-GAC 再生效果分析

### 4.1.6.1 浸渍时间

本实验考察了浸渍时间对 nZVI-GAC 脱附率的影响，如图 4-17 所示。

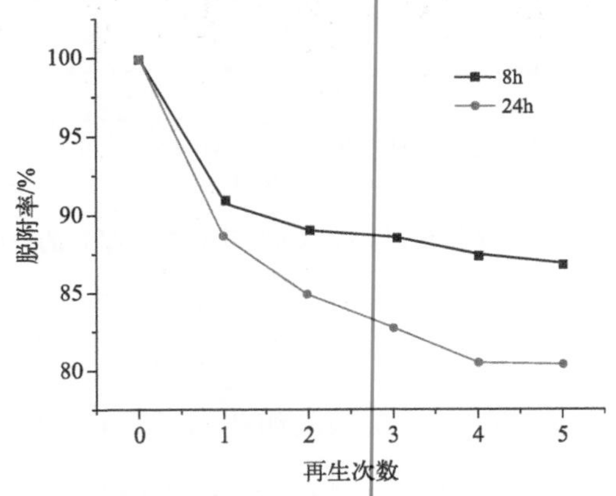


图 4-17 不同浸渍时间对 nZVI-GAC 的脱附率的影响

由图 4-17 可知，浸渍时间为 8h 和 24h 时，随再生次数由 1 次增大至 5 次时，nZVI-GAC 的脱附率仍能达到 80%，说明 nZVI-GAC 在该方法下的再生效果显著。同时，nZVI-GAC 在浸渍时间为 8h 的脱附率（86.88%）明显高于浸渍时间为 24h 的脱附率（80.44%），这表明浸渍时间过长可能导致 nZVI-GAC 表面的 nZVI 与水中的 O 发生氧化作用而变质，从而影响再生反应的进行。

### 4.1.6.2 再生次数

图 4-18 考察了再生次数对再生后 nZVI-GAC 对砷吸附量的影响。

由图 4-18 可知，随着再生次数的增加，再生后的 nZVI-GAC 对砷的吸附量逐渐降低，但仍然对其具有较大的吸附量。nZVI-GAC 经过 5 次再生后，对砷的吸附量达到 31.30mg/g。这表明无机碱（0.1mol/L NaOH）再生方法对 nZVI-GAC 具有较好的再生效果。

综上所述，本研究的主要结论如下：

首先，对制备的原材料（GAC）进行综合性筛选。动力学研究表明，煤基活性炭的吸附速率和吸附量均比其他两种活性炭大。准二级动力学模型对这三种活性炭的吸附拟合效果最好，相关系数 $R^2$ 分别达到了 0.999、0.998 和 0.978。Langmuir 模型能够很好地描述煤基活性炭与椰壳活性炭对

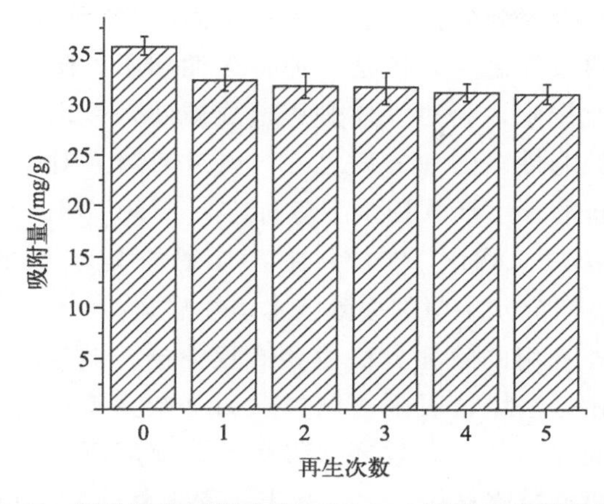


**图 4-18　再生次数对再生后 nZVI-GAC 对砷吸附量的影响**

砷的吸附作用，而 Freundlich 模型对木质活性炭具有较好的拟合。

其次，研究了三种活性炭的理化性质并对其制备条件进行了优化。BET 分析及 SEM 分析表明：煤基活性炭和椰壳活性炭孔径以小于 20Å 为主。综合对比，采用煤基活性炭做母体活性炭进行 nZVI-GAC 制备。并采用了单因素变量法和响应曲面法进行制备条件的优化。结果表明，nZVI-GAC 最佳的制备条件为浸渍时间为 4.12h、炭铁比为 1∶1.04、浸渍温度 36℃。在该条件下获得的 nZVI-GAC 对砷的吸附量为 35.68mg/g（$c_0$ = 40mg/L）。同时，三种因素对砷吸附量的影响程度从大到小依次为炭铁比、浸渍温度和浸渍时间。nZVI-GAC 在偏酸性和中性条件下对砷的吸附效果较好；nZVI-GAC 在低浓度和高浓度都可以获得较好的吸附效果；在共存阴离子影响中，$HPO_4^{2-}$、$SiO_3^{2-}$、$CO_3^{2-}$ 起抑制作用，且抑制能力从大到小依次为 $HPO_4^{2-}$、$SiO_3^{2-}$、$CO_3^{2-}$。

最后，对 nZVI-GAC 的再生研究结果显示 nZVI-GAC 在浸渍时间为 8h 的脱附率（86.88%）明显高于浸渍时间为 24h 的脱附率（80.44%），且随着再生次数的增加，nZVI-GAC 的脱附率仍能达到 80%以上。

# 4.2 矿井水中氟的去除研究

## 4.2.1 概述

目前对排出的矿井水的利用率不断提高，但是处置后的矿井水多用于工业用水等，只有少部分能作为居民饮用水而回用，矿井水氟超标问题是其最为主要的制约条件之一。氟是一种持久性和不可降解的毒物，长期饮用含有过量氟的饮用水，会对人体健康造成威胁，氟斑牙、氟骨症等蓄积性氟中毒是全球影响最广的地方病之一，氟过量摄入对儿童智商也有明显影响。在已经发布的《生活饮用水卫生标准》（GB 5749—2022）和《地下水质量标准》（GB/T 14848—2017）中都明确规定了氟的浓度限值，即1.0mg/L。因此，研究水中氟的去除技术迫在眉睫。

目前，国内外常用的除氟方法主要有反渗透、电渗析、沉淀、离子交换和吸附，在上述方法中，吸附法已被认为是减少氟最有效的方法，因为它具有成本低、操作简便、高效环保等优点。前期研究中涉及的吸附材料主要有活性氧化铝、炭质材料、活性黏土、稀土氧化物、层状双氢氧化物、沸石和纤维吸附剂等。其中活性氧化铝和炭材料应用较为广泛，但是活性炭与氧化铝稳定性较差，容易产生二次污染。传统炭材料吸附效果有限，因此有必要开发高效、经济、环保的新型氟吸附材料。

已有研究表明，在活性炭表面负载金属离子可有效提高其对水中氟的吸附效果。汤丁丁等利用硫酸钛对颗粒活性炭进行改性处理后，对氟吸附实验的结果表明，Ti（Ⅳ）改性颗粒活性炭能够有效去除水中的氟离子，去除率高达93%。利用氯化铝对活性炭进行改性处理，对改性后载铝活性炭进行了动力学吸附实验，结果表明，改性后载铝活性炭的除氟效能明显优于单一的活性氧化铝，氟离子吸附量是活性氧化铝的40倍。因此，使用负载金属离子改性的方法，能增加活性炭表面的正电荷以及通过特定的金属离子与氟等吸附质的强结合力，综合提高对氟等阴离子的吸附作用。

本研究开发了镧改性活性炭去除水中氟的方法，首先利用活性炭含有丰富的羟基、羧基等含氧官能团以及较大的比表面积和孔容积，进行负载镧改性；然后采用单因素变量法与响应曲面（RSM）统计方法对GAC的改性条件进行优化，找到最优制备条件；最后研究水体的物理化学性质对镧改性活性炭除氟的效果，真实反映改性活性炭在水厂实际处理过程中的水体环境，并对其再生循环利用作进一步研究。为解决饮用水水源发生的污染，以及在深度处理过程中如何选用活性炭吸附材料提供了理论基础。

## 4.2.2 材料与方法

### 4.2.2.1 实验材料

本研究中使用的活性炭包括煤基（Cb-GAC）、椰壳基（Csb-GAC）、木质颗粒活性炭（Wb-GAC），分别购自大同金鼎活性炭公司、唐山建鑫活性炭公司和广州韩研活性炭公司。活性炭样品在使用前都进行了预处理，先将其研磨过筛，筛选出粒径为400～200目（37～75μm）的活性炭；然后用乙醇和纯水清洗多次，最后放至鼓风干燥箱中在105℃下烘干10h备用。将煤基活性炭响应曲面法优化后（在硝酸镧浓度为0.09mol/L、改性pH值为11.04、浸渍温度为40℃、浸渍时间为12h条件下）制备的最优镧改性活性炭（LCb-GAC），以及这两种炭材料进行吸附饱和后的活性炭，命名为饱和Cb-GAC和饱和LCb-GAC。

#### 4.2.2.2 镧改性活性炭的制备与优化方法

将一定比例预处理过的活性炭（Cb-GAC、Csb-GAC和Wb-GAC）与100mL硝酸镧溶于250mL圆底烧瓶中；其次调节搅拌器至一定温度，在转速为400r/min条件下搅拌一定时间后冷却至25℃；然后对制备的活性炭利用超纯水进行清洗至中性，通过离心机分离移除上清液，最后将活性炭置于105℃的鼓风干燥箱中干燥并备用。

首先采用单因素变量法对镧改性活性炭的制备条件（硝酸镧浓度、浸渍温度、浸渍时间和改性pH值）进行优化。具体实验步骤如下：先取活性炭2.0g，与一定浓度的硝酸镧（0.05mol/L、0.1mol/L、0.15mol/L）溶于100mL纯水并置于250mL烧瓶中，在一定浸渍温度（25℃、40℃、55℃）、浸渍时间（6h、12h、24h）和pH值（4、8、12）下进行改性制备。单因素变量法优化后所得到的最优镧改性颗粒活性炭命名为LCb-GAC（S）。

为了进一步探究不同制备条件之间的相互影响，本研究在单因素优化的基础上，采用响应曲面法（RSM）进行了优化。本研究采用4因素3水平的中心组合设计（central composite design，CCD）方法，其中选取的因素水平分别为硝酸镧浓度（0.5mol/L、0.1mol/L、0.15mol/L）、浸渍温度（25℃、40℃、55℃）、浸渍时间（6h、12h、18h）和改性pH值（8、10、12），响应值为氟离子吸附量。优化过程中采用的氟离子浓度为20mg/L。响应曲面法优化后所得到的最优镧改性颗粒活性炭命名为LCb-GAC。

#### 4.2.2.3 氟离子的吸附与测定

本研究采用动力学吸附和等温吸附实验探究活性炭吸附氟离子的规律。其中，动力学吸附实验中氟离子的初始浓度为5mg/L，等温吸附实验中氟离子的初始浓度分别为1.0mg/L、2.0mg/L、5.0mg/L、10.0mg/L、20.0mg/

L、30.0mg/L、40.0mg/L，每次实验都设置两组平行样，且平行样中氟离子的浓度变化范围在3%～5%之间。

氟离子的测定采用离子色谱法，仪器型号为ICS-2000。

#### 4.2.2.4 镧改性活性炭吸附氟的影响因素

为了研究LCb-GAC对水环境中不同状态条件下对氟吸附的影响，本实验模拟改变溶液的环境条件值，考察了初始温度、初始pH值和共存离子三个影响因素。其中，初始温度设置为10℃、25℃、40℃；初始pH值分别为4、5、6、7、8、9、10；共存阴离子为$Cl^-$、$NO_3^-$、$SO_4^{2-}$以及NOM，共存离子的起始浓度为0mol/L、0.1mol/L、0.5mol/L、1.0mol/L、2.0mol/L。

#### 4.2.2.5 镧改性活性炭的再生

本实验采用浓度分别为1000mg/L、2000mg/L和3000mg/L的NaOH溶液作为再生液。首先将50mg吸附饱和的LCb-GAC放于50mL锥形瓶中；其次加入50mL一定浓度（1000mg/L、2000mg/L和3000mg/L）的NaOH溶液于锥形瓶中；然后置于恒温振荡箱上进行24h的浸渍处理，将再生后的Cb-GAC用超纯水洗至中性；最后置于105℃鼓风干燥箱中干燥12h备用。

再生效果的验证：在pH＝6.8±0.1、$T$＝25℃条件下进行，将再生后的Cb-GAC对20mg/L的氟离子溶液进行吸附实验。

### 4.2.3 镧改性活性炭的制备与优化

#### 4.2.3.1 活性炭母体对吸附效能的影响

**(1) 动力学吸附效能**

不同活性炭原炭对水中氟离子动力学吸附效能的影响如图4-19所示。

由图4-19可以看出，Cb-GAC较其他两种活性炭吸附速率更快、吸附容量更高。Cb-GAC、Wb-GAC基本在200min之后达到吸附平衡，而Csb-GAC在380min达到吸附平衡。由此可推测Cb-GAC的比表面积、微孔孔容更大，从而更加高效地吸附水中的氟离子。

为进一步了解Cb-GAC、Csb-GAC、Wb-GAC的动力学吸附过程，进行了准一级、准二级动力学模型拟合分析，三种活性炭动力学拟合参数如表4-7所列。

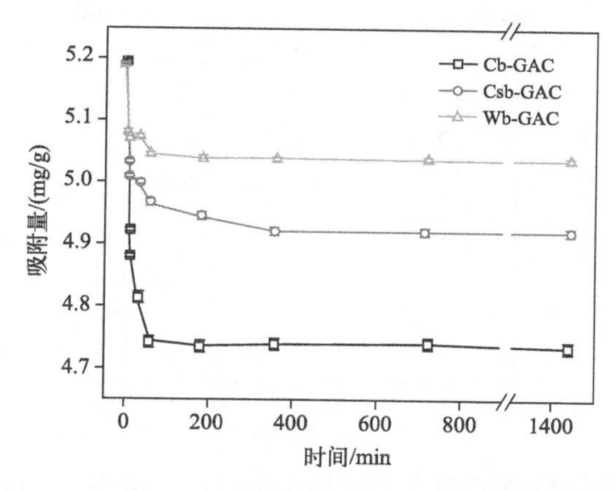


图 4-19　Cb-GAC、Csb-GAC、Wb-GAC 的动力学吸附曲线
($c_0$=5.19mg/L，$T$=25℃，pH=6.8±0.1，$c_{GAC}$=50mg/50mL)

表 4-7　三种活性炭动力学拟合参数

| 模型 | 指数 | Cb-GAC | Csb-GAC | Wb-GAC |
|---|---|---|---|---|
| 准一级动力学 | $k_1$ | 0.007 | 0.015 | 0.008 |
| | $R^2$ | 0.913 | 0.987 | 0.938 |
| 准二级动力学 | $k_2$ | 0.848 | 1.554 | 8.657 |
| | $R^2$ | 0.999 | 0.999 | 0.999 |

由表 4-7 可知，准二级动力学模型对这三种活性炭的吸附拟合效果最好，相关系数 $R^2$ 更接近 1，说明准二级动力学模型能够较准确地描述三(种) 活性炭吸附除氟的过程。

**(2) 等温吸附效能**

Cb-GAC、Csb-GAC、Wb-GAC 对氟离子等温吸附效能的影响，如图 4-20 所示。

由图 4-20 可以看出，Cb-GAC 的平衡吸附量最高，Cb-GAC、Csb-GAC、Wb-GAC 平衡吸附量依次为：0.66mg/g、0.59mg/g、0.38mg/g。在 $c_0$<20mg/L 时，随着氟离子初始浓度的增加，三种活性炭对氟离子的平衡吸附量也呈现上升的趋势，并且均在 $c_0$=20mg/L 处达到饱和吸附。在 20mg/L<$c_0$<40mg/L 时，三种活性炭的平衡吸附量趋于平缓，未出现明显增加。

为了了解吸附质与吸附剂之间的反应或结合过程中可能涉及的机理，采用 Langmuir、Freundlich 等温吸附模型进行线性拟合，三种活性炭等温吸附模型参数如表 4-8 所列。

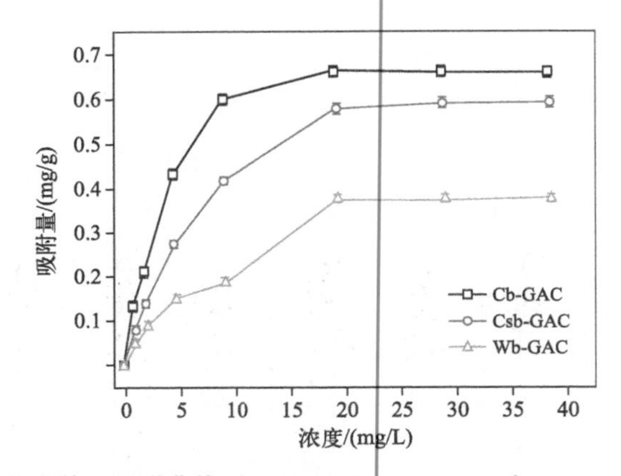


图 4-20 氟的静态等温吸附曲线（pH=6.8±0.1，$T=25℃$，$c_{GAC}=50mg/50mL$）

表 4-8 三种活性炭等温吸附模型参数

| 类型 | Langmuir | | | Freundlich | | |
|---|---|---|---|---|---|---|
| | $q_m$/(mg/g) | $k_L$ | $R^2$ | $n$ | $k_F$ | $R^2$ |
| Cb-GAC | 0.730 | 0.316 | 0.996 | 7.003 | 0.174 | 0.893 |
| Csb-GAC | 0.719 | 0.147 | 0.993 | 5.468 | 0.101 | 0.953 |
| Wb-GAC | 0.485 | 0.105 | 0.965 | 5.333 | 0.057 | 0.973 |

由表 4-8 可以看出，三种活性炭对于氟离子的吸附更符合 Langmuir 模型（$R^2$=0.996、0.993、0.965）。因此可以认为活性炭表面的原子力场与氟离子发生相互作用吸引，并且当活性炭表面发生饱和吸附时，吸附量处于稳定状态，氟离子的脱附和吸附处在动态平衡之中，即发生了单分子层吸附。Cb-GAC、Csb-GAC、Wb-GAC 的最大吸附量分别为 0.730mg/g、0.719mg/g、0.485mg/g。Langmuir 模型中的吸附系数 $k_L$ 能够表明吸附过程是否较为容易发生，且 $k_L$ 在 0～1 范围内表明活性炭对氟离子的吸附反应容易进行。结果表明，Cb-GAC 对水中氟离子吸附能力较其他两种活性炭更强，且其 $k_L$（0.316）最大，表明 Cb-GAC 吸附氟离子更快。

因此，在优化改性条件阶段选用 Cb-GAC 作为负载母体活性炭来进行下一步的改性处理。

#### 4.2.3.2 镧改性活性炭制备条件的影响

##### （1）硝酸镧浓度

不同硝酸镧浓度对于镧改性活性炭吸附氟效能的影响，如图 4-21 所示。

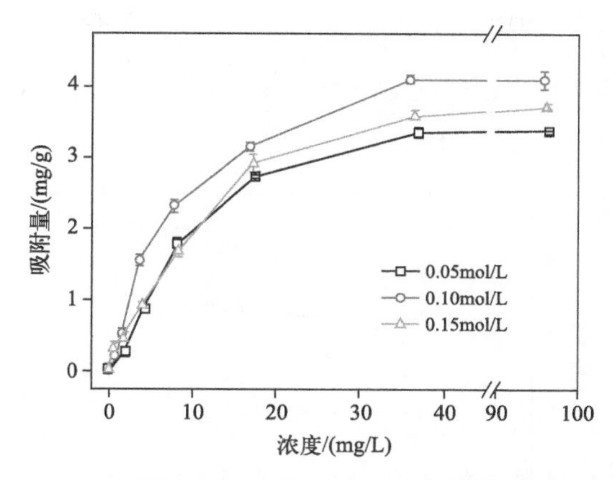


**图 4-21 改性剂浓度对镧改性活性炭的吸附效能的影响**

($T$=25℃，pH=6.8±0.1，$c_{GAC}$=50mg/50mL)

由图 4-21 可知，随着硝酸镧浓度的增加，Cb-GAC 的吸附量先增加后减小。当硝酸镧浓度为 0.1mol/L 时，吸附量达到最大值。因此，最佳的硝酸镧浓度为 0.10mol/L。

### (2) 浸渍温度

本研究考察了不同浸渍温度对于镧改性活性炭吸附氟效能的影响，如图 4-22 所示。

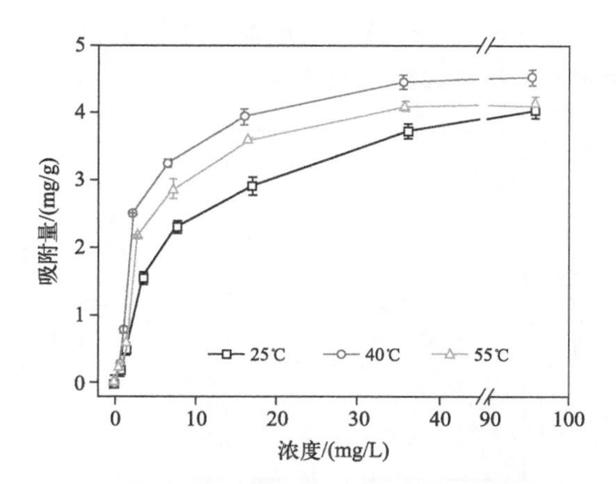


**图 4-22 浸渍温度对镧改性活性炭的吸附效能的影响**

($c_{La}$=0.05mol/L，pH=6.8±0.1，$c_{GAC}$=50mg/50mL)

如图 4-22 可知，浸渍温度从 25℃升高至 55℃时，镧改性活性炭对氟的吸附量先上升随后出现降低。在浸渍温度为 40℃时，镧改性活性炭对氟的吸附量达到最大，为 4.51mg/g。因此，最佳的浸渍温度为 40℃。

### (3) 浸渍时间

本研究考察了不同浸渍时间对于镧改性活性炭吸附效能的影响，如图 4-23 所示。

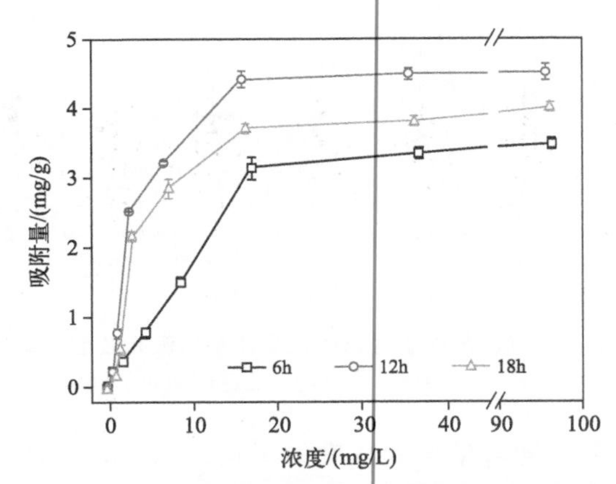


**图 4-23 浸渍时间对镧改性活性炭的吸附效能的影响**

($T$=40℃，$c_{La}$=0.05mol/L，pH=6.8±0.1，$c_{GAC}$=50mg/50mL)

从图 4-23 可知，当浸渍时间为 12h 时，镧改性活性炭对氟的吸附量最大，为 4.52mg/g。

### (4) 改性 pH 值

本研究考察了不同改性 pH 值对于镧改性活性炭吸附除氟效能的影响，进行了等温吸附实验，结果如图 4-24 所示。

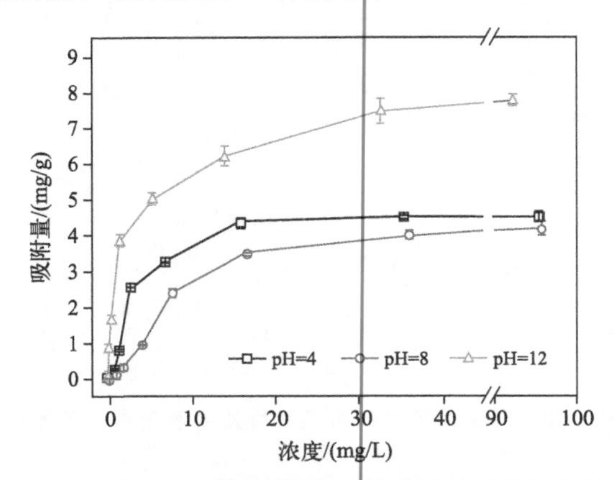


**图 4-24 改性 pH 值对镧改性活性炭的吸附效能的影响**

($T$=40℃，$c_{La}$=0.05mol/L，pH=6.8±0.1，$c_{GAC}$=50mg/50mL)

如图 4-24 可知，改性 pH 值为 12 时，镧改性活性炭对氟的吸附容量最大为 7.78mg/g。因此，当改性 pH 值为 12 时制备的镧改性活性炭效能最佳。

#### 4.2.3.3 响应曲面法对镧改性活性炭制备条件的优化研究

由单因素优化结果可知，硝酸镧浓度和改性 pH 值等条件对镧改性活性炭的吸附效能影响较大。因此为了进一步探究最优制备条件及不同制备条件之间的相互影响，本研究采用响应曲面法，对镧改性活性炭的制备条件进一步优化。

本实验采用 Desigen-expert 软件（Version8.0.6）进行实验参数设计以及后期数据分析统计。实验设计采用四因素作为变量，对应列出了中心组合实验设计各因素与水平的代码值际，以及 29 种镧改性活性炭在不同制备条件下对氟离子的吸附量。其设计结果如表 4-9 和表 4-10 所列。

**表 4-9 实验因素的编码和水平**

| 因素 | 编码 | 水平 | | |
|---|---|---|---|---|
| | | −1 | 0 | 1 |
| 硝酸镧浓度 $c_{La}$/(mol/L) | A | 0.05 | 0.10 | 0.15 |
| 浸渍温度 $T$/℃ | B | 25 | 40 | 55 |
| 浸渍时间 $t$/h | C | 6 | 12 | 18 |
| pH 值 | D | 8 | 10 | 12 |

**表 4-10 中心组合实验设计及结果**

| 编号 | 硝酸镧浓度 $c_{La}$/(mol/L) | | 改性温度 $T$/℃ | | 改性时间 $t$/h | | 改性 pH 值 | | 响应值 $q_e$/(mg/g) |
|---|---|---|---|---|---|---|---|---|---|
| | 编码值 | 实际值 | 编码值 | 实际值 | 编码值 | 实际值 | 编码值 | 实际值 | |
| 1 | −1 | 0.05 | 1 | 55 | 0 | 12 | 0 | 10 | 4.124 |
| 2 | 0 | 0.1 | 1 | 55 | 1 | 18 | 0 | 10 | 5.843 |
| 3 | 0 | 0.1 | 0 | 40 | 0 | 12 | 0 | 10 | 6.861 |
| 4 | 0 | 0.1 | 1 | 55 | 0 | 12 | 0 | 10 | 6.299 |
| 5 | −1 | 0.05 | 0 | 40 | −1 | 6 | 0 | 10 | 4.265 |
| 6 | 0 | 0.1 | −1 | 25 | −1 | 6 | 0 | 10 | 5.423 |
| 7 | 0 | 0.1 | 0 | 40 | 0 | 12 | 0 | 10 | 6.980 |
| 8 | 1 | 0.15 | 1 | 55 | 0 | 12 | 0 | 10 | 5.104 |
| 9 | −1 | 0.05 | −1 | 25 | 0 | 12 | 0 | 10 | 4.193 |
| 10 | 1 | 0.15 | 0 | 40 | −1 | 6 | 0 | 10 | 4.969 |
| 11 | 0 | 0.1 | 1 | 55 | 0 | 12 | −1 | 8 | 3.245 |
| 12 | −1 | 0.05 | 0 | 40 | 0 | 12 | −1 | 8 | 2.146 |

续表

| 编号 | 硝酸镧浓度 $c_{La}$/(mol/L) | | 改性温度 $T$/℃ | | 改性时间 $t$/h | | 改性 pH 值 | | 响应值 $q_e$ /(mg/g) |
|---|---|---|---|---|---|---|---|---|---|
| | 编码值 | 实际值 | 编码值 | 实际值 | 编码值 | 实际值 | 编码值 | 实际值 | |
| 13 | 0 | 0.1 | −1 | 25 | 1 | 18 | 0 | 10 | 5.780 |
| 14 | 1 | 0.15 | −1 | 25 | 0 | 12 | 0 | 10 | 4.743 |
| 15 | 0 | 0.1 | 0 | 40 | 1 | 18 | −1 | 8 | 3.489 |
| 16 | 1 | 0.15 | 0 | 40 | 0 | 12 | −1 | 8 | 2.369 |
| 17 | −1 | 0.05 | 0 | 40 | 0 | 12 | 1 | 12 | 4.777 |
| 18 | −1 | 0.05 | 0 | 40 | 1 | 18 | 0 | 10 | 4.416 |
| 19 | 0 | 0.1 | 0 | 40 | −1 | 6 | 1 | 12 | 6.405 |
| 20 | 0 | 0.1 | 0 | 40 | 0 | 12 | 0 | 10 | 6.950 |
| 21 | 0 | 0.1 | −1 | 25 | 0 | 12 | 1 | 12 | 6.321 |
| 22 | 0 | 0.1 | −1 | 25 | 0 | 12 | −1 | 8 | 3.008 |
| 23 | 1 | 0.15 | 0 | 40 | 1 | 18 | 0 | 10 | 5.019 |
| 24 | 0 | 0.1 | 0 | 40 | 0 | 12 | 0 | 10 | 6.936 |
| 25 | 0 | 0.1 | 0 | 40 | −1 | 6 | −1 | 8 | 3.089 |
| 26 | 1 | 0.15 | 0 | 40 | 0 | 12 | 1 | 12 | 5.822 |
| 27 | 0 | 0.1 | 1 | 55 | −1 | 6 | 0 | 10 | 5.633 |
| 28 | 0 | 0.1 | 0 | 40 | 0 | 12 | 0 | 10 | 6.959 |
| 29 | 0 | 0.1 | 0 | 40 | 1 | 18 | 1 | 12 | 6.339 |

表 4-11 显示了模拟 RSM 模型的方差分析结果（ANOVA）。表中的 $F$ 值（fisher variation ration）和 $P$ 值（value of probability）是判断所用模型的准确性和重要性的标准，其中 $F$ 值为均方值除以剩余均方值，均方值越大越显著。$P$ 值小于 0.05 说明该项具有显著性，大于 0.1 时则不具备显著性。本模型的 $F$ 值等于 1123.7，$P$ 值小于 0.0001，因此表明该模型具有统计学意义。根据 $P$ 值以及 $F$ 值判断得出 $c_{La}$、$T$、$t$、pH、$c_{La}T$、$c_{La}$pH、$t$pH、$T$pH、$c_{La}^2$、$T^2$、$t^2$、pH$^2$ 对镧改性活性炭吸附除氟都是重要因素。因此氟离子吸附量模型方程，如下式所示：

$$q_e=-49.791+41.515c_{La}+0.278T+0.523t+8.426\text{pH}+0.103c_{La}\times T+1.467c_{La}\times\text{pH}-2.544\times10^{-3}\times T\times\text{pH}-9.710\times10^{-3}\times t\times\text{pH}-341.777c_{La}^2-3.149\times10^{-3}\times T^2-0.016\times t^2-0.378\times\text{pH}^2$$

式中　$q_e$——最大吸附量，mg/g；

$c_{La}$——硝酸镧浓度，mol/L；

$T$——浸渍温度，℃；

$t$——浸渍时间，h；

pH——改性 pH 值。

由表 4-11 的 $P$ 值以及 $F$ 值大小判断可知，四种因素中，对氟离子吸附量的影响大小：改性 pH 值>硝酸镧浓度>浸渍温度>浸渍时间，并且 pH 值与硝酸镧浓度之间的交互作用影响最强。为了验证以上结论，接下来进行响应曲面分析。

**表 4-11　响应曲面模型的方差分析表**

| 来源 | 平方和 (SS) | 自由度 (DF) | 均方 (MS) | $F$ 值 | $P$ 值 | 显著性 |
|---|---|---|---|---|---|---|
| 模型 | 58.75 | 14 | 4.20 | 1123.71 | <0.0001 | 显著 |
| A ($c_{La}$) | 1.40 | 1 | 1.40 | 376.10 | <0.0001 | |
| B ($T$) | 0.043 | 1 | 0.043 | 11.40 | 0.0045 | |
| C ($t$) | 0.10 | 1 | 0.10 | 27.03 | 0.0001 | |
| D (pH) | 24.15 | 1 | 24.15 | 6467.58 | <0.0001 | |
| A B | 0.047 | 1 | 0.047 | 12.45 | 0.0053 | |
| A C | $2.536\times10^{-3}$ | 1 | $2.536\times10^{-3}$ | 0.68 | 0.4237 | |
| A D | 0.17 | 1 | 0.17 | 45.17 | <0.0001 | |
| B C | $5.402\times10^{-3}$ | 1 | $5.402\times10^{-3}$ | 1.45 | 0.2490 | |
| B D | 0.015 | 1 | 0.015 | 3.98 | 0.0660 | |
| C D | 0.054 | 1 | 0.054 | 14.54 | 0.0019 | |
| $A^2$ | 18.40 | 1 | 18.40 | 4925.55 | <0.0001 | |
| $B^2$ | 3.04 | 1 | 3.04 | 814.70 | <0.0001 | |
| $C^2$ | 2.24 | 1 | 2.24 | 599.87 | <0.0001 | |
| $D^2$ | 13.44 | 1 | 13.44 | 3597.35 | <0.0001 | |
| 残差 | 0.052 | 14 | $3.735\times10^{-3}$ | | | |
| 失拟 | 0.044 | 10 | $4.410\times10^{-3}$ | 2.16 | 0.2390 | 不显著 |
| 纯误差 | $8.185\times10^{-3}$ | 4 | $2.046\times10^{-3}$ | | | |
| 合计 | 58.81 | 28 | 4.20 | 1123.71 | | |

为了得到镧改性活性炭的最佳制备条件，以及研究制备条件之间的交互影响。根据表 4-11 中各个因素间的 $P$ 值大小，确定考察 pH 值与硝酸镧浓度、pH 值与浸渍温度、pH 值与浸渍时间的交互作用影响。

根据表 4-11 可知，AD（即 $c_{La}$pH）的 $P$ 值<0.0001，为了进一步确定 pH 值和硝酸镧浓度对氟离子吸附量的交互影响，利用氟离子吸附模型方程，将条件值（$T$=40℃，$t$=12h）代入方程中拟合，结果如图 4-25 所示（书后另见彩图）。

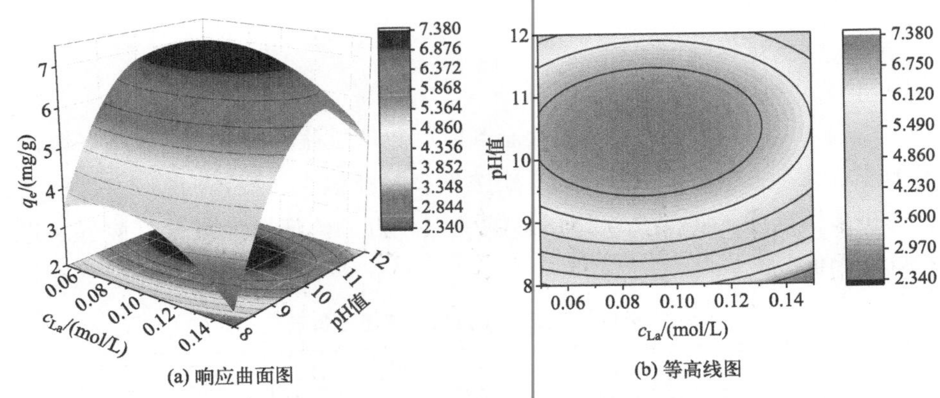


图 4-25 pH 值和硝酸镧浓度对吸附量影响的三维响应曲面图与等高线图
（$T$=40℃，$t$=12h）

由图 4-25 可知，响应值 $q_e$ 的变化范围随着 pH 值的变化而变大，改性 pH 值对氟的吸附量的影响比硝酸镧浓度更大。

根据表 4-11 可知，B D（即 $T$pH）的 $P$ 值=0.066。为了进一步确定 pH 值和浸渍温度对氟离子吸附量的交互影响，利用氟离子吸附模型方程，将条件值（$t$=12h，$c_{La}$=0.10mol/L）代入方程中拟合，结果如图 4-26 所示（书后另见彩图）。

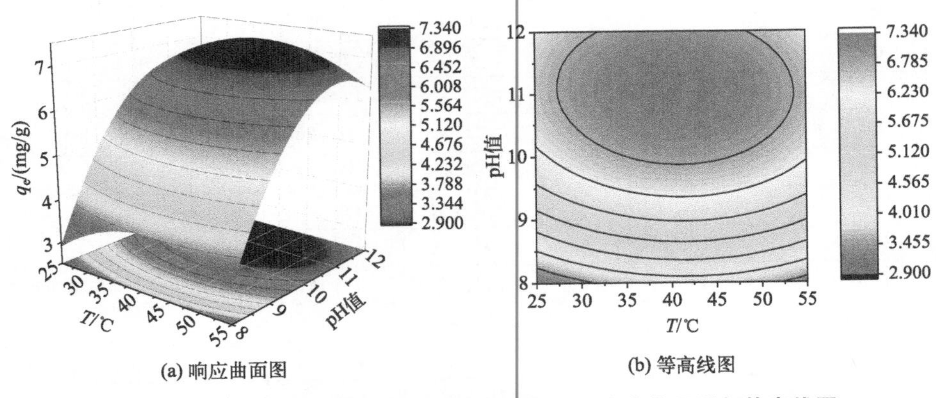


图 4-26 pH 值和浸渍温度对吸附量影响的三维响应曲面图与等高线图
（$t$=12h，$c_{La}$=0.10mol/L）

由图 4-26 可知，改性 pH 值和浸渍温度之间存在交互作用的影响，但是影响较弱。根据表 4-11 可知，C D（即 $t$pH）的 $P$ 值=0.0019。为了进一步确定 pH 值和浸渍时间对氟离子吸附量的交互影响，利用氟离子吸附模型方程，将条件值（$c_{La}$=0.10mol/L，$T$=40℃）代入方程中拟合，结果如图 4-27 所示（书后另见彩图）。

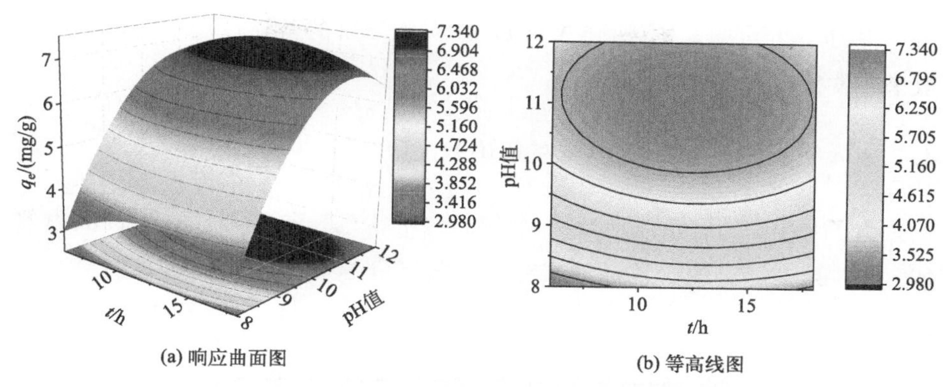

(a) 响应曲面图　(b) 等高线图

**图 4-27　pH 值和浸渍时间对吸附量影响的三维响应曲面图与等高线图**

($c_{La}$=0.10mol/L，$T$=40℃)

由图 4-27 可知，pH 值与浸渍时间之间存在交互作用的影响。

综上所述，pH 值与硝酸镧浓度、浸渍温度、浸渍时间之间均存在交互作用的影响，并且 pH 值与硝酸镧浓度之间的交互作用影响最强。在各因素变化的同时，随 pH 值的变化，镧改性活性炭对氟离子的吸附量均出现了从低值到高值的跨越，说明在四种因素中 pH 值的影响最强。最佳制备条件分别为：硝酸镧浓度为 0.09mol/L（水平值为−0.2)、改性 pH 值为 11.04（水平值为 0.52)、浸渍温度为 40℃（水平值为 0)、浸渍时间为 12h（水平值为 0)，在初始浓度为 20.0mg/L 的氟离子溶液中，获得最优的氟吸附量为 7.38mg/g。

为了探究镧改性活性炭在制备过程中的最优条件值，将预测值与实际值进行对比。并且根据 Desigen-expert（Version8.0.6）软件对数据模型的优化功能得到最优值，实际值与预测值的拟合结果如图 4-28 所示。

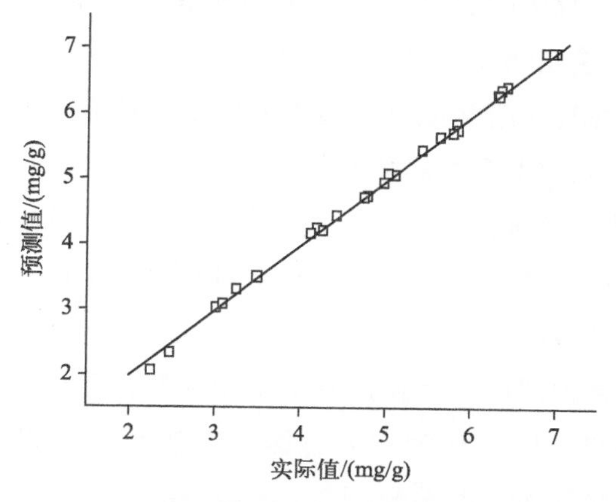


**图 4-28　实际值与预测值之间的线性拟合（$R^2$=0.991)**

由图 4-28 可知，$R^2$ 达到 0.991，在实验结果的验证过程中线性的拟合效果非常好。

#### 4.2.3.4 优化后镧改性活性炭的吸附效能研究

为了对比优化后镧改性活性炭［LCb-GAC（s）和 LCb-GAC］的吸附效能，进一步对两种镧改性活性炭分别进行了等温吸附实验，结果如图 4-29 所示。

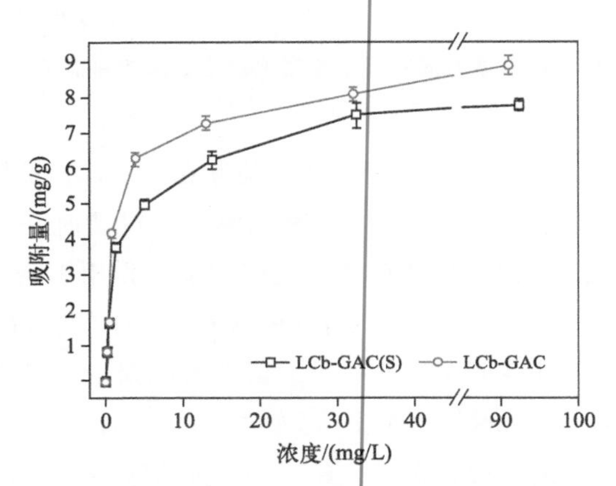


**图 4-29 LCb-GAC（S）与 LCb-GAC 的等温吸附曲线**

（$T$=25℃，pH=6.8±0.1，$c_{GAC}$=50mg/50mL）

由图 4-29 可知，等温吸附的线性模型拟合实验表明，LCb-GAC 的吸附效果明显优于 LCb-GAC（S），并且随后采用 Langmuir、Freundlich 两种模型对吸附除氟过程进行拟合，拟合结果如表 4-12 所示。LCb-GAC（S）与 LCb-GAC 都符合 Langmuir 等温吸附模型（$R^2$ 分别为 0.998、0.998），说明改性后的活性炭吸附除氟过程属于单分子层吸附过程，随着表面吸附位点的饱和，逐渐达到平衡吸附量。并且 LCb-GAC（S）与 LCb-GAC 模型分析中 $k_L$ 分别为 0.435、0.554，表明两种活性炭吸附氟离子的过程较为容易进行。最后 LCb-GAC（S）与 LCb-GAC 的 Langmuir 模型拟合的最大吸附量分别为 7.911mg/g 和 9.001mg/g。这进一步表明了在利用响应曲面法考察制备条件间的交互作用后，所得到的优化结果优于单因素实验变量法优化的结果。因此认为在制备镧改性活性炭过程中，制备条件之间，存在较强的交互作用的影响。

表 4-12　LCb-GAC（S）与 LCb-GAC 的等温吸附模型参数

| 活性炭材料 | Langmuir | | | Freundlich | | |
|---|---|---|---|---|---|---|
| | $q_m$/(mg/g) | $k_L$ | $R^2$ | $n$ | $k_F$ | $R^2$ |
| LCb-GAC（S） | 7.911 | 0.435 | 0.998 | 8.117 | 1.979 | 0.885 |
| LCb-GAC | 9.001 | 0.554 | 0.998 | 8.071 | 2.326 | 0.861 |

## 4.2.4　镧改性煤基颗粒活性炭吸附除氟的影响因素研究

### 4.2.4.1　初始温度的影响

在 LCb-GAC 去除氟离子的实验中，水溶液的温度的影响也是非常关键的。本研究开展了 10℃，25℃，40℃时的氟离子等温吸附实验，目的是考察温度对 LCb-GAC 吸附氟离子的影响，如图 4-30 所示。

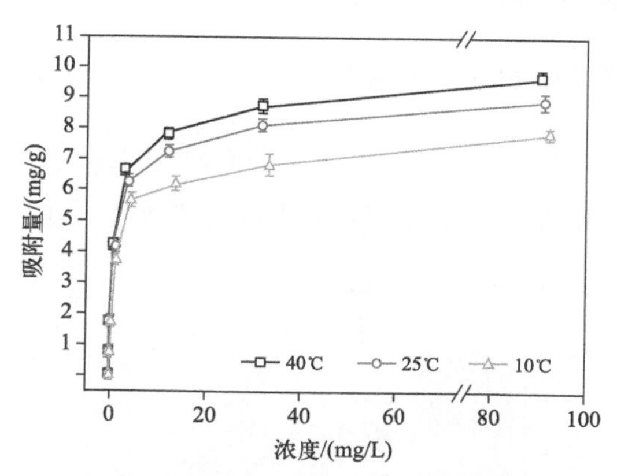


图 4-30　溶液温度对 LCb-GAC 吸附除氟效能影响

（$t$=24h，$c_{GAC}$=1.0g/L，$V$=50mL）

由图 4-30 可知，LCb-GAC 吸附除氟的过程是一个吸热反应过程，温度上升能促进溶液中离子扩散，并增强吸附剂上的吸附位点对氟离子的作用力从而提高氟吸附容量。

### 4.2.4.2　初始 pH 值的影响

在初始氟离子浓度为 20mg/L 的条件下，考察了溶液 pH 值的变化对 LCb-GAC 吸附氟离子的影响，如图 4-31 所示。

由图 4-31 可知，随着溶液的 pH 值增加，平衡吸附量出现下降趋势，

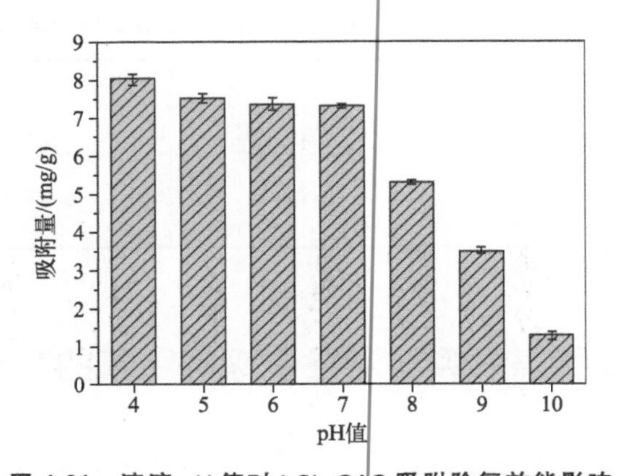


图 4-31 溶液 pH 值对 LCb-GAC 吸附除氟效能影响
（$c_0$=20mg/L，$T$=25℃±1℃，$t$=24h，$c_{GAC}$=1.0g/L，$V$=50mL）

可见溶液 pH 值对吸附剂吸附氟离子效能的影响较大。从图 4-31 可以看出在 pH<6.3 时，随着 pH 值降低，氟的平衡吸附量略微增加，所以可以推测吸附除氟的过程中静电引力不起主要作用。

### 4.2.4.3 共存离子和 NOM 的影响

本实验研究了 $Cl^-$、$SO_4^{2-}$、$NO_3^-$、NOM 对 LCb-GAC 吸附除氟效能的影响（其中 NOM 主要是使用富里酸配制的溶液），如图 4-32 所示。

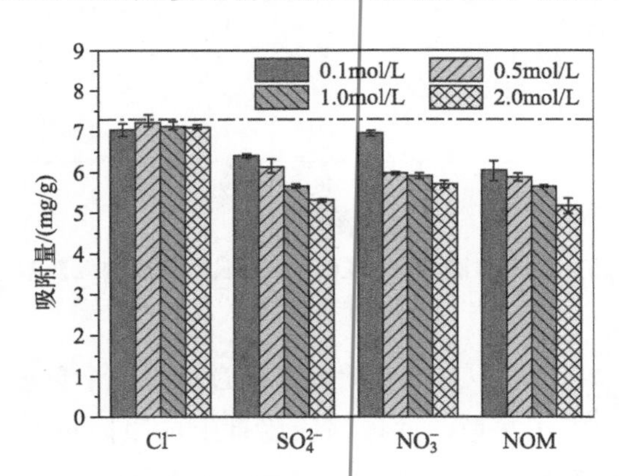


图 4-32 共存离子和 NOM 对 LCb-GAC 吸附效能的影响
（$c_0$=20mg/L，$T$=25℃±1℃，$t$=24h，$c_{GAC}$=1.0g/L，$V$=50mL，
虚线对应于没有共存阴离子的吸附剂的吸附量）

由图 4-32 可知，当初始氟离子浓度为 20mg/L 时，平衡吸附量为 7.25mg/g，且不同浓度的共存离子也会影响平衡吸附量。在不同浓度的 $Cl^-$ 存在的条件下，平衡吸附量略微下降，几乎不受影响。但是在不同浓度

$SO_4^{2-}$、$NO_3^-$ 和 NOM 存在时，氟的平衡吸附量都显著下降，并且浓度越高抑制作用越明显。这一结果说明 $F^-$ 与 $SO_4^{2-}$、$NO_3^-$ 会产生竞争吸附，其中 $SO_4^{2-}>NO_3^-$，这主要是因为 $SO_4^{2-}$ 带有更多的负电荷。$NO_3^-$ 与 $Cl^-$ 所带负电荷相同，但是 $NO_3^-$ 的影响大于 $Cl^-$，主要归因于 $Cl^-$ 的水合能（340kJ/mol）大于 $NO_3^-$ 的水合能（300kJ/mol）。同时 NOM 明显抑制氟离子吸附过程。

## 4.2.5 镧改性活性炭的再生方法研究

### 4.2.5.1 再生剂浓度的影响

为了确定最适的再生液浓度，在 1000～3000mg/L 范围内进行再生效能的实验研究，如图 4-33 所示。

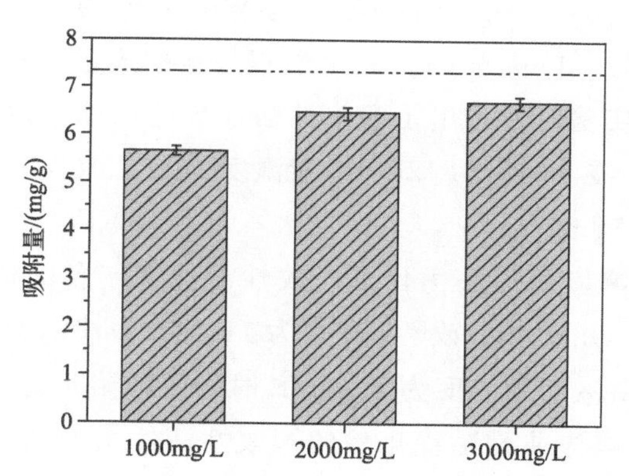


**图 4-33　再生剂（NaOH 溶液）浓度对 LCb-GAC 吸附效能影响**
（$c_0$=20mg/L，$T$=25℃±1℃，$t$=24h，$c_{GAC}$=1.0g/L，$V$=50mL，虚线对应于新制备的吸附剂的吸附量）

由图 4-33 可知，最优再生液浓度为 3000mg/L。

### 4.2.5.2 再生次数的影响

图 4-34 考察了再生次数对氟吸附量的影响。如图 4-34 所示，每进行一次吸附-再生循环实验，LCb-GAC 的平衡吸附量出现下降。但是，经过 5 次循环再生平衡吸附量依旧能达到初始吸附量的 68%以上。这一结果表明，使用 3000mg/L 的 NaOH 溶液再生方法对 LCb-GAC 有很好的再生效果，且 LCb-GAC 具备很好的可再生性。

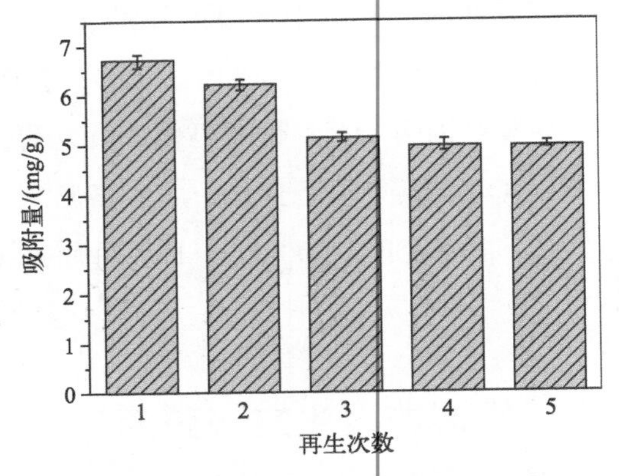


**图 4-34　再生次数对氟吸附量的影响**

（$c_0$=20mg/L，$T$=25℃±1℃，$t$=24h，$c_{GAC}$=1.0g/L，$V$=50mL，$c_{NaOH}$=3000mg/L）

综上所述，本研究的主要结论如下：

首先，对制备的原材料（GAC）进行综合性筛选，并进行单因子实验研究。结果表明，Cb-GAC、Csb-GAC 与 Wb-GAC 的准二级动力学模型的吸附拟合效果最好，Langmuir 方程能够很好地描述这三种活性炭对氟的吸附作用。单因素实验研究得出了镧改性活性炭的最佳改性条件，硝酸镧浓度为 0.1mol/L、浸渍时间为 12h、浸渍温度 40℃、改性 pH 值为 12，最大平衡吸附量为 7.78mg/g。

其次，通过响应曲面法优化了镧改性活性炭制备的最佳条件。表明，硝酸镧浓度为 0.09mol/L、改性 pH 值为 11.04、浸渍温度为 40℃、浸渍时间为 12h，在氟溶液初始浓度为 20mg/L 时的氟吸附量为 7.38mg/g。并且单因素变量法与响应曲面法优化后的镧改性活性炭 LCb-GAC（S）、LCb-GAC 的等温吸附实验的拟合结果符合 Langmuir 模型，拟合最大吸附量分别为 7.91mg/g、9.00mg/g。研究交互作用对镧改性活性炭去除水中氟离子的影响，结果表明，改性 pH 值与硝酸镧浓度的交互作用的影响最强，浸渍温度与浸渍时间的交互作用的影响最弱，因素影响程度为：改性 pH 值>硝酸镧浓度>浸渍时间>浸渍温度。

最后，考察了水体中的因素对镧改性活性炭对氟离子吸附去除效果的影响，以及其再生性能。结果显示：在 25～40℃温度范围内温度升高有助于 LCb-GAC 吸附除氟。共存离子中 $Cl^-$ 对 LCb-GAC 吸附剂去除氟基本无影响，而 $SO_4^{2-}$、$NO_3^-$ 会产生阻碍吸附作用，且 $SO_4^{2-}$ 的影响更大。同时 NOM 对氟离子的吸附也是起到抑制作用，随着 NOM 浓度升高抑制作用越来越明显。选择再生剂浓度为 3000mg/L 时，再生效果最佳，依旧能达到初始吸附量的92.3%。随着再生次数的增加，LCb-GAC的吸附能力变弱，再生5次后仅能达到初始吸附量的68%，但是仅再生2次的情况下，吸附能力达到初始吸附量的85%，说明LCb-GAC在该方法下的再生作用显著。

## 参考文献

[1] 雷蕾.复合零价纳米铁的制备表征及其去除水中As（Ⅲ）的研究［D］.广州：华南理工大学，2012．

[2] Rodríguez-Lado L，Sun G，Berg M，et al. Groundwater arsenic contamination throughout China.［J］. Science，2013，341（6148）：866-868.

[3] Bissen M，Frimmel F H. Arsenic-a review. Part I：occurrence，toxicity，speciation，mobility［J］. Acta Hydrochimica Et Hydrobiologica，2003，31（1）：9-18.

[4] 葛宇.生活饮用水卫生标准的提升解读国家标准《GB 5749—2006》［J］.上海计量测试，2007，05：27-30.

[5] 王灿.石墨烯负载零价纳米铁去除水中砷的研究［D］.广州：华南理工大学，2014.

[6] Hering J G，Chen P Y，Wilkie J A，et al. Arsenic removal by ferric chloride［J］. Journal，1996，88（4）：155-167.

[7] Bang S，Korfiatis G P，Meng X. Removal of arsenic from water by zero-valent iron［J］. Journal of Hazardous Materials，2005，121（1）：61-67.

[8] Zeng L. A method for preparing silica-containing iron（Ⅲ）oxide adsorbents for arsenic removal［J］. Water Research，2003，37（18）：4351-4358.

[9] Pierce M L，Moore C B. Adsorption of arsenite and arsenate on amorphous iron hydroxide［J］. Water Research，1982，16（7）：1247-1253.

[10] Masih D，Izumi Y，Aika K，et al. Optimization of an iron intercalated montmorillonite preparation for the removal of arsenic at low concentrations［J］. Engineering in LifeSciences，2010，7（1）：52-60.

[11] 王昌辉，裴元生.给水处理厂废弃铁铝泥对正磷酸盐的吸附特征［J］.环境科学，2011（08）：2371-2377.

[12] Tütem E，Apak R，ünal F. Adsorptive removal of chlorophenols from water by bituminous shale［J］. Water Research，1998，32（8）：2315-2324.

[13] Rodrigues L A，Maschio L J，Da Silva R E，et al. Adsorption of Cr（Ⅵ）from aqueous solution by hydrous zirconium oxide［J］. J Hazard Mater，2010，173（1-3）：630-636.

[14] 李林林，朱英存.离子色谱-电感耦合等离子体质谱联用（IC-ICP-MS）测定水体中的砷形态［J］.生态毒理学报，2013，8（2）：280-284.

[15] 赵旭，王毅力，郭瑾珑，等.颗粒物微界面吸附模型的分形修正——朗格缪尔（Langmuir）、弗伦德利希（Freundlich）和表面络合模型［J］.环境科学学报，2005，25（1）：52-57.

[16] 杨静.玉米秸秆纤维素酶水解研究及响应曲面法优化［D］.天津：天津大学，2007.

[17] 徐建平，周润娟.响应曲面法优化复合絮凝剂的制备工艺［J］.环境工程学报，2012，6（9）：3063-3067.

[18] 王永菲，王成国.响应面法的理论与应用［J］.中央民族大学学报（自然科学版），2005，14（3）：236-240.

[19] 魏亚乾，夏洪应，巨少华，等.响应曲面法优化小桐子壳基活性炭制备条件的实验研究 [J].材料导报，2013，27 (18)：47-51.

[20] 朱慧杰，贾永锋，姚淑华，等.负载型纳米铁吸附剂去除饮用水中 As（Ⅴ）的研究 [J].环境科学，2009，30 (12)：1644-1648.

[21] And X L，Zhang W. Iron nanoparticles：The core-shell structure and unique properties for Ni (Ⅱ) sequestration [J]. Langmuir，2006，22 (10)：4638-4642.

[22] 史德强.纳米零价铁及改性纳米零价铁对砷离子的去除研究 [D].昆明：云南大学，2016.

[23] Lakshmipathiraj P，Narasimhan B R，Prabhakar S，et al. Adsorption of arsenate on synthetic goethite from aqueous solutions [J]. Journal of Hazardous Materials，2006，136 (2)：281-287.

[24] Morris，Carrell J，Jr W，et al. Adsorption of biochemically resistant materials from solution. 1 [J]. Morris J Carrell，1964.

[25] Gupta K，Ghosh U C. Arsenic removal using hydrous nanostructure iron (Ⅲ) -titanium (Ⅳ) binary mixed oxide from aqueous solution [J]. Journal of Hazardous Materials，2009，161 (2)：884-892.

[26] Mostafa M G，Chen Y H，Jean J S，et al. Kinetics and mechanism of arsenate removal by nanosized iron oxide-coated perlite [J]. Journal of Hazardous Materials，2011，187 (1-3)：89-95.

[27] Mahmood T，Din S U，Naeem A，et al. Adsorption of arsenate from aqueous solution on binary mixed oxide of iron and silicon [J]. Chemical Engineering Journal，2012，192 (192)：90-98.

[28] Ling X，Li J，Zhu W，et al. Synthesis of nanoscale zero-valent iron/ordered mesoporous carbon for adsorption and synergistic reduction of nitrobenzene [J]. Chemosphere，2012，87 (6)：655-660.

[29] 肖爱红.活性炭负载纳米零价铁去除水中含氧酸盐的研究 [D].赣州：江西理工大学，2015.

[30] Wang Q L，Snyder S，Jungwoo K，et al. Aqueous ethanol modified nanoscale zerovalent iron in bromate reduction：Synthesis，characterization，and reactivity. [J]. Environmental Science & Technology，2009，43 (9)：3292-3299.

[31] 肖静.载铁活性炭吸附剂的制备及除砷机理研究 [D].湘潭：湘潭大学，2013.

[32] Awual M R，Urata S，Jyo A，et al. Arsenate removal from water by a weak-base anion exchange fibrous adsorbent [J]. Water Research，2008，42 (3)：689-696.

[33] Deliyanni E A，Nalbandian L，Matis K A. Adsorptive removal of arsenites by a nanocrystalline hybrid surfactant-akaganeite sorbent [J]. Journal of Colloid & Interface Science，2006，302 (2)：458-466.

[34] Lim S F，Zheng Y M，Chen J P. Organic arsenic adsorption onto a magnetic sorbent [J]. Langmuir the Acs Journal of Surfaces & Colloids，2009，25 (9)：4973-4978.

[35] Tokunaga T K，Wan J. Water film flow along fracture surfaces of porous rock [J]. Water Resources Research，1997，33 (33)：1287-1295.

[36] Grosvenor A P，Kobe B A，Biesinger M C，et al. Investigation of multiplet splitting of Fe 2p XPS spectra and bonding in iron compounds [J]. Surface & Interface Analysis，2004，36 (12)：1564-1574.

[37] Allen G C，Curtis M T，Hooper A J，et al. X-ray photoelectron spectroscopy of iron-oxygen systems [J]. Journal of the Chemical Society Dalton Transactions，1974，1974 (14)：1525-1530.

[38] Fan X. Adsorption kinetics of fluoride on low cost materials [J]. Water Research，2003，37

(20)：4929-4937.

[39] Sehn P. Fluoride removal with extra low energy reverse osmosis membranes：Three years of large scale field experience in Finland [J]. Desalination，2007，223 (1-3)：73-84.

[40] Bhadja V，Trivedi J S，Chatterjee U. Efficacy of polyethylene Interpolymer membranes for fluoride and arsenic ion removal during desalination of water via electrodialysis [J]. RSC Advances，2016，6 (71)：67118-67126.

[41] 程浩铭，张翠玲，任昊晔，等. 化学沉淀法处理高氟废水的工艺条件优化 [J]. 兰州交通大学学报，2018，37 (05)：80-84.

[42] Mullick A，Neogi S. Acoustic cavitation induced synthesis of zirconium impregnated activated carbon for effective fluoride scavenging from water by adsorption [J]. Ultrasonics Sonochemistry，2018，45：65-77.

[43] Cheng J，Meng X，Jing C，et al. $La^{3+}$-modified activated alumina for fluoride removal from water [J]. Journal of Hazardous Materials，2014，278：343-349.

[44] Mullick A，Neogi S. Ultrasound assisted synthesis of Mg-Mn-Zr impregnated activated carbon for effective fluoride adsorption from water [J]. Ultrasonics Sonochemistry，2019，50：126-137.

[45] Kang D，Yu X，Ge M，et al. Novel Al-doped carbon nanotubes with adsorption and coagulation promotion for organic pollutant removal [J]. Journal of Environmental Sciences，2017，54：1-12.

[46] Zhang S，Lyu Y，Su X，et al. Removal of fluoride ion from groundwater by adsorption on lanthanum and aluminum loaded clay adsorbent [J]. Environmental Earth Sciences，2016，75 (5)：1-9.

[47] Tang D，Zhang G. Efficient removal of fluoride by hierarchical Ce-Fe bimetal oxides adsorbent：Thermodynamics，kinetics and mechanism [J]. Chemical Engineering Journal，2016，283：721-729.

[48] Cai J，Zhao X，Zhang Y，et al. Enhanced fluoride removal by La-doped Li/Al layered double hydroxides [J]. Journal of Colloid and Interface Science，2018，509：353-359.

[49] Halajnia A，Oustan S，Najafi N，et al. Adsorption-desorption characteristics of nitrate，phosphate and sulfate on Mg-Al layered double hydroxide [J]. Applied Clay Science，2013，80-81：305-312.

[50] Sun Y，Fang Q，Dong J，et al. Removal of fluoride from drinking water by natural stilbite zeolite modified with Fe (Ⅲ) [J]. Desalination，2011，277 (1-3)：121-127.

[51] Mo M，Zeng Q，Li M. Study of the fluorine adsorption onto zirconium oxide deposited strong alkaline anion exchange fiber [J]. Journal of Applied Polymer Science，2018，135 (7)：45855.

[52] Singh K，Lataye D H，Wasewar K L. Removal of fluoride from aqueous solution by using bael (Aegle marmelos) shell activated carbon：Kinetic，equilibrium and thermodynamic study [J]. Journal of Fluorine Chemistry，2017，194：23-32.

[53] Sailaja K B，Bhagawan. D. Removal of fluoride from drinking water by adsorption onto activated alumina and activated carbon. [J]. International Journal of Engineering Research and Applications，2015.

[54] 汤丁丁，乔伟，李亚龙，等. Ti (Ⅳ) 改性颗粒活性炭的除氟性能研究 [J]. 环境科学与技术，2017 (增2)：28-33.

[55] 谌任平. 活性炭负载铝吸附去除水中氟离子的研究 [D]. 重庆：重庆大学，2013.

[56] 董岁明. 氟在土-水系统中的迁移机理与含氟水的处理研究 [D]. 西安：长安大学，2004.

[57] Iriel A，Bruneel S P，Schenone N，et al. The removal of fluoride from aqueous solution by a lateritic soil adsorption：Kinetic and equilibrium studies [J]. Ecotoxicology and Environmental Safety，2018，149：166-172.

[58] World Health Organization. Guidelines for drinking-water quality [Z]. 1993.

[59] Mondal R，Pal S，Bhalani D V，et al. Preparation of polyvinylidene fluoride blend anion exchange membranes via non-solvent induced phase inversion for desalination and fluoride removal [J]. Desalination，2018，445：85-94.

[60] Arda M，Orhan E，Arar O，et al. Removal of fluoride from geothermal water by electrodialysis (ED) [J]. Separation Science and Technology，2009，44 (4)：841.

[61] Alagumuthu G，Rajan M. Equilibrium and kinetics of adsorption of fluoride onto zirconium impregnated cashew nut shell carbon [J]. Chemical Engineering Journal，2010，158 (3)：451-457.

[62] Bai Y，Neupane M P，Park I S，et al. Electrophoretic deposition of carbon nanotubes-hydroxyapatite nanocomposites on titanium substrate [J]. Materials Science and Engineering：C，2010，30 (7)：1043-1049.

[63] 侯嫔. 季铵盐改性颗粒活性炭去除地下水中微量高氯酸盐的研究 [D]. 北京：中国矿业大学(北京)，2013.

[64] 胡雅琴. 响应曲面二阶设计方法比较研究 [D]. 天津：天津大学，2005.

[65] Mohan D，Singh K P，Singh V K. Wastewater treatment using low cost activated carbons derived from agricultural byproducts—A case study [J]. Journal of Hazardous Materials，2008，152 (3)：1045-1053.

[66] Ruan Z，Tian Y，Ruan J，et al. Synthesis of hydroxyapatite/multi-walled carbon nanotubes for the removal of fluoride ions from solution [J]. Applied Surface Science，2017，412：578-590.

[67] Dehghani M H，Haghighat G A，Yetilmezsoy K，et al. Adsorptive removal of fluoride from aqueous solution using single-and multi-walled carbon nanotubes [J]. Journal of Molecular Liquids，2016，216：401-410.

[68] Yu Y，Yu L，Paul Chen J. Adsorption of fluoride by Fe-Mg-La triple-metal composite：Adsorbent preparation，illustration of performance and study of mechanisms [J]. Chemical Engineering Journal，2015，262：839-846.

[69] Adak M K，Sen A，Mukherjee A，et al. Removal of fluoride from drinking water using highly efficient nano-adsorbent，Al (Ⅲ) -Fe (Ⅲ) -La (Ⅲ) trimetallic oxide prepared by chemical route [J]. Journal of Alloys and Compounds，2017，719：460-469.

[70] Wang M，Yu X，Yang C，et al. Removal of fluoride from aqueous solution by Mg-Al-Zr triple-metal composite [J]. Chemical Engineering Journal，2017，322：246-253.

[71] Xiang W，Zhang G，Zhang Y，et al. Synthesis and characterization of cotton-like Ca-Al-La composite as an adsorbent for fluoride removal [J]. Chemical Engineering Journal，2014，250：423-430.

[72] Zhou J，Zhu W，Yu J，et al. Highly selective and efficient removal of fluoride from ground water by layered Al-Zr-La Tri-metal hydroxide [J]. Applied Surface Science，2018，435：920-927.

[73] 王文清，高乃云，刘宏，等. 粉末活性炭在饮用水处理中应用的研究进展 [J]. 四川环境，2008 (05)：84-88.

[74] 聂欣，刘成龙，钟俊锋，等.水处理中煤基颗粒活性炭再生研究进展 [J].热力发电，2018，47 (3)：1-11，75.

[75] Wang J，Chen N，Li M，et al. Efficient removal of fluoride using polypyrrole-modified biochar derived from slow pyrolysis of pomelo peel：Sorption capacity and mechanism [J]. Journal of Polymers and the Environment，2018，26 (4)：1559-1572.

[76] Thakkar M，Wu Z，Wei L，et al. Water defluoridation using a nanostructured diatom-$ZrO_2$ composite synthesized from algal Biomass [J]. Journal of Colloid and Interface Science，2015，450：239-245.

# 第5章

# 金属改性炭材料用于煤化工废水中特征污染物的去除研究

目前，煤化工行业在国民经济总量中的占比约为16%，中国数百家焦化厂和煤气厂排放焦化废水量达$3\times10^{8}$t，约占工业化学总需氧量排放的1.6%，是中国工业废水污染控制工作的重点与难点。本章介绍的煤化工废水中的特征污染物，主要为萘、苯并［*a*］芘（BaP）等具有“三致”性的有机化合物。这些特征污染物不仅影响环境，而且对人体产生伤害。目前去除这些污染物的方法主要有超声波法、高级氧化法和吸附法等，其中，因活性炭具有来源广泛、价格低廉等优点，所以常被用作吸附材料或载体去除焦化废水中的难降解有机物，但活性炭存在吸附容量有限等问题，因此需要开发功能化炭材料高效去除焦化废水中的难降解有机物。本课题组致力于研究使用功能化碳材料去除煤化工废水中特征污染物，开发新型高效绿色的改性活性炭法，去除煤化工废水中苯并［*a*］芘（BaP），发挥活性炭材料的最大功能性和环境友好性，为实际水厂高效去除煤化工废水中特征污染物提供了新的思路。

## 5.1 硝酸辅助银改性活性炭去除焦化废水苯并［a］芘的研究

### 5.1.1 概述

焦化废水中的BaP主要是由煤的高温干馏、气体净化、副产品回收精制和还原气体的热分解过程中，碳氢化合物的不完全燃烧产生。BaP 在废水中的形态分为了固态、溶于油中和溶于水中三类，废水中大部分的 BaP 都以固态即悬浮物形式存在。虽然 BaP 在水中的溶解度很低，溶于水中 BaP 的量较少，但也远超标准中所规定的 BaP 排放限值。

BaP 是由五个苯环组成的一种多环芳烃，难以进行生物降解，且是一种强致癌物质，同时具有致畸性和致突变性，还具有长期性和隐匿性。水中的 BaP 可通过饮食进入机体，然后被肠道吸收，进入血液后便迅速扩散到全身，在乳腺和脂肪组织中积累，另外 BaP 也会刺激眼睛和皮肤。

在 2012 年，我国颁布的针对焦化行业的炼焦化学工业污染物排放标准中，对污水处理设施排放口，新增了一些监控项目，引入了 pH 值、生化需氧量（BOD）、总氮（TN）、总磷（TP）、硫化物、苯、多环芳烃（PAHs）和 BaP 8 项污染指标的排放浓度限值，规定了焦化企业水污染物排放限值中 BaP 排放浓度$<0.03\mu g/L$。但研究发现，焦化废水排放的 BaP 浓度远高于 $0.03\mu g/L$，且目前针对焦化废水中 BaP 的去除研究较少。因此，有必要研究一种高效去除焦化废水中的 BaP 的方法，使其达标排放。

目前，针对焦化废水中 BaP 去除技术主要有超声波法、高级氧化法和吸附法等。其中，超声波法存在处理成本高且处理量小的问题，高级氧化法存在·OH 催化活性不稳定、运行费用高的问题。而活性炭吸附法不仅成本低，且对环境无二次污染，被广泛应用。但是活性炭存在吸附量有限等问题，因此需要开发功能化炭材料高效吸附去除焦化废水中的 BaP，使其达到炼焦排放标准。

本研究开发了一种银（Ag）改性活性炭高效去除焦化废水中 BaP 的方法。首先，通过优化前处理和仪器检测条件建立一种固相萃取-气相色谱质谱联用方法来测定水中 BaP 的浓度。其次，采用先硝酸氧化后负载 $Ag^+$ 的活性炭改性方法，制备银改性活性炭，并采用单因素变量法对硝酸辅助 Ag 改性活性炭的制备条件进行优化。最后，通过分析改性前后活性炭的表面物化特性，探究硝酸辅助 Ag 改性活性炭吸附去除 BaP 的机理。

## 5.1.2 材料与方法

### 5.1.2.1 仪器材料与试剂

实验采用的煤基活性炭购自大同金鼎活性炭公司，命名为 GAC。煤基活性炭经粉碎机研磨后，过 200～400 目标准筛进行筛分，取 400 目标准筛上的活性炭，用去离子水清洗后放入 105℃干燥箱干燥后待用。

实验所用试剂为无水乙醇（色谱纯）和硝酸银（分析纯），均购自北京蓝弋化工产品有限责任公司；硝酸（优级纯）、氢氧化钠标准溶液（分析纯）、碳酸氢钠标准溶液（分析纯）和盐酸标准溶液（分析纯）、碳酸钠标准溶液（分析纯），购自西陇化工股份有限公司；氯化钠（分析纯）购自山东西亚化学有限公司；氮气（纯度 99%）购自北京天利仁和物资贸易有限公司。BaP（固体）(BaP-S，1g)，购自上海麦克林生化科技有限公司；固相萃取小柱为 200mg/6mL HLB，购自天津市东康科技有限公司；甲醇（色谱纯）、二氯甲烷（色谱纯）和乙腈（色谱纯），均购自天津市康科德科技有限公司；无水硫酸钠（分析纯）和氯化钠（分析纯），均购自上海麦克林生化科技有限公司。

实验所用仪器为气相色谱质谱仪 2010SE，购自日本岛津公司；固相萃取装置为 HM-SPE24，购自浙江哈迈科技有限公司；氮吹仪为 CM200，购自北京成萌伟业科技有限公司；浓缩器为 KD（25mL 24 号磨砂口），购自上海书培实验设备有限公司；旋涡混合器为 VORTEX-6，购自上海之信仪器有限公司；高速万能粉碎机 FW100，购自天津市泰斯特仪器有限公司；标准检验分析筛 SC-300，购自新乡市首创机械有限公司；恒温水浴振荡器 SHA-B，购自国华仪器制造有限公司；电子天平 ME204E 102，购自梅特勒-托利多仪器有限公司；超声波清洗仪 KQ5200DE，购自昆山市超声仪器有限公司；超纯水系统 Heal Force，购自力新仪器（上海）有限公司。

#### 5.1.2.2 BaP 的 GC-MS 定量测定

**(1) 标准溶液配制**

准确称取 20mg BaP-S 标准品，将其用二氯甲烷溶解并定容至 1000mL，配制成 20mg/L 的 BaP 储备液，再用 20mg/L BaP 储备液梯度稀释到所需浓度标准溶液，配制好的标准溶液均在－20℃下保存。

**(2) 样品的前处理**

样品前处理方法包括固相萃取和液液萃取两种，具体操作步骤如下：

固相萃取：首先用 10mL 二氯甲烷、10mL 甲醇和 10mL 水依次对 HLB 小柱进行活化；其次在 100mL 水样中加入一定量的有机改性剂甲醇，并以 5mL/min 的流速通过 HLB 小柱；然后用 10mL 水对 HLB 小柱进行清洗净化，并用真空抽吸小柱 20min 至干燥；再用 10mL 的洗脱液二氯甲烷或乙腈浸泡 HLB 小柱 5min，并以 2mL/min 流速洗脱小柱，再用 KD 浓缩器收集洗脱液；最后洗脱液经氮吹浓缩至 0.5mL 以下，并用二氯甲烷或乙腈定容到 0.5mL，然后经 0.22μm 滤膜过滤后进入 GC-MS 分析。

液液萃取：首先在 100mL BaP 水样中加入 3g 氯化钠和 5mL 二氯甲烷，摇匀后静置，收集有机相，重复萃取 2 次，合并有机相；然后在层析柱中加入适量无水硫酸钠，将有机相倒入层析柱中，脱水干燥；最后经氮吹浓缩至 0.5mL 以下，用二氯甲烷或乙腈定容到 0.5mL，然后经 0.22μm 滤膜过滤后进入 GC-MS 分析。

### (3) 色谱-质谱条件

色谱条件：色谱柱为 HP-5MS，进样口温度为 280℃/300℃，柱温箱温度为 70℃/80℃，载气为高纯氦气，流量为 1mL/min，进样体积为 1μL，分流比为 30/50/80，色谱柱不同升温程序如表 5-1 所示。

表 5-1 色谱柱不同升温程序

| 类别 | 初始温度/℃ | 保持时间/min | 升温速度/(℃/min) | 最高温度/℃ | 保持时间/min |
|---|---|---|---|---|---|
| 升温程序 1 | 80 | 2 | 10 | 300 | 10 |
| 升温程序 2 | 80 | 2 | 12 | 300 | 10 |
| 升温程序 3 | 70 | 2 | 10 | 300 | 10 |
| 升温程序 4 | 70 | 2 | 10 | 320 | 10 |

质谱条件：离子源为 EI 源，离子源温度为 200℃/230℃，接口温度为 250℃/280℃，采集模式为 SCAN 和 SIM，扫描质量范围为 200～300$m/z$，定量离子为 $m/z$ 252.10、250.10、253.10。

### (4) 方法验证

为验证该方法的有效性及稳定性，做了回收率、相对标准偏差、线性分析、定量限及检出限的计算分析。

① 回收率与精密度　在纯水中分别加入一定量的 BaP 标准溶液，使水样最终浓度分别为 0.01μg/L、0.05μg/L、0.20μg/L，每个加标样品做五组平行，按优化后的分析条件进行测定及分析。回收率（$R$）及相对标准偏差（RSD）分别按式（5-1）～式（5-3）计算。

$$R=\frac{\text{加标样测定值}-\text{空白样测定值}}{\text{加标量}}\times 100\% \tag{5-1}$$

$$S=\sqrt{\sum_{i=1}^{t}\frac{(x_i-\bar{x})^2}{(n-1)}} \tag{5-2}$$

式中 $S$——标准偏差；

$n$——样品数；

$x_i$——每个样品的测定值；

$\bar{x}$——测量值的平均值。

$$\text{RSD}=\frac{S}{\bar{x}}\times 100\% \tag{5-3}$$

式中 RSD——相对标准偏差。

一般要求回收率在70%～120%之间，且RSD小于20%时，说明该方法具有良好的可靠性和稳定性。

② 线性分析、检出限及定量限 以信噪比（S/N）为3时对应的浓度作为仪器检出限（limit of detection，LOD），以信噪比为10时对应的浓度作为仪器定量限（limit of quantitation，LOQ）。方法检出限（method detection limit，MDL）由仪器检出限、回收率和浓缩倍数等计算得出，方法定量限（method quantitation limit，MQL）由仪器定量限、回收率和浓缩倍数等计算得出，具体计算方法如式（5-4）、式（5-5）所示。

$$\text{MDL}=\frac{\text{LOD}\times 100}{C\times R} \tag{5-4}$$

$$\text{MQL}=\frac{\text{LOQ}\times 100}{C\times R} \tag{5-5}$$

式中 $R$——目标物质在对应介质中的回收率，%；

$C$——样品的浓缩倍数。

通过对前处理方法中的萃取方法（固相萃取和液液萃取）、有机改性剂甲醇投加量和洗脱液种类（二氯甲烷和乙腈）以及GC-MS的进样口温度、柱温箱温度、升温程序、分流比、离子源温度和接口温度等参数进行优化，然后进行所建立方法的可靠性验证并将其应用于实际焦化废水中BaP的测定。

#### 5.1.2.3 银改性活性炭的制备与优化

首先，将1.0g经过预处理后的GAC浸入到一定质量分数的稀硝酸溶液进行氧化改性，在25℃、200r/min条件下恒温振荡24h，抽滤后用去离子水清洗至中性，在105℃干燥箱里干燥。再将干燥后的活性炭准确称取1.0g浸入到一定浓度的$AgNO_3$溶液，在25℃、200r/min条件下浸渍24h后，抽滤后在105℃干燥箱干燥备用。将硝酸改性后的活性炭命名为H-

GAC，硝酸氧化且Ag改性后的活性炭命名为Ag-H-GAC。

采用单因素变量法对硝酸辅助Ag改性活性炭的制备条件进行了优化，获得硝酸辅助Ag改性活性炭的最佳制备条件。选取硝酸质量分数1%、5%、10%、15%和20%，硝酸银浓度0.002mol/L、0.005mol/L、0.01mol/L、0.02mol/L和0.05mol/L，浸渍时间4h、8h、16h、24h和32h三因素进行制备条件的优化。

#### 5.1.2.4 硝酸辅助银改性活性炭对BaP的吸附

采用动力学吸附实验和静态吸附实验进行改性活性炭对BaP吸附性能的测定。其中，动力学吸附实验中BaP的初始浓度为1mg/L，取样时间为0min、2min、5min、10min、20min和30min，静态吸附实验中BaP的初始浓度为1mg/L、5mg/L、10mg/L、20mg/L、50mg/L和100mg/L，取样时间为24h，样品与空白均设置两组平行实验。

#### 5.1.2.5 硝酸辅助银改性活性炭的表征

改性前后活性炭的表面物化特性主要是利用BET比表面积和孔容孔径分布、表面酸碱度以及Zeta电位分析技术进行分析。

**(1) BET比表面积和孔容孔径分布**

活性炭的BET比表面积和孔容孔径分布采用美国Quantachrome公司生产的Autosorb-iQ比表面积和孔径分布分析仪进行检测。该仪器主要技术参数有：测量孔隙度范围为3.5～5000Å，比表面积大于0.0005$m^2/g$；拥有精确的微孔分析能力，极限高真空可达$10^{-10}$mmHg[1]；压力可达2.5×$10^{-7}$mmHg。

**(2) 表面酸碱度**

分别配制浓度为0.05mol/L的HCl、NaOH、$Na_2CO_3$和$NaHCO_3$标准溶液，用电子天平精确称取20mg的活性炭样品，放入50mL的锥形瓶中，分别加入5mL标准液。在恒温下振荡24h，然后过滤并用蒸馏水充分清洗，收集滤液。以甲基橙为终点指示剂，用0.05mol/L的HCl标准溶液滴定滤液中尚未反应的碱液至终点，用0.05mol/L的NaOH标准溶液滴定滤液中尚未反应的酸液至终点。

---

[1] 1mmHg=1.33322×$10^2$Pa。

(3) Zeta 电位

改性前后的活性炭表面的 $pH_{PZC}$ 值采用零电荷点法进行测定。具体操作方法为：分别称取 30mg 活性炭样品，加入 10mL 0.01mol/L 的 NaCl 溶液，分别调节 pH 值为 2、4、6、8、10、12，在恒温水浴振荡箱中设置温度为 25℃，转速为 60r/min，振荡 24h 后，测定吸附后溶液的 pH 值。以初始 pH 值为横坐标，ΔpH 值为纵坐标，作图。ΔpH＝0 所对应的 pH 值即为 $pH_{PZC}$。

## 5.1.3 焦化废水中 BaP 的 GC-MS 定量检测条件的优化

### 5.1.3.1 萃取方法优化

为了提升样品中 BaP 的回收效果，分别采用固相萃取和液液萃取进行样品的前处理，BaP 的标准曲线和回收率如图 5-1 和图 5-2 所示。

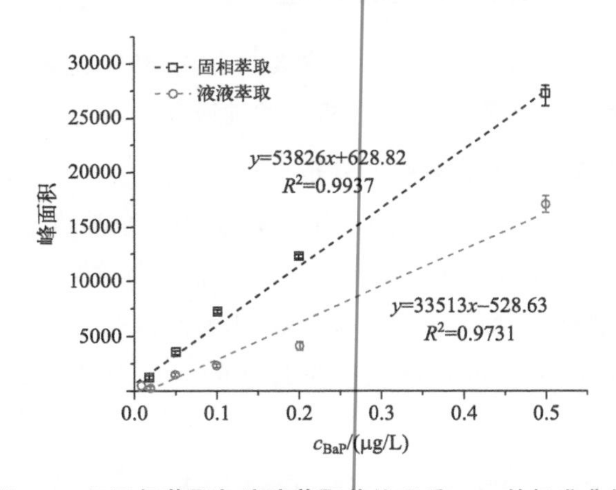


图 5-1 经固相萃取与液液萃取前处理后 BaP 的标准曲线

由图 5-1 和图 5-2 可以看出，在低浓度（0.005μg/L、0.01μg/L、0.02μg/L、0.05μg/L、0.1μg/L、0.2μg/L、0.5μg/L）BaP 水样中，采用固相萃取进行样品的前处理，BaP 标准曲线的线性相关性（$R^2$＝0.994）和回收率（52.2%～87.3%）均高于采用液液萃取进行前处理的 BaP 的线性相关性（$R^2$＝0.973）和回收率（38.7%～55.3%）。这说明固相萃取更有利于 BaP 在样品中的测定和回收。这主要是由于固相萃取可以控制有机试剂的用量，避免萃取液挥发，从而提高样品的回收率；而液液萃取时间长

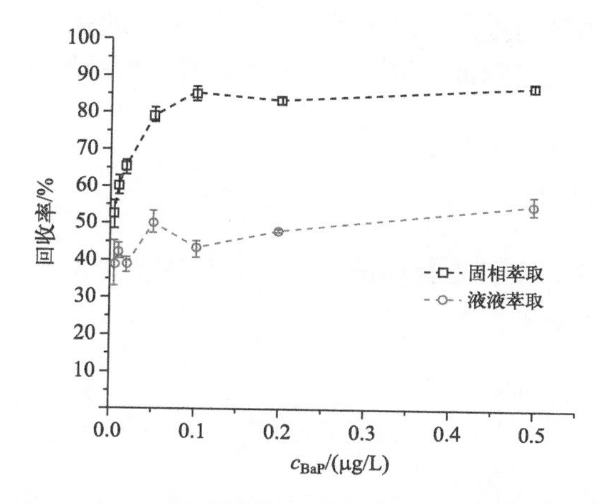


图 5-2　固相萃取和液液萃取前处理对 BaP 回收率的影响

且有机试剂用量多，导致萃取液挥发，从而降低样品的回收率。因此，选用固相萃取作为焦化废水中 BaP 的定量检测前处理方法。

### 5.1.3.2　有机改性剂甲醇添加量优化

考察了 BaP 样品中添加不同体积分数的甲醇对不同浓度 BaP 的回收率的影响，结果如图 5-3 所示。

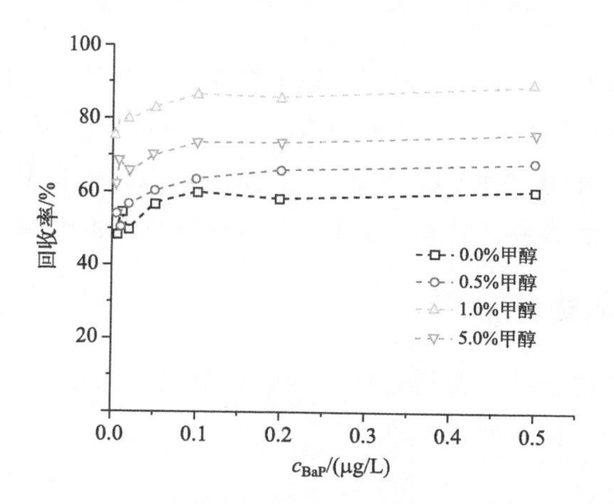


图 5-3　有机改性剂添加量对回收率的影响

由图 5-3 中可以看出，有机改性剂甲醇的最优添加量为 1%，此时 BaP 的回收率最高（75.4%～88.8%）。当甲醇添加量＜1% 时，BaP 的回收率随甲醇体积分数的增加而增加，这可能是由于甲醇使得 HLB 小柱对 BaP 的保留能力增强，从而回收率增加；当甲醇添加量＞1% 时，BaP 的回收率随甲醇体积分数的增加而降低。这可能是由于甲醇添加量过高使 BaP 被洗脱下来，从而导致回收率降低。因此，选取 1%的有机添加量甲醇对 BaP 水样进行前处理。

#### 5.1.3.3 洗脱液优化

选取二氯甲烷和乙腈进行样品的洗脱，考察了其对 BaP 的回收率的影响，结果如图 5-4 所示。

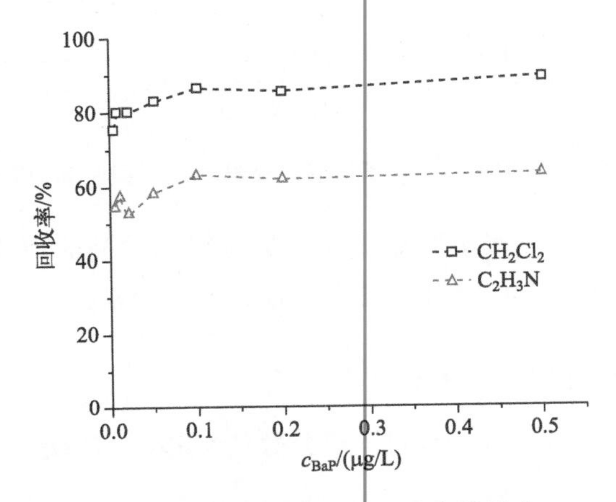


图 5-4 不同洗脱溶剂对回收率的影响

由图 5-4 中可以看出，当采用二氯甲烷为洗脱剂时，BaP 的样品的回收率（75.4%～88.8%）均高于乙腈（54.8%～63.5%），这可能是由于二氯甲烷与 BaP 均为弱极性物质，而乙腈为极性物质，BaP 易溶于二氯甲烷，而在乙腈中溶解能力差。因此，采用二氯甲烷为样品的洗脱液进行前处理。

#### 5.1.3.4 仪器检测条件的优化

通过优化色谱条件、质谱条件，能够有效改善 BaP 出峰峰型、减少出峰时间、提高分析灵敏度。

**(1) 色谱条件**

分别对色谱条件中进样口温度、柱箱温度、升温程序和分流比几个参数进行了优化，在各参数条件下，对 BaP 测定结果的影响，如表 5-2 所列。

由表 5-2 可以看出：进样口温度从 280℃ 升至 300℃，出峰效果变差、响应值降低。柱箱温度从 70℃ 升至 80℃，峰型变窄。升温程序 1、2、3、4 对比可知，改变升温速度（从 10℃/min 升至 12℃/min），可使出峰时间从

34min提前至30.3min，峰型变窄；改变最高温度（从300℃升至320℃），使出峰时间从35min延迟到37min，峰型变宽；改变柱箱温度（从80℃降至70℃），出峰时间稍有增加，但出峰效果较好；分流比为50时，峰尖尖锐圆滑，干扰少，出峰峰型最好。因此，在进样口温度为280℃、柱箱温度为70℃、分流比为50，采用升温程序3时，对BaP的测试结果最为稳定，响应较好，峰型对称，干扰较少，且所用时间较短。

表5-2　各色谱参数对BaP测定结果的影响

| 仪器参数 | 仪器数据 | 出峰效果 |
| --- | --- | --- |
| 进样口温度 | 280℃ | 响应值较高，峰型对称 |
| | 300℃ | 响应值较低 |
| 柱箱温度 | 70℃ | 峰型较好 |
| | 80℃ | 峰型较窄 |
| 升温程序 | 1 | 出峰时间34min，峰型较窄 |
| | 2 | 出峰时间30.3min，峰型较窄 |
| | 3 | 出峰时间35min，峰型较好 |
| | 4 | 出峰时间37min，出峰时间延迟 |
| 分流比 | 30 | 峰尖分叉 |
| | 50 | 峰尖尖锐圆滑，干扰少 |
| | 80 | 峰尖分叉、出峰延迟 |

### （2）质谱条件

分别对质谱条件中离子源温度和接口温度进行了优化，在这两个参数条件下，对BaP测定结果的影响如表5-3所列。

表5-3　各质谱参数对BaP测定结果的影响

| 仪器参数 | 仪器数据 | 出峰效果 |
| --- | --- | --- |
| 离子源温度 | 200℃ | 杂峰较多，干扰性强 |
| | 230℃ | 响应值较高，灵敏度较好 |
| 接口温度 | 250℃ | 响应值较低 |
| | 280℃ | 峰型良好 |

由表5-3中可以看出，离子源温度升高（从200℃升至230℃），可减少杂峰的产生，减少干扰；接口温度升高（从250℃升至280℃），可改变目标物质的响应值，也使出峰峰型变好。因此，在离子源温度为230℃、接口温度为280℃时，BaP的出峰较好，干扰少，响应值较高。

综上，测定的 BaP 的色谱条件为色谱柱为 HP-5MS；进样口温度为 280℃；柱温箱温度为 70℃；不分流进样；载气为 99.999% 高纯氦气，流量为 1.00mL/min；升温程序为初始温度 70℃保持 2min，再以 10℃/min 升温至 300℃，保持 6min；进样体积为 1μL。分流比为 50。质谱条件为 EI 源为离子源、温度为 230℃，接口温度为 280℃，定性方式为全扫描，质量范围为 200～300$m/z$，定量方式为选择离子检测且定量离子为 $m/z$ 252.10、250.10、253.10。

#### 5.1.3.5　方法验证

**(1) 回收率与精密度**

本研究选取 0.01、0.05、0.20μg/L 三组加标样品，测定纯水中 BaP 的加标回收率及相对标准偏差，结果如表 5-4 所列。

**表 5-4　水中 BaP 的加标回收率及相对标准偏差（$n$=5）**

| 加标样品浓度/(μg/L) | 加标样品测定浓度/(μg/L) | 加标样品平均测定浓度/(μg/L) | 回收率/% | 相对标准偏差/% |
|---|---|---|---|---|
| 0.01 | 0.0076、0.0082、0.0085、0.0081、0.0074 | 0.0080 | 79.6 | 5.85 |
| 0.05 | 0.0340、0.0422、0.0382、0.0403、0.0428 | 0.0407 | 81.4 | 4.55 |
| 0.20 | 0.1710、0.1770、0.1698、0.1746、0.1625 | 0.1710 | 85.5 | 3.23 |

由表 5-4 可知，浓度为 0.01、0.05、0.2μg/L 的样品回收率在 79.5%～85.5%之间，三组加标样品测定结果的相对标准偏差分别为 5.85%、4.55%、3.23%均小于 6%，且回收率随加标浓度增加而升高，相对标准偏差随加标浓度增加而降低。这表明方法在一定浓度范围内，随浓度升高，测定结果准确性升高。美国环境保护署（EPA）对痕量有机物（ng/L）的回收率要求在 100%±40%的范围内，相对标准偏差<20%。由此可以看出，该方法的精密度和准确度较好。

**(2) 线性分析、检出限及定量限**

本实验分别采用乙腈中的 BaP、二氯甲烷中的 BaP、BaP（固体）储备液配制标准溶液，并在优化后的仪器检测条件下进行测定，绘制标准曲线，并进行线性回归分析，如图 5-5 所示。三组 BaP 标准曲线的回归方程、线性范围及相关系数如表 5-5 所列。

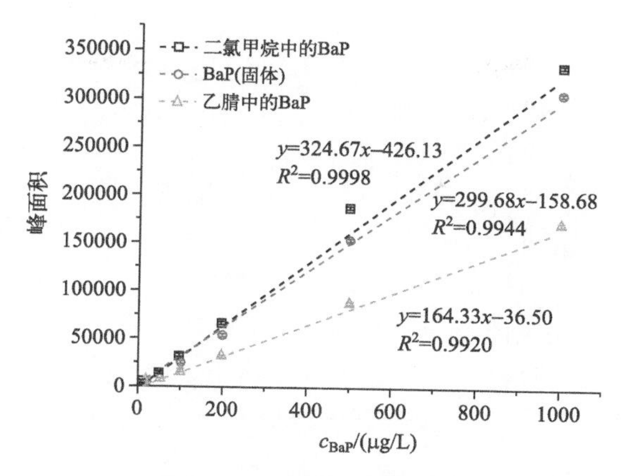


图 5-5　三组标准曲线对比

表 5-5　三组 BaP 标准曲线的回归方程、线性范围及相关系数

| BaP 标线类别 | 回归方程 | 线性范围/(μg/L) | $R^2$ |
|---|---|---|---|
| 乙腈中的 BaP | $y=324.67x-426.13$ | 1～1000 | 0.9998 |
| BaP（固体） | $y=299.68x-158.68$ | 1～1000 | 0.9944 |
| 二氯甲烷中的 BaP | $y=164.33x-36.50$ | 1～1000 | 0.9920 |

从图 5-5 及表 5-5 可以看出，当浓度为 1～1000μg/L 时，三组标准曲线的 $R^2$ 均在 0.99 以上，呈现良好的线性关系。其中，线性相关性最好的是乙腈中的 BaP，$R^2$ 为 0.9998，线性相关性最差的是二氯甲烷中的 BaP，$R^2$ 仅为 0.9920。这两者的结果相差较大，可能是由于 BaP 和二氯甲烷极性相同，均为弱极性物质，极易相溶，而乙腈为极性物质，与 BaP 溶解性较差。因此，本实验选用二氯甲烷为配制溶剂，同时 BaP（固体）与二氯甲烷中的 BaP 的标准溶液线性相关性较为接近，因此，后续可选用 BaP（固体）配制溶液进行实验。

本研究通过进一步计算得出 BaP 样品的仪器检出限（LOD）为 0.71ng/L，低于文献中 2ng/L 的检出限，仪器定量限（LOQ）为 2.37ng/L，方法检出限（MDL）为 4.33ng/L，方法定量限（MQL）为 14.45ng/L，满足水中 BaP 的测定要求。

## 5.1.4　硝酸辅助 Ag 改性活性炭制备条件的优化

### 5.1.4.1　硝酸质量分数

考察了不同硝酸浓度对改性活性炭吸附效能的影响，结果如图 5-6 所示。

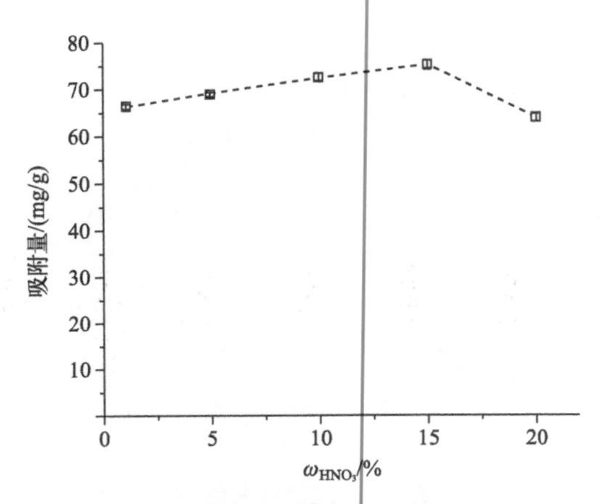


**图 5-6 硝酸质量分数对吸附 BaP 的影响**

（$c_0$=154.32mg/L，$T$=25℃，$c_{GAC}$=20mg/20mL）

从图 5-6 可以看出，当 BaP 的初始浓度为 154.32mg/L，硝酸质量分数为 15%时，改性后活性炭对 BaP 的吸附效果最好，吸附量为 75.47mg/g。当硝酸质量分数小于 15%时，改性炭对 BaP 的吸附随着质量分数的增加而增加，这可能是由于当硝酸质量分数小于 15%时，随着硝酸质量分数的增加，硝酸对活性炭的氧化改性不断增强，使得活性炭上酸性官能团数量逐渐增加，进而通过增加 $Ag^+$ 的负载量来增加活性炭对 BaP 的吸附量。当硝酸质量分数大于 15%时，吸附量降低（64.21mg/g），这是可能是由于硝酸浓度较高，氧化性强，使得活性炭上的一些孔道坍塌，从而导致活性炭对 BaP 的吸附量减少。

### 5.1.4.2 硝酸银浓度

考察了不同硝酸银浓度对改性活性炭吸附效能的影响，结果如图 5-7 所示。

由图 5-7 可以看出，当 BaP 的初始浓度为 156.39mg/L，硝酸银浓度为 0.02mol/L 时，改性炭对 BaP 的吸附效果最好，吸附量为 85.79mg/g。当硝酸银浓度小于 0.02mol/L 时，改性炭对 BaP 的平衡吸附量随着银离子浓度的增大而增大。这可能是由于活性炭负载 $Ag^+$ 后，增加了活性炭表面的吸附点位，增强了活性炭与 BaP 的作用力，进而使得活性炭的吸附量增大。当银离子浓度大于 0.02mol/L 时，改性炭的平衡吸附量从 85.79mg/g 下降至 73.13mg/g。这可能是由于负载过量的 $Ag^+$ 堵塞活性炭孔，使得改性炭的吸附受到限制，进而导致改性炭的吸附量减少。

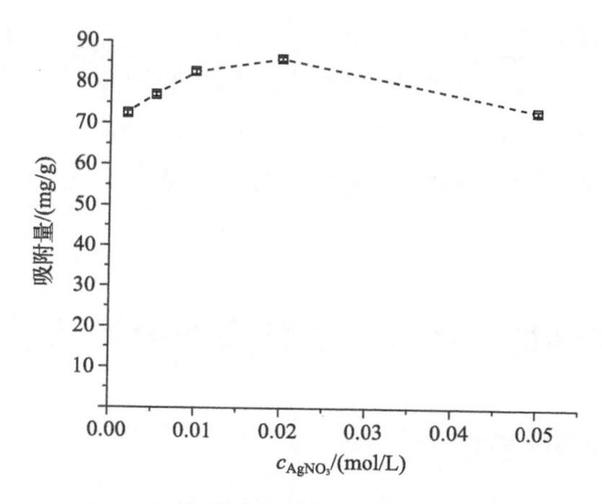


**图 5-7　硝酸银浓度对吸附 BaP 的影响**

（$c_0$=156.39mg/L，$T$=25℃，$c_{GAC}$=20mg/20mL）

### 5.1.4.3　浸渍时间

考察了不同浸渍时间对改性活性炭吸附效能的影响，结果如图 5-8 所示。

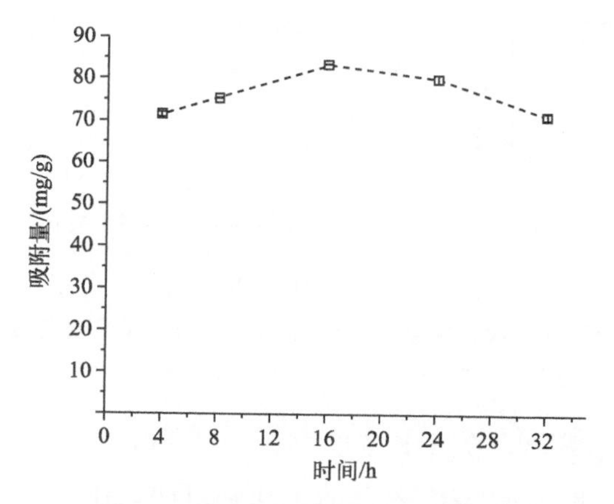


**图 5-8　浸渍时间对吸附 BaP 的影响**

（$c_0$=153.90mg/L，$T$=25℃，$c_{GAC}$=20mg/20mL）

由图 5-8 可以看出，当 BaP 的初始浓度为 153.90mg/L，硝酸质量分数为 15%，硝酸银浓度为 0.02mol/L，浸渍时间为 16h 时，改性炭对 BaP 的吸附效果最好，吸附量为 82.90mg/g。当浸渍时间<16h 时，改性活性炭对 BaP 吸附量随浸渍时间的增加而升高。这可能是由于在制备时，浸渍时间过短不能使 $Ag^+$ 充分地与活性炭上含氧官能团发生作用，致使 $Ag^+$

负载量较少，直接影响 $Ag^+$ 与 BaP 的结合，从而影响活性炭对 BaP 的吸附。当浸渍时间＞16h 时，改性活性炭对 BaP 吸附量随浸渍时间的增加而降低，依次为 79.61mg/g、70.97mg/g。这可能是由于浸渍时间过长，银离子会堵塞活性炭孔径，减少活性炭上吸附位点，使活性炭对 BaP 的吸附下降。

## 5.1.5 硝酸辅助 Ag 改性活性炭的吸附效能研究

### 5.1.5.1 动力学吸附研究

为了更好地对比改性前后活性炭的吸附效能，体现改性炭的优越性，通过动力学吸附实验考察了 GAC、H-GAC、Ag-H-GAC 对 BaP 的吸附饱和时间和动力学吸附规律，结果如图 5-9 所示。

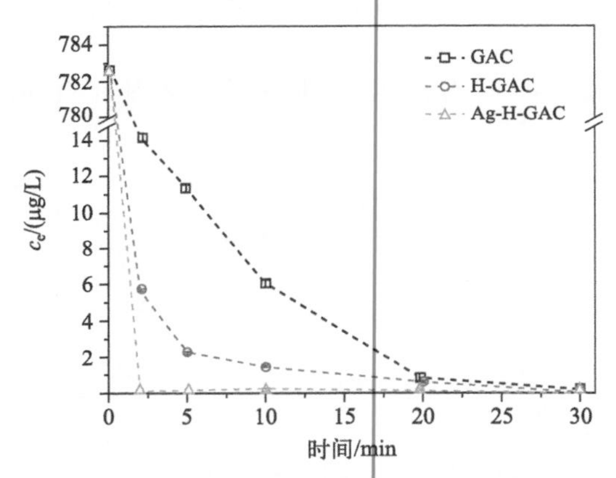


**图 5-9 改性前后活性炭对 BaP 的动力学吸附曲线**

（$c_0$＝782.60μg/L，$T$＝25℃，$c_{活性炭}$＝20mg/20mL）

由图 5-9 可以看出，在 BaP 浓度为 1mg/L 时，Ag-H-GAC 对 BaP 的吸附量最大为 782.58μg/g，去除率达到 100%。GAC 在前 20min 内吸附较快，20min 后吸附速率明显下降；H-GAC 在前 10min 内吸附较快，10min 之后吸附速率显著降低。而 Ag-H-GAC 在 2min 内吸附速率较快，且在 30min 时，BaP 浓度为 0.0189μg/L，达到炼焦排放标准中规定的 0.03μg/L 排放限值。

为了进一步了解改性前后活性炭对 BaP 的吸附影响规律，考察了 GAC、H-GAC、Ag-H-GAC 对高浓度 BaP 溶液的动力学吸附效果，如图 5-10 所示。

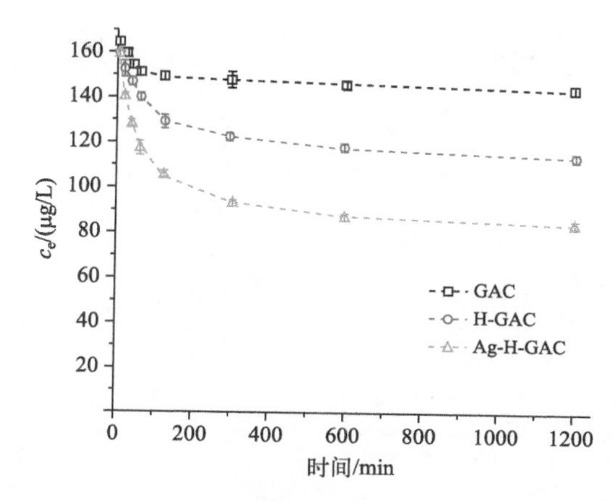


**图 5-10 改性前后活性炭对 BaP 的动力学吸附曲线**

($c_0$=163.55mg/L，$T$=25℃，$c_{活性炭}$=20mg/20mL)

由图 5-10 可以看出，在活性炭吸附的 20h 内，改性前后活性炭对 BaP 的去除效果为：Ag-H-GAC＞H-GAC＞GAC。Ag-H-GAC 在前 5h 内，基本达到吸附平衡，在 20h 内，BaP 浓度从 163.55mg/L 下降到 84.27mg/L，降低了 48.47%；GAC 在前 1h 内，吸附基本达到平衡，20h 内，BaP 的浓度从 163.55mg/L 下降到 144.24mg/L，降低了 11.80%；H-GAC 在前 5h 内，基本达到吸附平衡，在 20h 内，BaP 浓度从 163.55mg/L 下降到 114.41mg/L，降低了 30.05%。

为了进一步研究改性前后活性炭的动力学吸附过程，对改性前后活性炭吸附高浓度 BaP 的动力学数据进行了拟合，结果如图 5-11～图 5-13 所示。

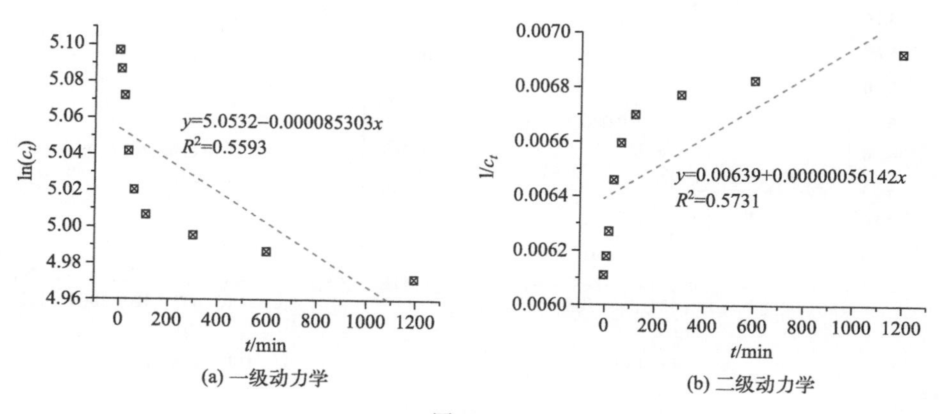


图 5-11

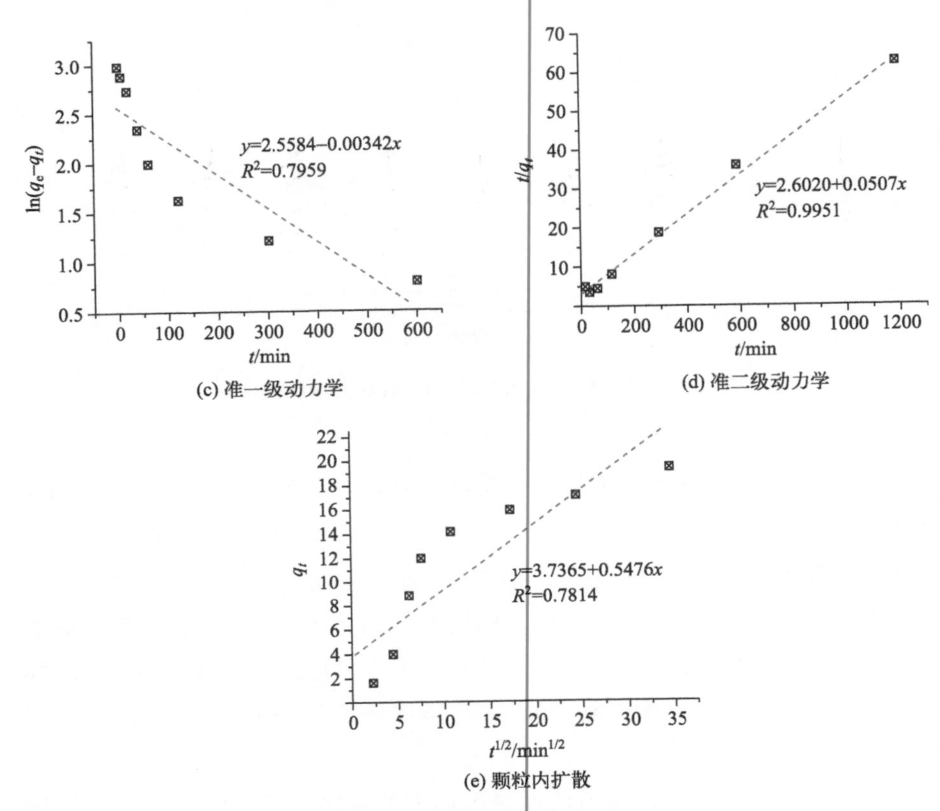


(c) 准一级动力学

(d) 准二级动力学

(e) 颗粒内扩散

**图 5-11 GAC 动力学吸附拟合曲线**

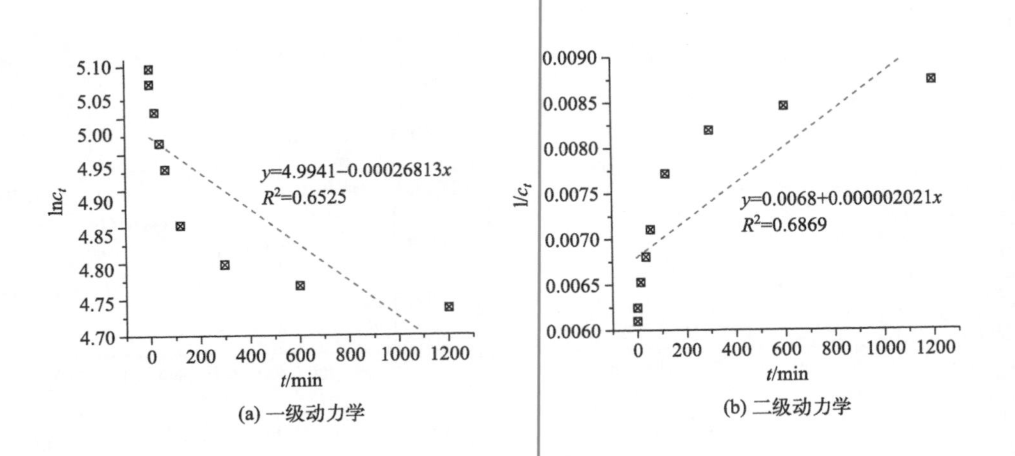


(a) 一级动力学

(b) 二级动力学

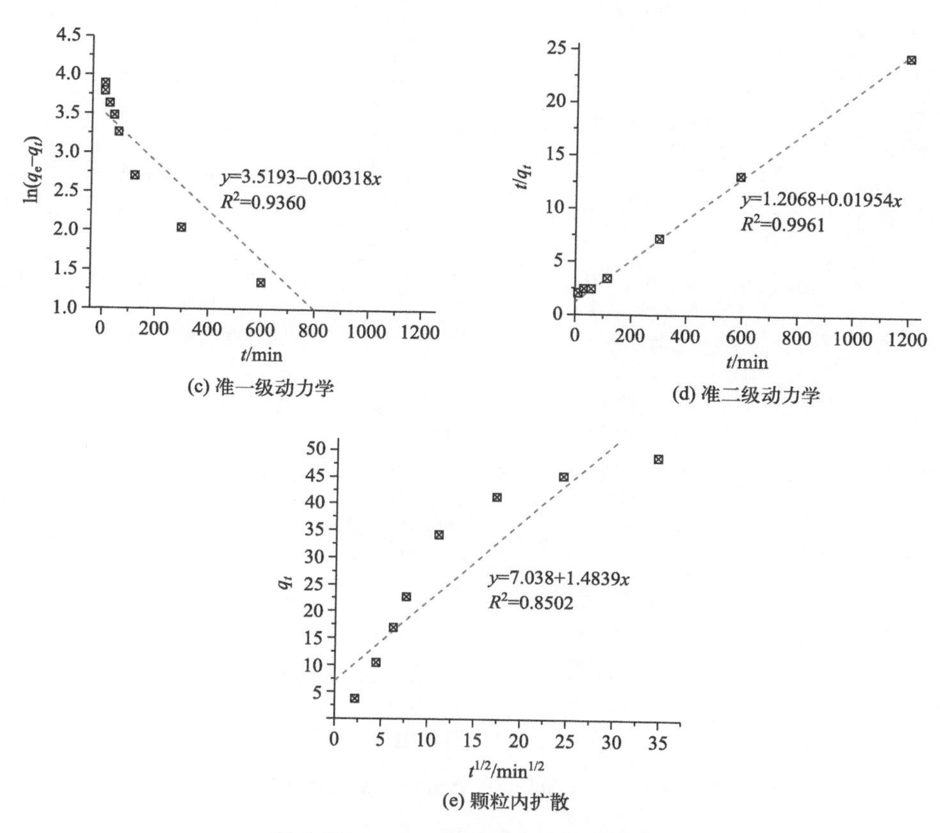


(c) 准一级动力学

(d) 准二级动力学

(e) 颗粒内扩散

**图 5-12　H-GAC 动力学吸附拟合曲线**

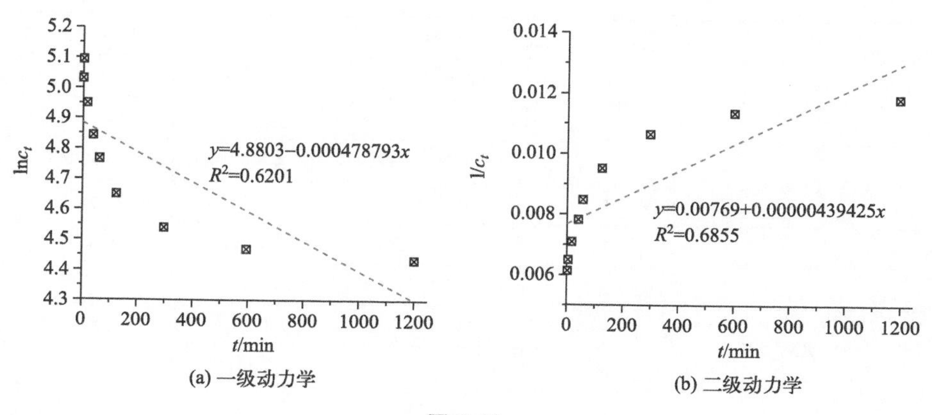


(a) 一级动力学

(b) 二级动力学

**图 5-13**

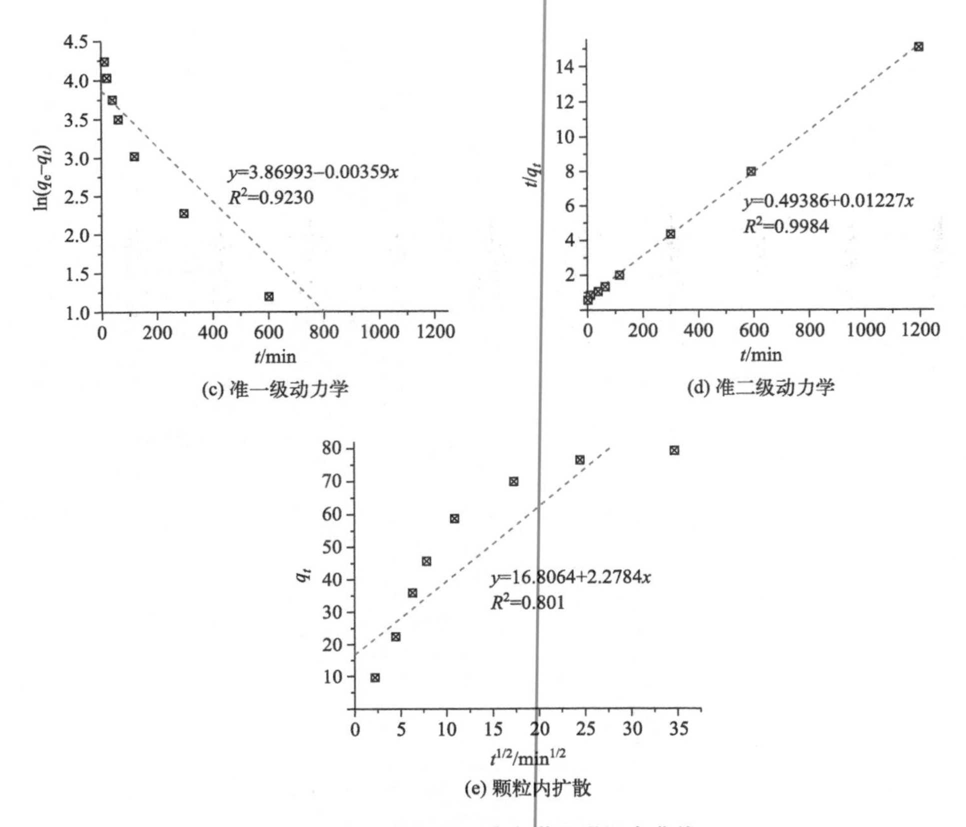


(c) 准一级动力学

(d) 准二级动力学

(e) 颗粒内扩散

**图 5-13　Ag-H-GAC 动力学吸附拟合曲线**

改性前后活性炭动力学拟合参数如表 5-6 所列。

**表 5-6　改性前后活性炭动力学拟合参数**

| 模型 | 指数 | GAC | H-GAC | Ag-H-GAC |
| --- | --- | --- | --- | --- |
| 一级动力学 | $k_1$ | −0.0000853 | −0.000268 | −0.000479 |
| | $R^2$ | 0.5593 | 0.6525 | 0.6201 |
| 二级动力学 | $k_2$ | −0.000000561 | −0.00000202 | 0.00000439 |
| | $R^2$ | 0.5781 | 0.6869 | 0.6855 |
| 准一级动力学 | $k_1$ | −0.00342 | −0.00318 | −0.00359 |
| | $R^2$ | 0.7959 | 0.9360 | 0.9230 |
| 准二级动力学 | $k_2$ | 0.0507 | 0.0195 | 0.0123 |
| | $R^2$ | 0.9951 | 0.9961 | 0.9984 |
| 颗粒内扩散 | $k_p$ | 0.5476 | 1.4839 | 2.2784 |
| | $R^2$ | 0.7814 | 0.8502 | 0.8010 |

由表 5-6 可以看出，准二级动力学模型对改性前后活性炭的拟合效果最好，GAC、H-GAC 和 Ag-H-GAC 三种炭的 $R^2$ 分别为 0.9951、0.9961、0.9984，表明准二级动力学模型能够比较好地描述活性炭对 BaP 的动力学吸附过程，进而说明活性炭对 BaP 吸附主要是受化学作用的控制。按照几种模型的前提假定条件可以得出，BaP 从溶液中到达活性炭表面不是受扩散步骤控制的，同时发现改性前后活性炭的颗粒内扩散模型的线性拟合曲线均偏离原点，说明活性炭对 BaP 的吸附不只由内扩散决定，还受其他吸附机制控制。通过对改性前后活性炭进行动力学吸附发现，Ag-H-GAC 对 BaP 的吸附效果和速率远好于 GAC 和 H-GAC。

### 5.1.5.2　等温吸附研究

为了对比 GAC、H-GAC、Ag-H-GAC 三种炭对 BaP 的吸附效果，进行了等温吸附实验，结果如图 5-14 所示。

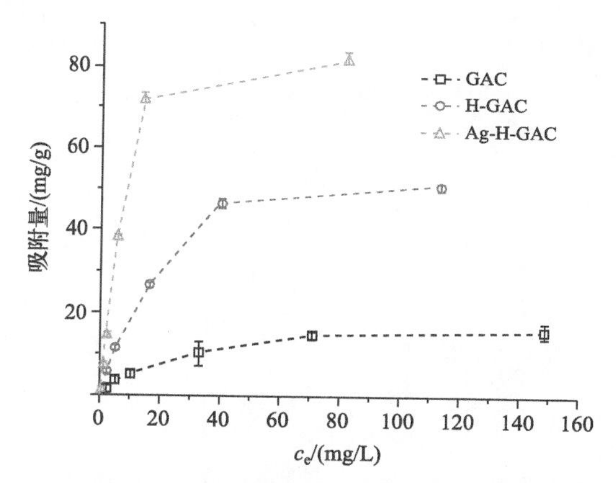


**图 5-14　改性前后活性炭对 BaP 的静态等温吸附曲线**

（$c_0$=1.45mg/L、3.93mg/L、8.19mg/L、16.22mg/L、43.57mg/L、85.88mg/L、164.57mg/L，$T$=25℃，$c_{GAC}$=20mg/20mL）

由图 5-14 可以看出，在吸附趋于平衡时，Ag-H-GAC 吸附量（82.10mg/g）远高于 H-GAC（51.24mg/g）和 GAC（15.79mg/g）。活性炭对 BaP 的吸附量随着 BaP 浓度的增加而逐渐增加。在 BaP 平衡浓度低于 40mg/L 时，Ag-H-GAC 和 H-GAC 对 BaP 的吸附量随着 BaP 浓度的增加而快速增加，且 Ag-H-GAC 对 BaP 的吸附，在平衡浓度小于 15mg/L 时，呈直线上升趋势。BaP 平衡浓度高于 40mg/L 时，吸附量逐渐趋于平缓。H-GAC 对 BaP 的吸附在平衡浓度为 70mg/L 时达到平衡，且吸附量的增加较为平缓。这是由于 Ag-H-GAC 较 H-GAC 和 GAC 负载的 $Ag^+$ 量增加，有利于 $Ag^+$ 与

BaP之间的作用力，使活性炭对BaP的吸附量增加，H-GAC在硝酸改性后，破坏了活性炭表面孔隙结构，有利于活性炭对BaP的吸附。

为更好地研究改性前后活性炭对BaP的吸附规律，分别采用Langmuir和Freundlich等温吸附模型对吸附过程进行拟合，结果如图5-15～图5-17所示。

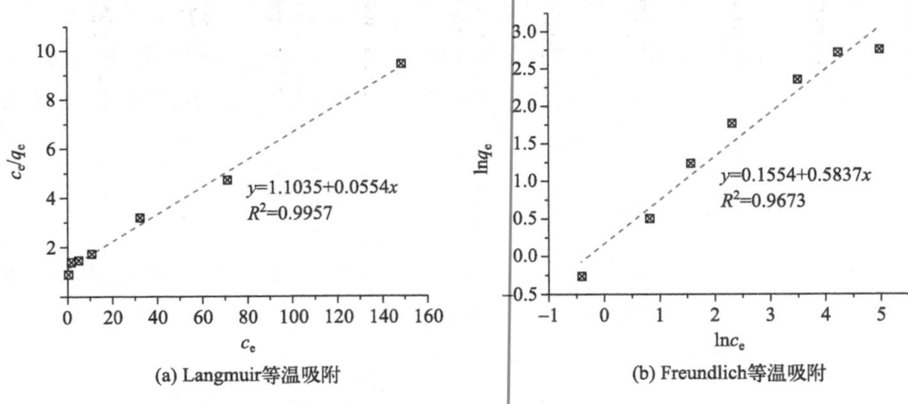


图5-15 GAC等温吸附拟合曲线

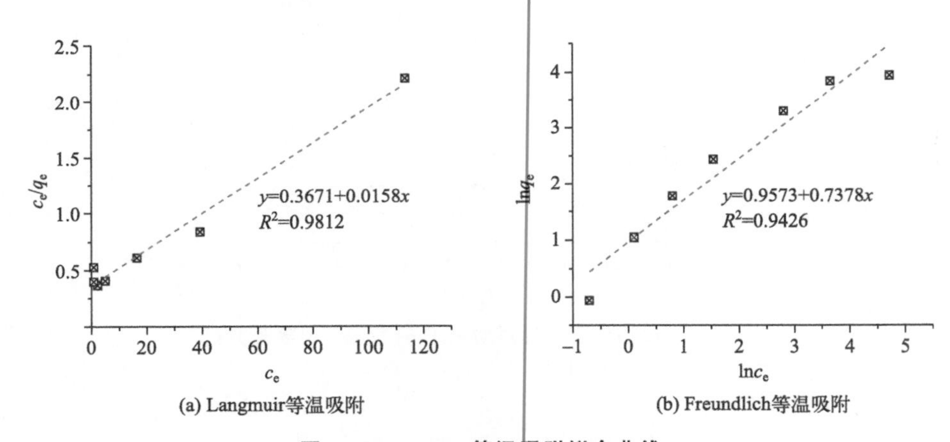


图5-16 H-GAC等温吸附拟合曲线

改性前后活性炭的等温吸附模型拟合参数如表5-7所列。

表5-7 改性前后活性炭等温吸附模型拟合参数

| 模型 | 指数 | GAC | H-GAC | Ag-H-GAC |
| --- | --- | --- | --- | --- |
| Langmuir | $q_m$/(mg/g) | 18.0505 | 63.2911 | 95.2381 |
| | $k_L$ | 0.0502 | 0.0430 | 0.0776 |
| | $R^2$ | 0.9957 | 0.9812 | 0.9915 |

续表

| 模型 | 指数 | GAC | H-GAC | Ag-H-GAC |
|---|---|---|---|---|
| Freundlich | $n$ | 1.7132 | 1.3554 | 1.3959 |
| | $k_F$ | 1.1681 | 2.6047 | 6.6785 |
| | $R^2$ | 0.9673 | 0.9426 | 0.9029 |

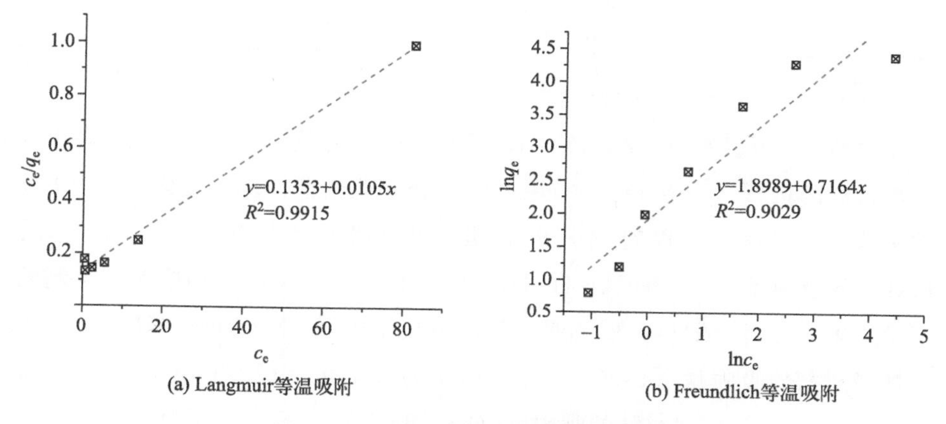


**图 5-17　Ag-H-GAC 等温吸附拟合曲线**

由表 5-7 可以看出，Langmuir 模型能够较好地描述改性前后活性炭对 BaP 的吸附行为。改性前后活性炭通过 Langmuir 模型拟合后，GAC、H-GAC 和 Ag-H-GAC 的最大吸附量理论值分别为 18.051mg/g、63.291mg/g 和 95.238mg/g，与实际测量值较为符合，改性后活性炭吸附能力有明显的提高。同时，根据 Langmuir 模型的假设可知，BaP 在活性炭上的吸附是单分子层的吸附。在 Freundlich 模型中，$k_F$ 的值越大，吸附效果越好，由表 5-7 可以看出，三种活性炭对 BaP 的吸附能力大小为 Ag-H-GAC＞H-GAC＞GAC，也与动力学吸附结果一致。

### 5.1.5.3　与其他吸附剂的吸附效能对比分析

Ag-H-GAC 与其他吸附剂的吸附效能的对比分析，结果如表 5-8 所列。

**表 5-8　Ag-H-GAC 与其他吸附剂吸附效能的比较**

| 吸附剂 | 吸附质 | 初始浓度/(mg/L) | $q_e$/(mg/g) |
|---|---|---|---|
| 零价铁 | PAHs | 1.00 | 15.00 |
| AC | 萘 | 12.00 | 13.57 |
| | 芴 | 1.00 | 12.95 |

续表

| 吸附剂 | 吸附质 | 初始浓度/(mg/L) | $q_e$/(mg/g) |
| --- | --- | --- | --- |
| CAC-4 | 萘 | 300 | 78.18 |
| AC | 菲 | 5～40 | 8.34 |
| 秸秆 A | BaP | 0.08 | 0.06 |
| GAC | BaP | 164.57 | 15.79 |
| H-GAC | BaP | 164.57 | 51.24 |
| Ag-H-GAC | BaP | 164.57 | 82.10 |

由表 5-8 可以看出，Ag-H-GAC 对 BaP 的吸附量（82.10mg/g）高于杨兆静自制的秸秆 A 活性炭（0.06mg/g）。由于改性活性炭对焦化废水中 BaP 的去除研究较少，所以对比分析了其与其他类型活性炭对萘、菲、芴等 PAHs 的吸附效能，发现 Ag-H-GAC 对 BaP 的吸附量高于马晓龙等自制的零价铁填充柱对 PAHs 的吸附量（15.00mg/g）、A. Awoyemi 等研制的 AC 活性炭对萘的吸附量（13.57mg/g）和芴的吸附量（12.95mg/g）、Xiao 等研制的 CAC-4 活性炭对萘的吸附量（78.18mg/g）、Rad 等研制的活性炭对菲的吸附量（8.34mg/g）。综上所述，Ag-H-GAC 是一种新型高效的 BaP 吸附剂。

综上所述，本研究的主要结论如下：

① 通过优化仪器参数、前处理方法中的萃取方法、有机改性剂的添加量以及洗脱溶剂，优化了固相萃取-气相色谱质谱测定水中 BaP 的方法。三组标准曲线的相关系数均在 0.99 以上，呈现良好的线性，仪器检出限为 0.71ng/L，方法检出限为 4.33ng/L，三组加标样品的回收率在 79.5%～85.5%之间，相对标准偏差在 3.23%～5.85%之间，该实验方法操作简便、灵敏度较高、精密度较好、方法可靠性较高。

② 通过单因素变量法优化，得到 Ag-H-GAC 最佳制备条件为：硝酸质量分数为 15%、硝酸浓度为 0.02mol/L 和浸渍时间为 16h，其对应的 BaP 吸附量为 82.90mg/g。优化后的 Ag-H-GAC 比 H-GAC、GAC 对 BaP 的平衡吸附量分别提高 30.86、66.31mg/g。等温吸附符合 Langmuir 等温吸附模型，说明 BaP 在改性前后活性炭上的吸附是单分子层的吸附。改性前后活性炭对 BaP 的动力学吸附符合准二级动力学模型，说明吸附过程主要是受化学吸附机理的控制，且 Ag-H-GAC 对 BaP 的吸附效果和速率远好于 GAC 和 H-GAC。

# 5.2 Fe/Mn改性活性炭催化 $H_2O_2$ 深度去除焦化废水中BaP的研究

## 5.2.1 概述

焦化废水除含有大量氮化物、氰化物、硫氰化物、氟化物等无机污染物外，还有高浓度的酚类、吡啶、喹啉、多环芳烃等有机污染物。其中苯并［*a*］芘是一类广泛存在于环境中的持久性有机污染物。

目前，焦化废水深度去除多环芳烃类有机物的技术包括混凝沉淀法、吸附法、生物法和高级氧化技术等。其中吸附法和Fenton高级氧化法的应用较为广泛，但单一的活性炭吸附法只是单纯物理转移过程，无法有效降解BaP，其后续处理仍存在很大问题。Fenton技术操作简易、高效，但反应需要限定在酸性条件下进行而且反应后产生大量铁泥，这些问题的存在对其实际应用推广造成了相应的阻碍。将活性炭负载和Fenton技术联用，可以有效避免两者存在的缺点，提高对有机物的去除效果、扩宽反应的pH值范围和减少金属二次污染等问题。

本研究开发了一种Fe/Mn改性活性炭作为双功能催化剂降解BaP，不仅提高了活性炭的吸附性能还提高了活性炭的催化性能。首先通过浸渍负载法将金属Fe、Mn负载在具有较大比表面积和孔径的活性炭上，然后通过优化其金属负载比例、煅烧温度和煅烧时间，获得了Fe/Mn改性活性炭的最佳制备条件。最后，分析Fe/Mn改性活性炭的表面特性，推断Fe/Mn改性活性炭催化 $H_2O_2$ 降解BaP的机理。

## 5.2.2 材料与方法

### 5.2.2.1 仪器材料与试剂

实验所用活性炭为煤基活性炭，购自大同金鼎活性炭有限公司，命名为GAC。煤基活性炭经粉碎机研磨后，过200～400目标准筛进行筛分，取400目标准筛上的GAC，用去离子水清洗后放入105℃干燥箱干燥后待用。

实验所用试剂为苯并［a］芘（99.9%）、九水合硝酸铁（分析纯）和硫酸锰（分析纯），均购自上海麦克林生化科技有限公司；硝酸（分析纯）、盐酸（分析纯）和氢氧化钠（分析纯），均购自西陇化工股份有限公司；无水乙醇（色谱纯）、叔丁醇（分析纯），均购自阿拉丁试剂公司；二氯甲烷（色谱纯）、甲醇（色谱纯），均购自北京迪马科技有限公司；过氧化氢（30%）购自国药集团化学试剂有限公司；HLB填料固相萃取小柱（200mg/6mL）购自天津市东康科技有限公司。

实验所用仪器为高速万能粉碎机（FW100），购自天津市泰斯特仪器有限公司；标准检验分析筛（SC-300），购自新乡市首创机械有限公司；pH计（HI98128），购自HANNA；数显电热鼓风干燥箱（DHG-9053A），购自上海红华仪器有限公司；恒温磁力搅拌器（B11-1），购自上海司乐仪器有限公司；电子分析天平（ME204E 102），购自梅特勒-托利多仪器（上海）有限公司；恒温振荡箱（SHA-B），购自国华仪器制造有限公司；气相色谱质谱联用仪（GC-MS 2010SE），购自日本岛津公司；氮吹仪（CM200型），购自北京成萌伟业科技有限公司；KD浓缩器（25mL 24号磨砂口），购自上海书培实验设备有限公司；固相萃取装置（HM-SPE24），购自浙江哈迈科技有限公司；旋涡混合器（VORTEX-6），购自上海之信仪器有限公司。

#### 5.2.2.2 BaP的GC-MS定量测定

BaP标准溶液的配制与前处理方法与5.1.2.2中的方法相同，GC-MS测定BaP的仪器条件进行了进一步优化。优化前的升温程序为：初始温度70℃保持2min，以10℃/min升温至300℃，保持6min；优化前的载气流速为1.0mL/min。优化后的色谱条件为DB-5MS毛细管柱（30m×0.25mm×0.25μm），载气为高纯氦气，载气流速1.2mL/min，进样口温度300℃，不分流进样，进样量为1μL，程序升温为初始温度150℃，保留2min，以20℃/min升至320℃，保持5.5min；质谱条件为传输线温度280℃，离子源温度250℃，电子轰击（EI）离子源，电子能量70eV，采集模式为SCAN/SIM同时采集，扫描范围为50～300m/z，选择离子检测且定量离子为m/z252.0、126.0、250.0。

#### 5.2.2.3 Fe/Mn改性活性炭的制备与优化

首先，将1.0g预处理后的GAC放入100mL的锥形瓶中并加入50mL的15%硝酸溶液，在25℃恒温水浴振荡箱中振荡24h，抽滤后用去离子水洗至中性，放在105℃干燥箱中干燥备用。再将2.0g硝酸处理后的GAC放入250mL圆底烧瓶中，并加入一定浓度的$Fe(NO_3)_3 \cdot 9H_2O$溶液或一定浓度的$MnSO_4$或一定浓度的$Fe(NO_3)_3 \cdot 9H_2O$和$MnSO_4$共50mL，在一定温度下、400r/min条件下在磁力搅拌器上搅拌浸渍24h，抽滤后用去离子水洗至中性，放在105℃的干燥箱干燥。最后在一定温度的马弗炉里焙烧一定的时间，取出待用。

采用单因素变量法对Fe/Mn改性活性炭的制备条件进行了优化，获得Fe/Mn改性活性炭的最佳制备条件。实验选取Fe/Mn浸渍比1∶0（F-GAC）、0∶1（M-GAC）、1∶1（F1M1-GAC）、2∶1（F2M1-GAC）和3∶1（F3M1-GAC），煅烧温度300℃、350℃、400℃和450℃，煅烧时间3h、4h和5h三因素进行制备条件优化。

#### 5.2.2.4　Fe/Mn改性活性炭对BaP的吸附

采用动力学吸附实验和静态吸附实验进行改性活性炭对BaP吸附性能的测定。其中，动力学吸附实验中BaP的初始浓度为5mg/L，取样时间为0min、5min、10min、30min、50min、70min和90min；静态吸附实验中BaP的初始浓度为2mg/L、5mg/L、10mg/L、20mg/L、30mg/L、50mg/L，取样时间为6h，样品与空白均设置为一组平行实验。

#### 5.2.2.5　Fe/Mn改性活性炭催化$H_2O_2$对BaP的降解

在BaP降解实验中，所有实验都在400mL烧杯中进行，使用恒温磁力搅拌器将反应温度控制在25℃±1℃。反应开始前先加入200mL BaP溶液，随后加入一定量的催化剂材料，然后迅速加入一定量的$H_2O_2$储备液启动反应，搅拌器的转速设定为400r/min，并开始计时，在反应过程中，每隔0min、1min、2min、5min、10min、20min、30min、50min、70min、90min取样，水样经0.45μm有机系针式过滤器过滤后，加入一定量的$NaS_2O_3$以终止BaP进一步降解，然后进行前处理后测定分析，并设置一组平行样与一组空白样。实验中pH值用0.1mol/L的HCl溶液和0.1mol/L的NaOH溶液来调节，并在改性活性炭加入烧杯前进行调节。

#### 5.2.2.6　Fe、Mn离子浓度的测定

Fe离子的测定方法采用《水质　铁的测定　邻菲啰啉分光光度法（试行）》（HJ/T 345—2007），方法检出限为0.03mg/L；Mn离子的测定方法

采用《水质　锰的测定　甲醛肟分光光度法（试行）》（HJ/T 344—2007），方法检出限为 0.01mg/L。标准曲线如图 5-18 所示。

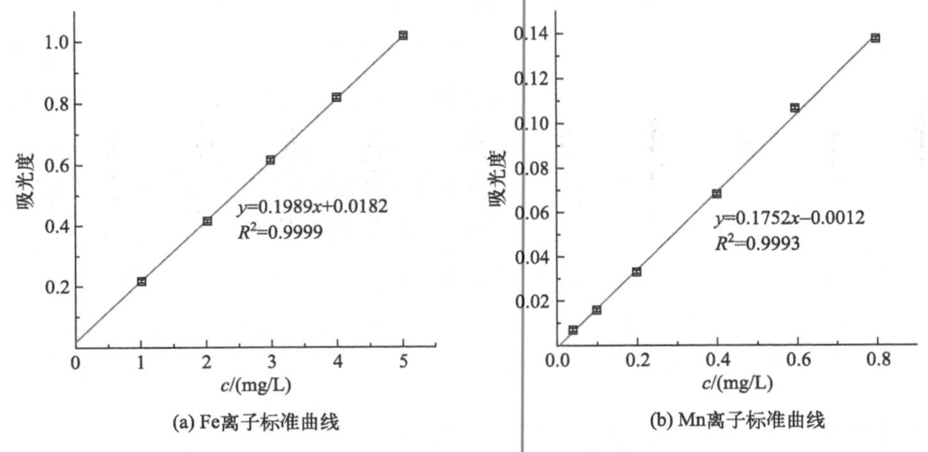

(a) Fe离子标准曲线　　(b) Mn离子标准曲线

图 5-18　Fe、Mn 离子标准曲线

### 5.2.2.7　Fe/Mn 改性活性炭的表征

#### (1) 扫描电镜（SEM）分析

活性炭表面形貌采用了日本日立公司生产的 SU8020 超高分辨率场发射扫描电镜分析，放大倍数为 2000 倍和 10000 倍。该扫描电镜的主要的技术参数为：分辨率为 1.0nm（15kV）；1.4nm（1kV，样品成像表面到物镜的工作距离 WD=1.5mm，减速模式）；放大倍数为 30 倍到 80 万倍；加速电压为 0.5～30kV；信号选择：二次电子模式和背散射模。

#### (2) BET 比表面积及孔容孔径分布

活性炭的 BET 比表面积和孔容孔径分布采用美国麦克公司生产的 ASAP 2460 系列全自动快速物理吸附分析仪进行检测。该仪器主要技术参数有：比表面积分析范围为 0.0005$m^2/g$（Kr 测量）至无上限；孔径分布范围为 0.35～500nm，孔体积最小检测为 0.0001$cm^3/g$。

#### (3) X 射线光电子能谱（XPS）分析

X 射线光电子能谱仪采用美国热电公司（现为赛默飞世尔科技公司）购买的型号为 Thermo escalab 250Xi 测试。测试参数为：Al Kα 单色化 XPS；1800 半球能量分析器，能量 1486.6eV；功率 150W；X 射线束斑面积 500μm。

## 5.2.3 Fe/Mn改性活性炭制备条件的优化

### 5.2.3.1 Fe/Mn金属比

考察了不同种类的活性炭对 $H_2O_2$ 催化性能的影响，结果如图5-19所示。

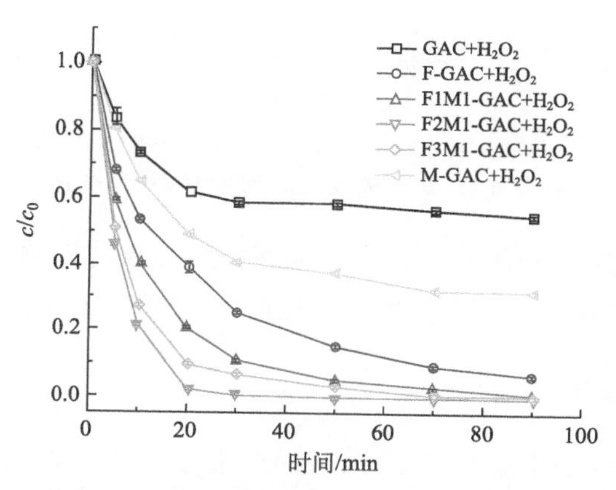


图5-19 GAC、F-GAC、M-GAC、F1M1-GAC、F2M1-GAC、F3M1-GAC催化 $H_2O_2$ 氧化去除BaP效果

（$c_0$=5mg/L，初始pH=7.1，$T$=25℃，$c_{GAC}$=20mg/200mL，$c_{H_2O_2}$=2mmol/L）

由图5-19可以看出，当BaP的初始浓度为5mg/L时，三种不同比例的Fe/Mn改性活性炭对BaP去除率（99%以上）均高于原炭（45.1%）和单独Fe、Mn改性活性炭（93.2%和68.28%）。其中F2M1-GAC对BaP去除效果最好，在30min已达到99.7%。这可能是由于Fe和Mn在活性炭表面与 $H_2O_2$ 反应产生氧化活性较强的·OH，提高了对BaP的去除效能。此外，金属Mn不仅自身与 $H_2O_2$ 之间的反应可产生·OH，还可以与Fe形成一个氧化还原循环系统，有利于 $Fe^{3+}$ 向 $Fe^{2+}$ 的还原，诱导材料表面及溶液中的 $H_2O_2$ 高效分解，产生更多的活性物质，使BaP在活性物质的作用下高效分解。

为了进一步验证上述结果，同时监测了不同时间段内的 $H_2O_2$ 浓度的变化，结果如图5-20所示。

由图5-20可以看出，随着反应时间的逐渐增加，$H_2O_2$ 浓度在逐渐降低，且在前30min内迅速降低，之后趋于平缓。F2M1-GAC消耗 $H_2O_2$ 的速度相较于其他活性炭较快。这主要是由于F2M1-GAC与 $H_2O_2$ 反应较快，

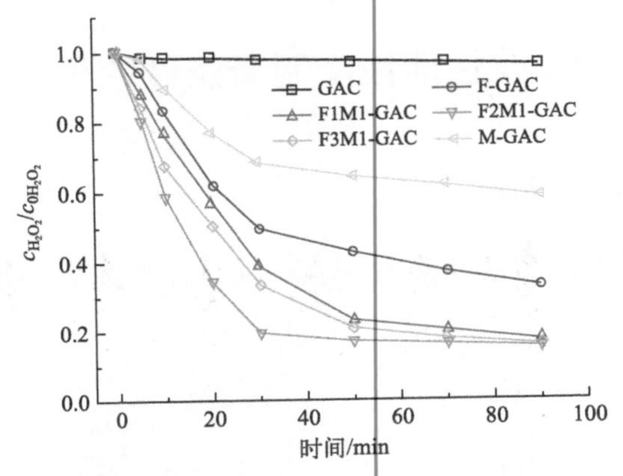


图 5-20 GAC、F-GAC、M-GAC、F1M1-GAC、F2M1-GAC、F3M1-GAC 催化 $H_2O_2$ 氧化去除 BaP 时的 $H_2O_2$ 消耗量

产生的·OH 较多，去除 BaP 的效果较好。此结果与图 5-19 结果一致。因此，选用 F2M1-GAC 作为催化剂，反应时间为 30min 进行研究。

### 5.2.3.2 煅烧温度

考察了不同的煅烧温度对 F2M1-GAC 催化性能的影响，结果如图 5-21 所示。

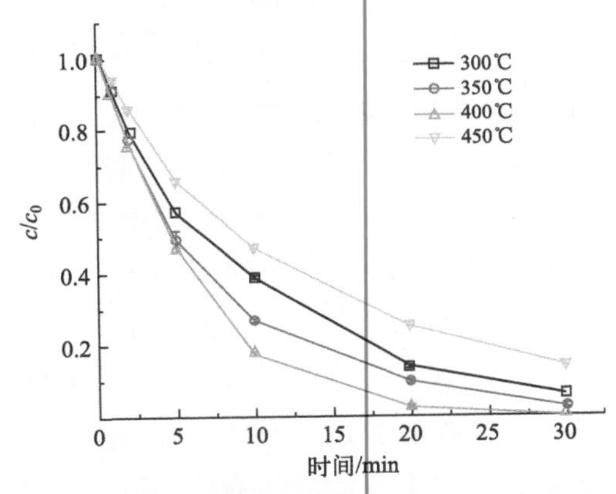


图 5-21 F2M1-GAC 改性炭煅烧温度对催化 $H_2O_2$ 氧化去除 BaP 影响

($c_0$=5mg/L，初始 pH=7.1，$T$=25℃，$c_{GAC}$=20mg/200mL，$c_{H_2O_2}$=2mmol/L，煅烧时间 4h)

由图 5-21 可以看出，当 F2M1-GAC 的煅烧温度为 400℃时，30min 内 F2M1-GAC 催化 $H_2O_2$ 氧化去除 BaP 的效果最好（99.7%），高于煅烧温度为 300℃和 450℃时的去除率（94.0%和 86.2%）。这主要是由于当煅烧温度低于 400℃时，载体反应强度不高，且易在反应溶液中脱落，影响了其催

化性能。当煅烧温度高于 400℃时开始灰化，造成载体孔道塌陷不利于催化发生。因此，选用煅烧温度为 400℃进行 F2M1-GAC 的制备。

#### 5.2.3.3　煅烧时间

考察了不同的煅烧时间对 F2M1-GAC 催化性能的影响，结果如图 5-22。

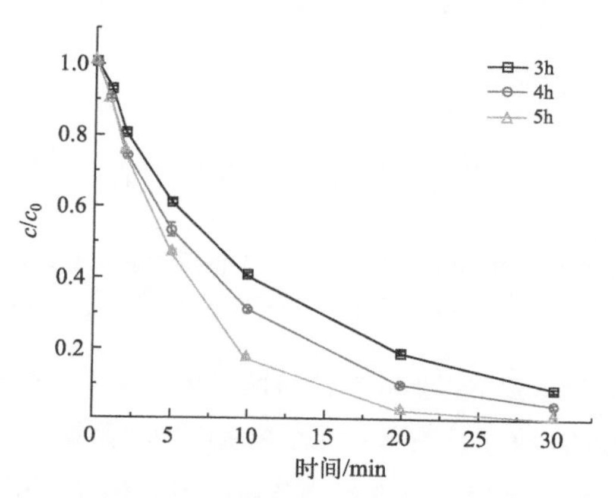


图 5-22　F2M1-GAC 改性炭煅烧时间对催化 $H_2O_2$ 氧化去除 BaP 影响

由图 5-22 可以看出，当 F2M1-GAC 的煅烧时间为 5h 时，30min 内 F2M1-GAC 催化 $H_2O_2$ 氧化去除 BaP 的效果最好（99.7%），高于煅烧时间为 3h 和 4h 时的去除率（90.9%和 96.0%）。这主要是由于煅烧时间太短，化合物反应不完全，活性组分的晶体结构不够成熟。因此，选用煅烧时间为 5h 进行 F2M1-GAC 的制备。

### 5.2.4　Fe/Mn 改性活性炭的吸附效能研究

Fe/Mn 改性活性炭催化 $H_2O_2$ 氧化去除 BaP 的反应过程中，可能存在 Fe/Mn 改性活性炭吸附去除 BaP 的反应。因此考察了 GAC、F-GAC、M-GAC、F2M1-GAC 吸附 BaP 的动力学和热力学。

#### 5.2.4.1　动力学吸附研究

考察了 GAC、F-GAC、M-GAC、F2M1-GAC 对 BaP 的吸附饱和时间和动力学吸附规律，结果如图 5-23 所示。

由图 5-23 可以看出，当 BaP 的初始浓度为 5mg/L 时，F2M1-GAC 对 BaP 的吸附量最大为 2.95mg/L，去除率为 58.9%，高于 F-GAC（47.7%）、M-GAC（45.1%）和 GAC（39.6%）。这一结果说明，F2M1-GAC 对 BaP 的

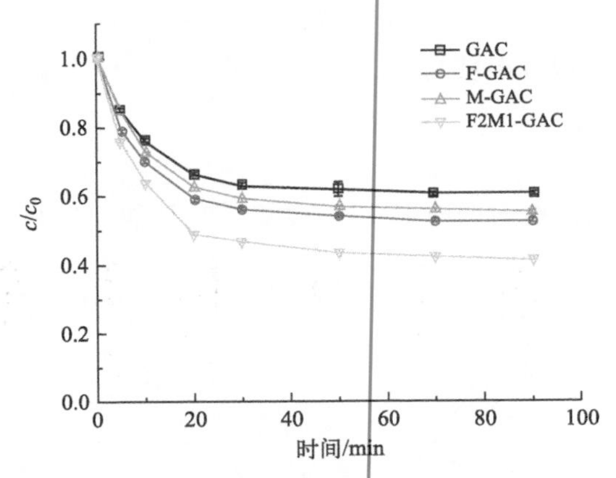


**图 5-23 GAC、F-GAC、M-GAC、F2M1-GAC 改性活性炭对 BaP 的动力学吸附曲线**

（$c_0$=5mg/L，初始 pH=7.1，$T$=25℃，$c_{GAC}$=20mg/200mL，$c_{H_2O_2}$=2mmol/L）

去除效果最好，高于单独 Fe、Mn 改性活性炭和原炭。这可能是由于金属 Fe、Mn 具有路易斯酸性，改性后提高了活性炭表面的路易斯酸性位点，而 BaP 分子具有供电子能力，其 π 电子可以与路易斯酸中心相互作用而发生吸附作用，从而提高了活性炭对 BaP 的吸附量。而双金属改性后吸附效果更好，是因为双金属之间存在一个协同作用，产生了互补的效果，进一步提高了 BaP 在活性炭表面的吸附量。而且，过渡 Fe/Mn 离子与含 π 键的 BaP 分子接触时，其空轨道可以接受 BaP 分子所提供的 π 电子，同时将外层过多的 d 电子反馈到吸附质空的反键 $\pi^*$ 轨道上，形成反馈 π 键，从而使金属与吸附质分子之间的键合作用增强，发生 π 络合吸附作用，增加了活性炭对 BaP 的吸附量。

为了进一步了解改性前后活性炭对 BaP 的吸附影响规律，考察了 GAC、F-GAC、M-GAC、F2M1-GAC 对 BaP 溶液的动力学吸附效果，结果如图 5-24～图 5-27 和表 5-9 所示。

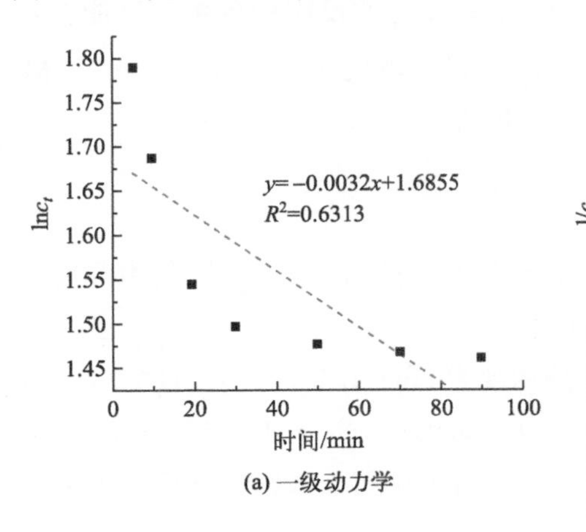


(a) 一级动力学

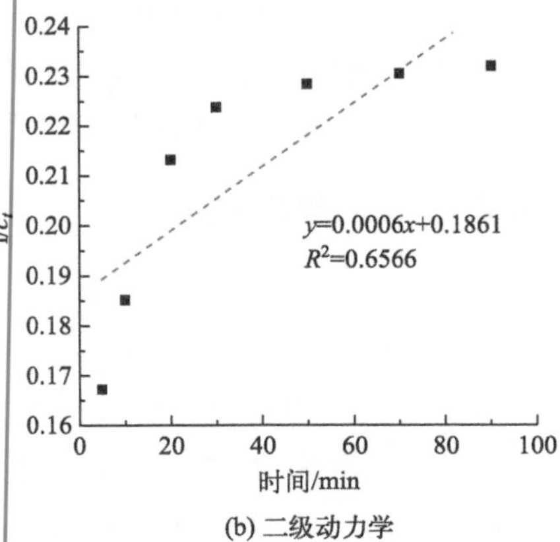


(b) 二级动力学

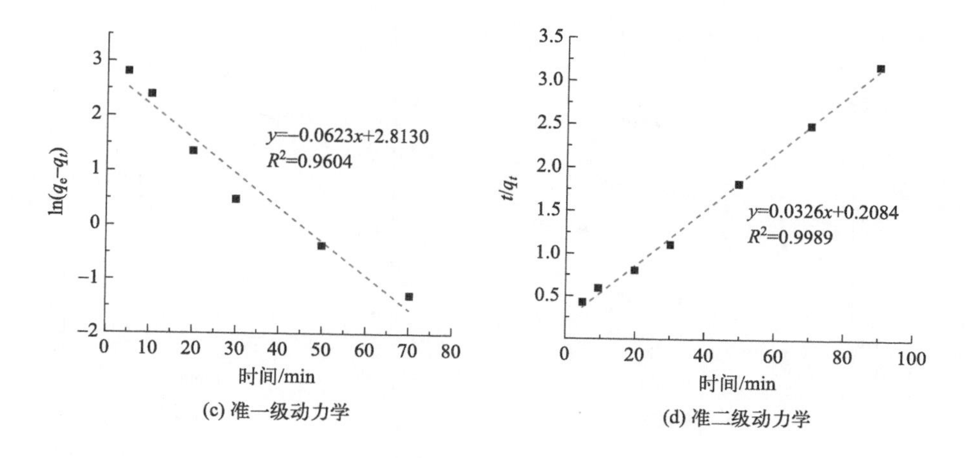


图 5-24　GAC 动力学吸附拟合曲线

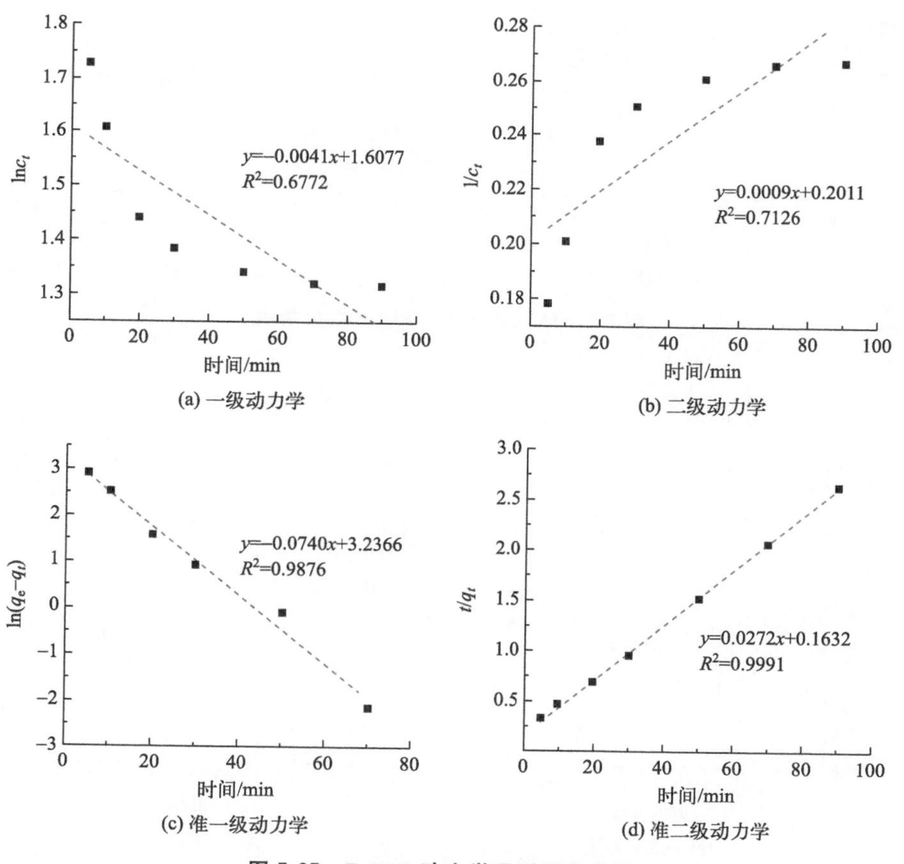


图 5-25　F-GAC 动力学吸附拟合曲线

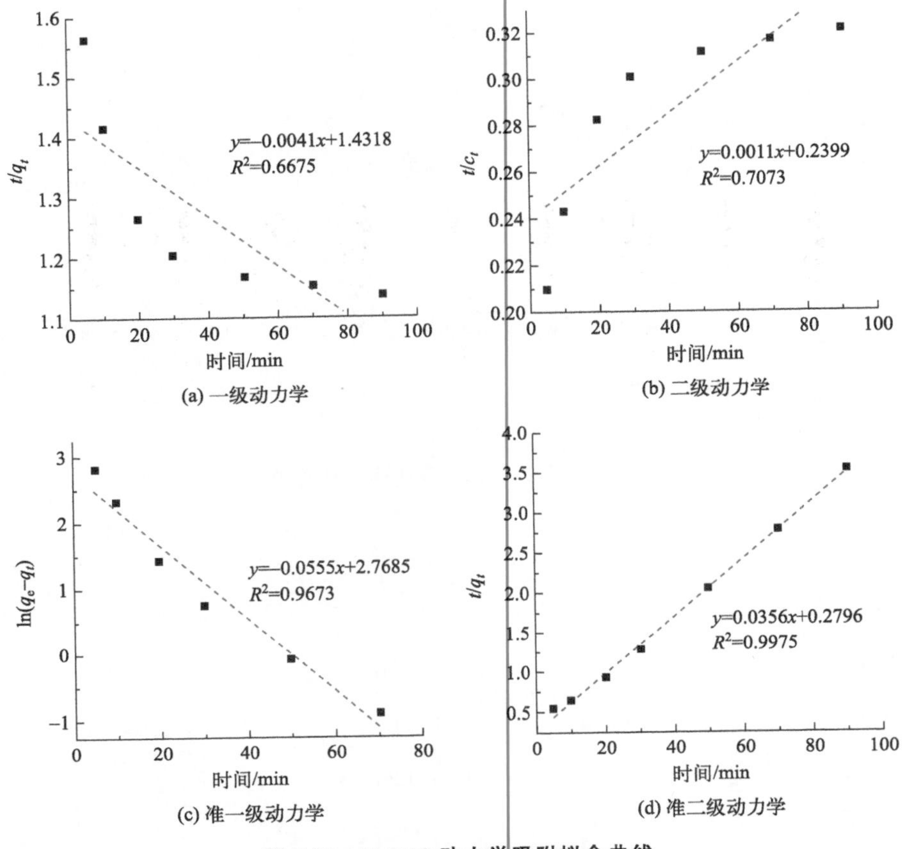


**图 5-26　M-GAC 动力学吸附拟合曲线**

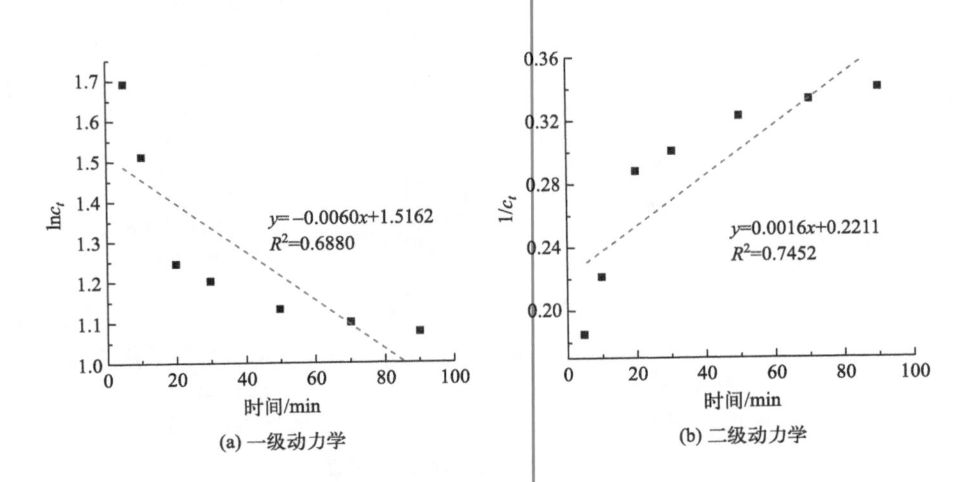

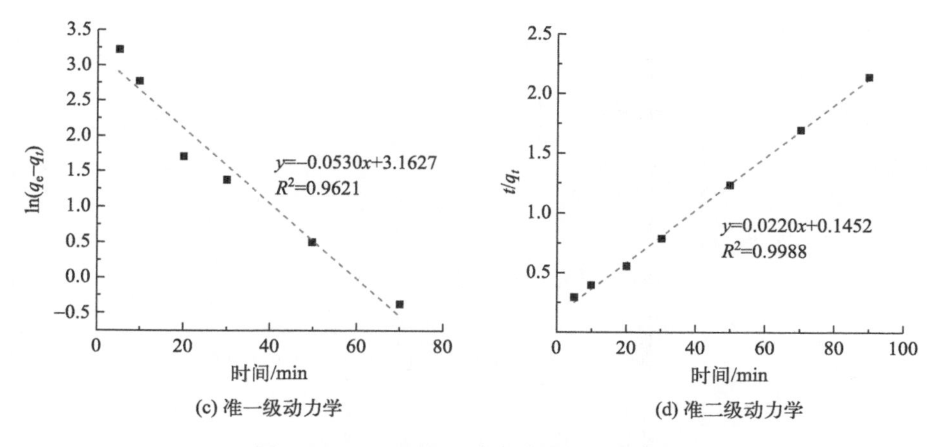


(c) 准一级动力学　　(d) 准二级动力学

**图 5-27　F2M1-GAC 动力学吸附拟合曲线**

**表 5-9　改性前后活性炭动力学拟合参数**

| 模型 | 指数 | GAC | F-GAC | M-GAC | F2M1-GAC |
| --- | --- | --- | --- | --- | --- |
| 一级动力学 | $k_1$ | −0.0032 | −0.0041 | −0.0041 | −0.0060 |
| | $R^2$ | 0.6313 | 0.6772 | 0.6675 | 0.6880 |
| 二级动力学 | $k_2$ | 0.0006 | 0.0009 | 0.0011 | 0.0016 |
| | $R^2$ | 0.6566 | 0.7126 | 0.7073 | 0.7452 |
| 准一级动力学 | $k_1$ | −0.0623 | −0.0740 | −0.0555 | −0.0530 |
| | $R^2$ | 0.9604 | 0.9876 | 0.9673 | 0.9621 |
| 准二级动力学 | $k_2$ | 0.0326 | 0.0272 | 0.0356 | 0.0220 |
| | $R^2$ | 0.9989 | 0.9991 | 0.9975 | 0.9988 |

由图 5-25～图 5-27 和表 5-9 可以看出，准二级动力学模型对改性前后的活性炭的拟合效果最好。其中 GAC、F-GAC、M-GAC 和 F2M1-GAC 四种活性炭的 $R^2$ 分别为 0.9989、0.9991、0.9975 和 0.9988，均高于 0.99。表明准二级动力学模型能够比较好地描述这四种活性炭对 BaP 的动力学吸附过程，进而说明活性炭对 BaP 吸附主要受化学作用控制。

### 5.2.4.2　等温吸附研究

考察了 GAC、F-GAC、M-GAC、F2M1-GAC 对 BaP 的吸附效果，进行了等温吸附实验，结果如图 5-28 所示。

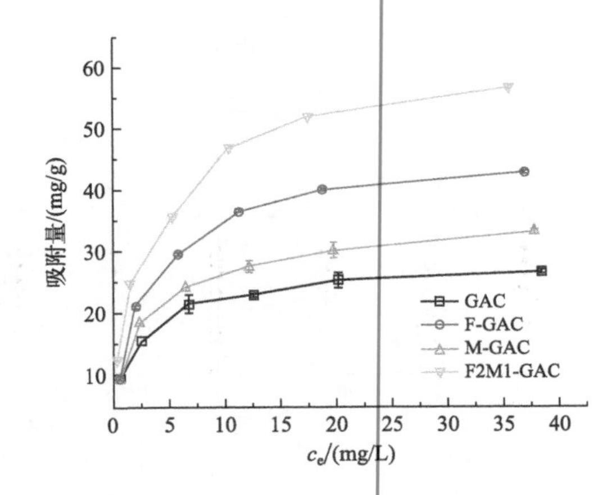


图 5-28　GAC、F-GAC、M-GAC 、F2M1-GAC 改性活性炭对 BaP 的静态等温吸附曲线

由图 5-28 可以看出，在吸附趋于平衡时，F2M1-GAC 吸附量最大为 56.76mg/g，高于 F-GAC（42.80mg/g）、M-GAC（33.30mg/g）和 GAC（26.70mg/g）。且活性炭对 BaP 的吸附量随着 BaP 浓度的增加而逐渐增加。在 BaP 平衡浓度低于 10mg/L 时，四种活性炭的吸附量随着 BaP 浓度的增加而快速增加，且 F2M1-GAC 对 BaP 的吸附增加最快。当 BaP 平衡浓度高于 20mg/L 时，吸附量逐渐趋于平缓。

为更好地研究改性前后活性炭对 BaP 的吸附规律，分别采用 Langmuir 和 Freundlich 等温吸附模型对吸附过程进行拟合。结果如图 5-29～图 5-32 和表 5-10 所示。

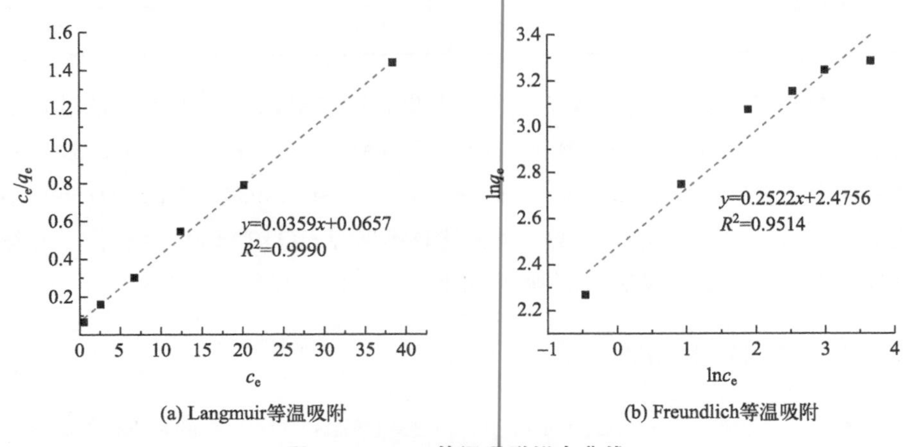


图 5-29　GAC 等温吸附拟合曲线

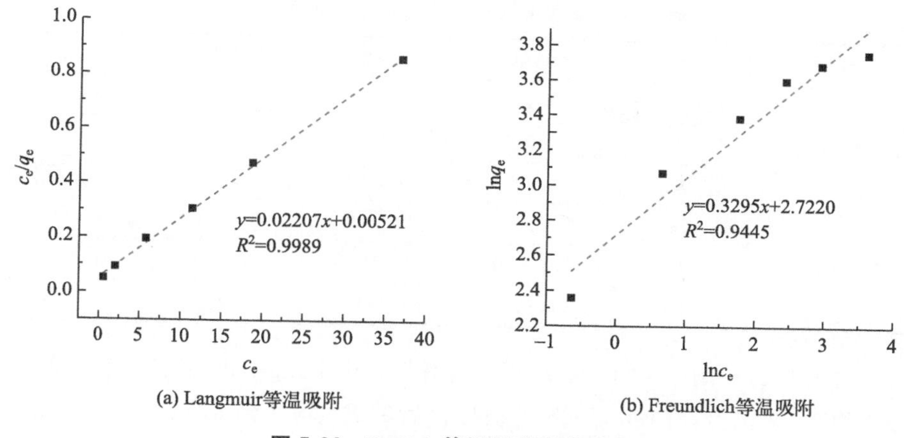


(a) Langmuir等温吸附　(b) Freundlich等温吸附

图 5-30　F-GAC 等温吸附拟合曲线

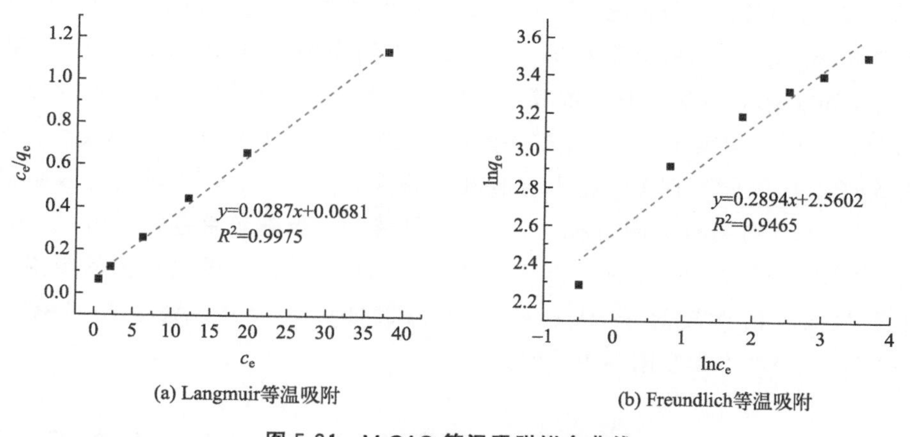


(a) Langmuir等温吸附　(b) Freundlich等温吸附

图 5-31　M-GAC 等温吸附拟合曲线

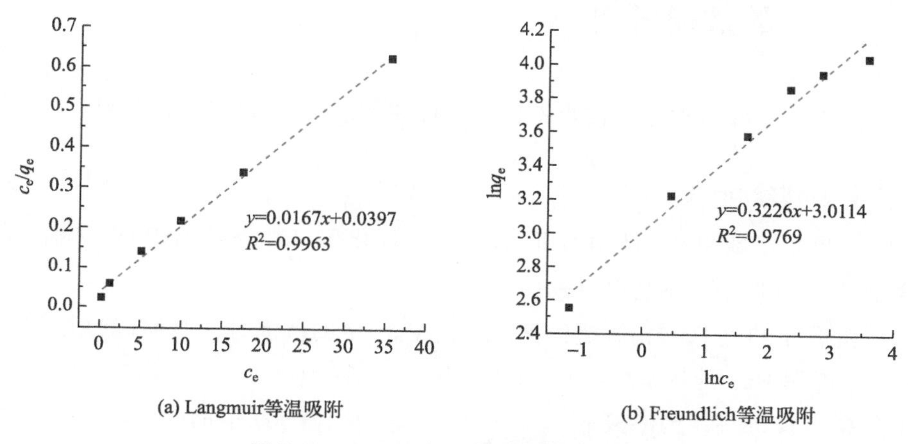


(a) Langmuir等温吸附　(b) Freundlich等温吸附

图 5-32　F2M1-GAC 等温吸附拟合曲线

表 5-10 改性前后活性炭等温吸附模型参数

| 模型 | 指数 | GAC | F-GAC | M-GAC | F2M1-GAC |
| --- | --- | --- | --- | --- | --- |
| Langmuir | $q_m$/(mg/g) | 27.85 | 45.24 | 34.84 | 59.88 |
| | $k_L$ | 0.5464 | 0.4242 | 0.4208 | 0.4207 |
| | $R^2$ | 0.9990 | 0.9989 | 0.9975 | 0.9963 |
| Freundlich | $n$ | 3.9651 | 3.0349 | 3.4554 | 3.0998 |
| | $k_F$ | 11.8888 | 15.2107 | 12.9384 | 20.3158 |
| | $R^2$ | 0.9514 | 0.9445 | 0.9465 | 0.9769 |

由图 5-29～图 5-32 和表 5-10 可以看出，由 Langmuir 模型拟合后的 $R^2$ 均达到 0.99 以上，Freundlich 模型拟合后的 $R^2$ 均达到 0.94 以上。这说明 Langmuir 模型的能够较好地描述四种活性炭对 BaP 的吸附行为，并且四种活性炭通过 Langmuir 模型拟合后的最大吸附量理论值为 F2M1-GAC（59.88mg/g）＞F-GAC（45.24mg/g）＞M-GAC（34.84mg/g）＞GAC（27.85mg/g），与实际测量值较为符合，且 F2M1-GAC 对 BaP 的吸附效果最好。同时，根据 Langmuir 模型的假设可知，BaP 在活性炭上的吸附属于单分子层的吸附。在 Freundlich 模型假设中，当 $n=1\sim10$ 时为易吸附过程，$n<0.5$ 时为难吸附过程，且 $k_F$ 的值越大，吸附效果越好。由表 5-10 可以看出，四种活性炭的 $n$ 值均大于 0.5，所以对 BaP 的吸附为易吸附过程，且四种活性炭的 $k_F$ 大小顺序为：F2M1-GAC＞F-GAC＞M-GAC＞GAC，也与动力学吸附结果一致。

## 5.2.5 Fe/Mn 改性活性炭催化 $H_2O_2$ 降解水中 BaP 的效能研究

### 5.2.5.1 Fe/Mn 改性活性炭催化 $H_2O_2$ 降解水中 BaP 的影响因素

#### (1) 初始 pH 值

考察了溶液初始 pH 值对 F2M1-GAC 催化 $H_2O_2$ 降解 BaP 的影响，结果如图 5-33 所示（书后另见彩图）。

由图 5-33 可以看出，当溶液 pH 值在 3～7 的范围时，F2M1-GAC 催化 $H_2O_2$ 降解 BaP 的效率均达到 99%以上，且 pH 值为 5.10 时 BaP 的降解效率最高达 99.8%。当溶液 pH 值为 7～11 时，随着 pH 值的升高，BaP 的降解效率逐渐降低，在 pH＝11.00 时仅 54.22%。并对不同 pH 值条件下的

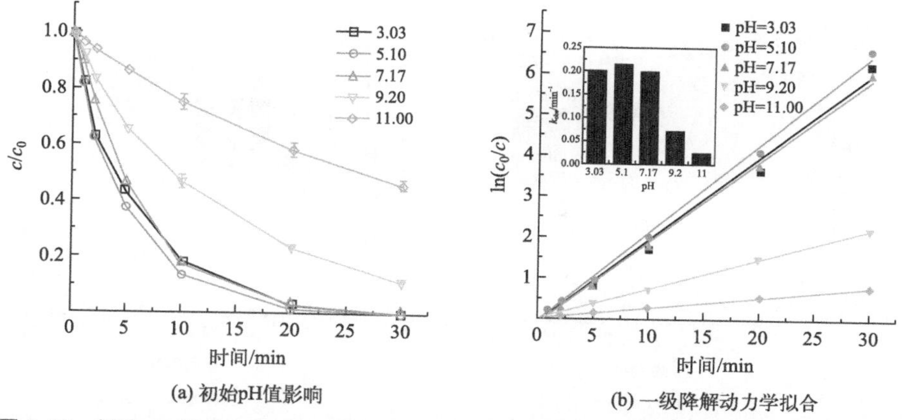


图 5-33　初始 pH 值对 F2M1-GAC 催化 $H_2O_2$ 降解 BaP 的影响及相应的一级降解动力学拟合

（$c_0=5mg/L$，$T=25℃$，$c_{F2M1\text{-}GAC}=20mg/200mL$，$c_{H_2O_2}=2mmol/L$）

BaP 降解动力学数据进行一级动力学拟合，拟合后的 $R^2$ 均达 0.95 以上，拟合效果较好，并且在 pH 值为 5.10 时，其对应的一级动力学表观速率最大为 $0.2153min^{-1}$。这主要是由于 Fe/Mn 离子固载化后，在 pH>4 时不易形成 $Fe(OH)_3$ 沉淀阻碍反应进行，使得 F2M1-GAC 在更高 pH 值范围内存在催化效应。据 Strict 研究报道，锰等少数金属具有路易斯酸性，能够营造酸性环境。在中性条件下这些金属元素营造的酸性环境可以有效促进催化剂活性，能够为催化剂活性组分创造所需的 Fenton 环境，使催化剂在更高 pH 环境下具有 Fenton 活性。此结果与 Wang 等研究结果一致，催化剂在 5.0～6.6 催化效果最佳，在碱性条件下催化效果减弱甚至出现抑制现象。因此，F2M1-GAC 是一种 pH 适用范围广且具有高效催化 $H_2O_2$ 性能的催化剂，溶液 pH=5.10 为该反应的最佳 pH。

**（2）Fe/Mn 改性活性炭投加量**

考察了 F2M1-GAC 投加量对催化 $H_2O_2$ 降解 BaP 的影响，结果如图 5-34 所示（书后另见彩图）。

由图 5-34 可以看出，在不加催化剂的情况下，单独 $H_2O_2$ 催化降解 BaP 的效果不显著，约 10%。随着 F2M1-GAC 投加量从 50mg/L 增加到 100mg/L 时，BaP 的降解效果逐渐增加，从 81.42%增加到了 99.85%，对应的准一级动力学速率常数也从 $0.0557min^{-1}$ 加快至 $0.2153min^{-1}$。当 F2M1-GAC 投加量大于 100mg/L 时，随着投加量的增加，BaP 降解效率并没有明显增加，甚至抑制了 BaP 的降解。从一级动力学速率常数也可以看出，在 F2M1-GAC 投加量大于 100mg/L 时，速率常数降低至 $0.15min^{-1}$

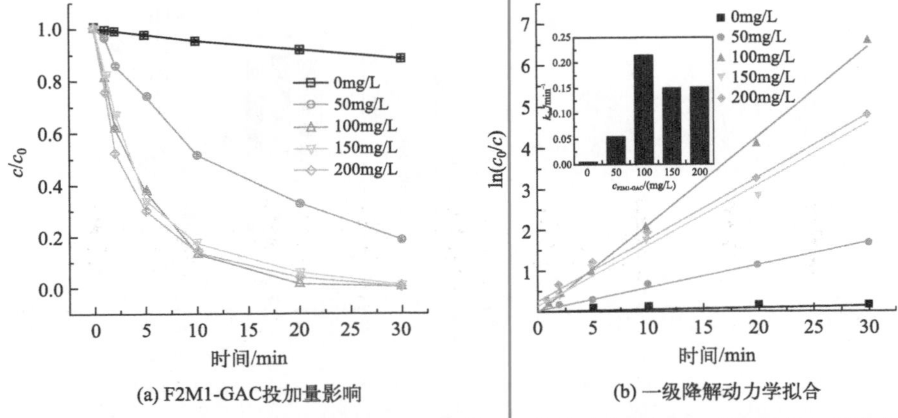


(a) F2M1-GAC投加量影响　(b) 一级降解动力学拟合

**图 5-34　不同 F2M1-GAC 投加量催化 $H_2O_2$ 降解 BaP 的影响及相应的一级降解动力学拟合**

（$c_0$＝5mg/L，$T$＝25℃，pH＝5.10，$c_{H_2O_2}$＝2mmol/L）

左右，明显低于 100mg/L 的速率常数。这可能是由于材料表面活性位点充足，但 $H_2O_2$ 添加量不足，导致反应放缓，从而影响 F2M1-GAC 催化 $H_2O_2$ 降解 BaP 的效率。并且过量的铁和锰物种存在会与·OH 或其他自由基反应，而减少自由基产生，从而降低 BaP 的去除效率。因此，选用 100mg/L 的 F2M1-GAC 投加量进行降解实验。

### (3) $H_2O_2$ 投加量

考察了 $H_2O_2$ 的投加量对 F2M1-GAC 催化 $H_2O_2$ 降解 BaP 的影响，结果如图 5-35 所示（书后另见彩图）。

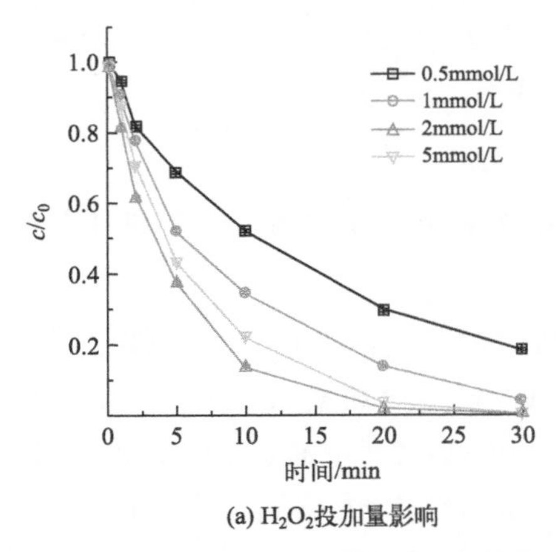


(a) $H_2O_2$投加量影响

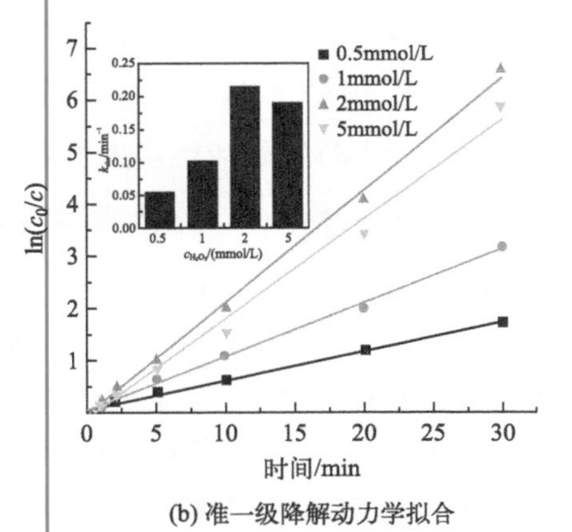


(b) 准一级降解动力学拟合

**图 5-35　不同 $H_2O_2$ 投加量对 F2M1-GAC 催化 $H_2O_2$ 降解 BaP 的影响及相应的准一级降解动力学拟合**

（$c_0$＝5mg/L，$T$＝25℃，pH＝5.10，$c_{F2M1-GAC}$＝20mg/200mL）

由图 5-35 可以看出，随着 $H_2O_2$ 浓度从 0.5mmol/L 增加到 2mmol/L 时，30min 时 BaP 降解效率从 81.68%提升至 99.85%。准一级动力学速率常数也从 $0.0562min^{-1}$ 加快至 $0.2153min^{-1}$，且能很好地拟合准一级动力学模型。这说明加入 $H_2O_2$ 确实提高了·OH 的产生量从而加快了 BaP 的降解效率。但当 $H_2O_2$ 浓度大于 2mmol/L 时，降解效率变得缓慢。这可能是因为 $H_2O_2$ 添加量过多，自身存在清除作用，导致羟基自由基减少，从而减弱了 BaP 的降解效果。也可能是过量的 $H_2O_2$ 在催化剂表面形成惰性氧化膜，从而防止电子转移，降低了降解效率。

为了进一步证明 BaP 降解过程受 $H_2O_2$ 投加量的影响，分析反应过后溶液中剩余的 $H_2O_2$ 含量，结果如图 5-36 所示。

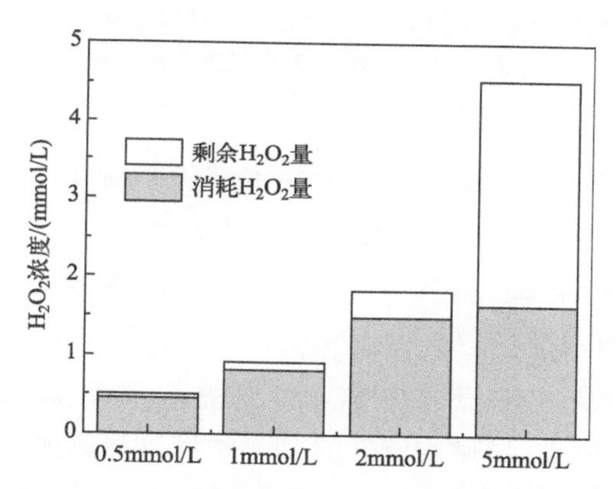


图 5-36 不同 $H_2O_2$ 投加量在催化氧化去除 BaP 时 $H_2O_2$ 消耗量

由图 5-36 可知，随着 $H_2O_2$ 投加量从 0.5mmol/L 增加至 2mmol/L 时，$H_2O_2$ 的消耗量也从 0.45mmol/L 增加至 1.49mmol/L。当 $H_2O_2$ 投加量从 2mmol/L 增加至 5mmol/L 时。$H_2O_2$ 的消耗量只比 2mmol/L 时的消耗量增加 0.15mmol/L。这一结果与图 5-35 中 BaP 的降解规律一致。这说明当 $H_2O_2$ 投加量低于 2mmol/L 时，由于投加量低，导致·OH 产生的量不足，反应不充分，降解效率低。当进一步增加 $H_2O_2$ 投加量为 5mmol/L 时，其消耗量并没有增加很多。这说明 $H_2O_2$ 在投加量为 2mmol/L 已经被充分利用，过量投加并不会增加其降解效果反而会造成成本浪费。因此，选用 2mmol/L 的 $H_2O_2$ 投加量进行降解实验。

### (4) BaP 的初始浓度

考察了 BaP 的初始浓度对 F2M1-GAC 催化 $H_2O_2$ 降解 BaP 的影响，结果如图 5-37 所示（书后另见彩图）。

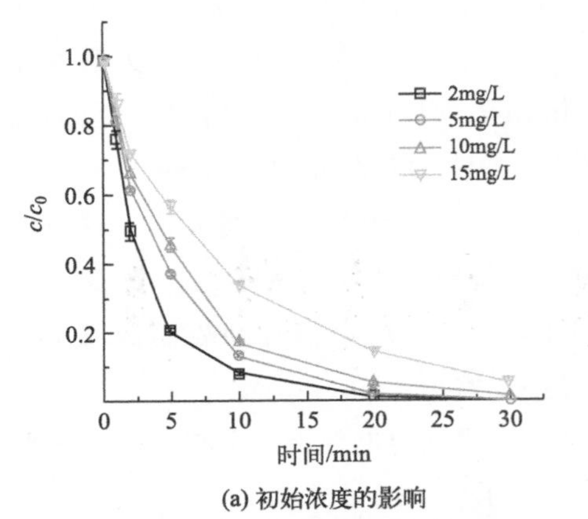


(a) 初始浓度的影响

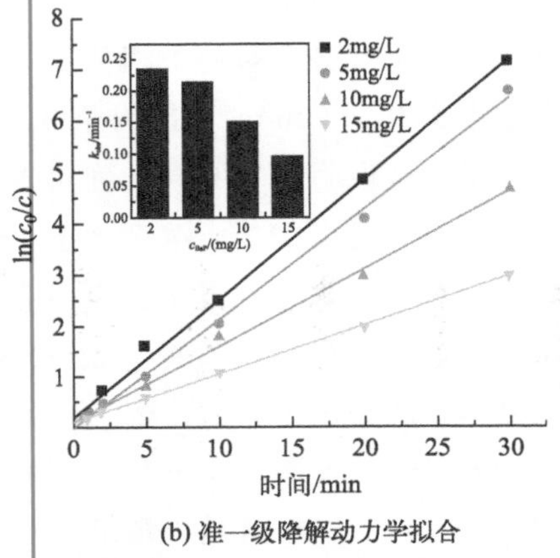


(b) 准一级降解动力学拟合

图 5-37 不同初始浓度对 F2M1-GAC 改性活性炭催化 $H_2O_2$ 降解 BaP 的影响及相应的准一级降解动力学拟合

（$c_{F2M1\text{-}GAC}$=20mg/200mL，$c_{H_2O_2}$=2mmol/L，pH=5.10，$T$=25℃）

由图 5-37 可以看出，随着 BaP 初始浓度从 2mg/L 增加到 15mg/L 时，其降解率逐渐从 99.92%下降至 94.82%，对应的准一级动力学速率常数也从 0.2338$min^{-1}$ 降至 0.0964$min^{-1}$。这是因为随着体系中 BaP 浓度增加，体系中氧化剂及生成的活性氧物质并没有增加，而高浓度的污染物需要更高浓度的活性物质才能有效去除，所以导致 BaP 去除率降低。因此，F2M1-GAC 催化 $H_2O_2$ 降解在较低的 BaP 浓度下降解效率更高。在高污染物浓度下，F2M1-GAC 催化 $H_2O_2$ 体系需要较长的反应时间或较高的氧化剂剂量及催化剂投加量，才能获得更高的污染物去除率。

### 5.2.5.2 Fe/Mn 改性活性炭催化 $H_2O_2$ 降解水中 BaP 的效能研究

为比较非均相 Fenton 氧化技术与传统均相 Fenton 氧化技术对 BaP 去除效果的差别，在其他反应条件相同的情况下，考察了不同初始 pH 值对两者降解 BaP 的效果结果如图 5-38 所示。其中均相 Fenton 的 $FeSO_4 \cdot 7H_2O$ 投加量与 F2M1-GAC 上载铁量一致，经实验后计算得出 $FeSO_4 \cdot 7H_2O$ 投加量为 100mg/L。

由图 5-38 可以看出，随着 pH 值从 3 增加到 7，非均相 Fenton 工艺的催化效果都很好，均达 99%以上。而均相 Fenton 降解效率逐渐降低，从 pH 值为 3 时的 96.8%降至 45.9%。当 pH 值从 7 增加到 11 时，非均相 Fenton 工艺的催化效果开始逐渐降低，从 99.7%降至 54.2%。而均相 Fenton 工艺在 pH=11 时其降解效率降至 25.3%。由此可见，非均相的

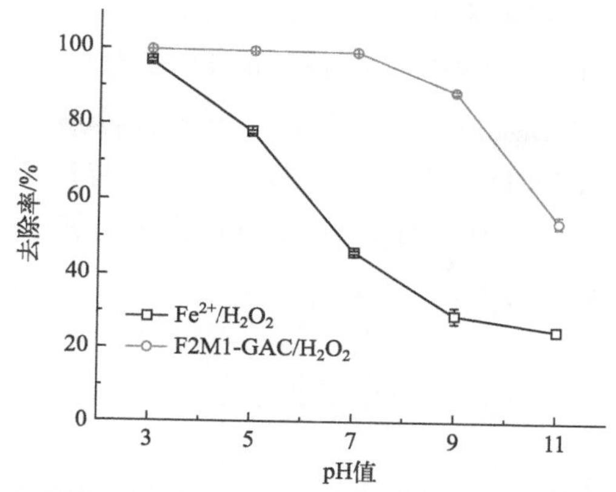


图 5-38　不同 pH 值条件下 $Fe^{2+}$ 和 F2M1-GAC 催化 $H_2O_2$ 降解 BaP 的效果对比

($c_0=5mg/L$，$c_{F2M1-GAC}=20mg/200mL$，$c_{FeSO_4 \cdot 7H_2O}=100mg/L$，

$c_{H_2O_2}=2mmol/L$，$T=25℃$，$t=30min$)

F2M1-GAC 催化剂在不同的 pH 值范围内的催化 $H_2O_2$ 降解 BaP 的效果均高于均相的 $FeSO_4 \cdot 7H_2O$ 催化 $H_2O_2$ 降解 BaP 的效果。这说明 pH 值对传统均相 Fenton 工艺影响更大，对非均相的 F2M1-GAC/$H_2O_2$ 影响较小。因此，可以认为 F2M1-GAC 诱发的非均相 Fenton 体系拓宽了 Fenton 反应的 pH 适用范围，具有更高的适用性。特别是在中性条件下，对 BaP 的降解效果仍然高达 99%，可见，F2M1-GAC/$H_2O_2$ 体系非常适合焦化废水（pH 值为 7 左右）中 BaP 的去除。

综上所述，本研究的主要结论如下：

① 通过单因素变量法优化，得到 Fe/Mn 改性活性炭最佳制备条件为：Fe/Mn 摩尔浓度比为 2∶1、煅烧温度为 400℃、煅烧时间为 5h。在反应 30min 后，其对应的氧化降解效率为 99.7%。通过动力学吸附和等温吸附探究其吸附机理发现：优化改性后的 F2M1-GAC 最大吸附量达到 59.88mg/g，对 BaP 的吸附效果和速率远高于 GAC、F-GAC 和 M-GAC，而且 Langmuir 模型和准二级动力学模型能够较好地描述改性前后活性炭对 BaP 的吸附行为，进而得出 BaP 在改性前后活性炭上的吸附是单分子层的吸附，且主要是受化学吸附机理的控制。

② 研究了溶液初始 pH 值、F2M1-GAC 投加量、$H_2O_2$ 投加量及 BaP 初始浓度对 F2M1-GAC 催化 $H_2O_2$ 氧化 BaP 的影响，发现随着溶液初始 pH 值的增加，BaP 去除率在 pH 为 3～7 的范围内去除效果均达 99% 以上，有效扩宽 F2M1-GAC/$H_2O_2$ 工艺的 pH 适用范围。随着 F2M1-GAC 投加量和 $H_2O_2$ 投加量的增加，BaP 的去除率先增加后降低。随着 BaP 初

始浓度增大而去除率逐渐降低。对比了原始均相 Fenton 工艺，发现非均相的 F2M1-GAC/$H_2O_2$ 工艺去除 BaP 的效果均高于均相 Fenton，且 F2M1-GAC/$H_2O_2$ 工艺连续四次运行后，其催化降解 BaP 的去除率仍高达 82.7%。并发现在实际废水中降解 BaP 效果会有所降低，但在 BaP 的浓度为 200μg/L 以下时，F2M1-GAC/$H_2O_2$ 工艺处理过后可以达到排放标准要求的 0.03μg/L。

## 参考文献

[1] Wei C，Wu H，Kong Q，et al. Residual chemical oxygen demand（COD）fractionation in bio-treated coking wastewater integrating solution property characterization [J]. Journal of Environmental Management，2019，246：324-333.

[2] Guo D，Shi Q，He B，et al. Different solvents for the regeneration of the exhausted activated carbon used in the treatment of coking wastewater [J]. Journal of Hazardous Materials，2011，186（2-3）：1788-1793.

[3] Zhao W，Sui Q，Huang X. Removal and fate of polycyclic aromatic hydrocarbons in a hybrid anaerobic-anoxic-oxic process for highly toxic coke wastewater treatment [J]. Science of the Total Environment，2018，635：716-724.

[4] 肖蓉蓉，江传春，杨皓洁，等. 焦化废水深度处理技术研究现状及其回用 [J]. 四川化工，2010（06）：44-48.

[5] 杨兆静. 活性炭对焦化废水中苯并 [a] 芘的去除工艺研究 [D]. 太原：山西师范大学，2013.

[6] Luthy R G. Liquid/suspended solid phase partitioning of polycyclic aromatic hydrocarbons in coal coking wastewaters [J]. Water Research，1984，18（7）：795-809.

[7]《炼焦工业污染物排放标准》编制组.《炼焦工业污染物排放标准》编制说明 [Z]. 2010.

[8] 王欣，周智慧，赵晓联. 苯并 [a] 芘危害性及其检测技术 [J]. 粮食与油脂，2011（3）：48-49.

[9] Caldeirão L，Fernandes J O，Gonzalez M H，et al. A novel dispersive liquid-liquid microextraction using a low density deep eutectic solvent-gas chromatography tandem mass spectrometry for the determination of polycyclic aromatic hydrocarbons in soft drinks [J]. Journal of Chromatography A，2021，1635：461736.

[10] 何晓蕾，洪涛，张毅. 全二维气相色谱-飞行时间质谱法测定焦化废水中多环芳烃含量及此类废水中整体有机物组成的评估 [J]. 理化检验（化学分册），2018，54（10）：1122-1128.

[11] 成笠萌. 超声波与臭氧技术对焦化废水中难降解有机物处理研究 [D]. 北京：北京交通大学，2016.

[12] 郭军. 焦化废水资源化利用和零排放工艺应用进展 [J]. 山西冶金，2016（6）：37-38.

[13] Raper E，Soares A，Chen J，et al. Enhancing the removal of hazardous pollutants from coke-making wastewater by dosing activated carbon to a pilot-scale activated sludge process [J]. Journal of Chemical Technology & Biotechnology，2017，92（9）：2325-2333.

[14] 张明月. 我国固相萃取技术及其在水质检测中的应用进展 [J]. 职业与健康，2015，31（17）：2444-2448.

[15] 吕保玉，欧小辉，白海强，等. 有机改性剂对水中有机氯农药提取效率的影响研究 [J]. 环境工

程学报，2012，6（1）：246-252.

[16] 付慧，陆一夫，胡小键，等.液液萃取-高分辨气相色谱-高分辨双聚焦磁质谱法测定尿中羟基多环芳烃代谢物［J］.色谱，2020，38（6）：715-721.

[17] 李海峰.检出限几种常见计算方法的分析和比较［J］.光谱实验室，2010，27（6）：2465-2469.

[18] Sun X，Xu B，Xiao T，et al. Adsorptive desulfurization using carbon materials with different surface areas［J］. Progress in Natural Science，2005，15（1）：105-110.

[19] Ge X，Ma X，Wu Z，et al. Modification of coal-based activated carbon with nitric acid using microwave radiation for adsorption of phenanthrene and naphthalene［J］. Research on Chemical Intermediates，2015，41（10）：7327-7347.

[20] 赵旭，王毅力，郭瑾珑，等.颗粒物微界面吸附模型的分形修正——朗格缪尔（Langmuir）、弗伦德利希（Freundlich）和表面络合模型［J］.环境科学学报，2005（1）：52-57.

[21] Awoyemi A. Understanding the adsorption of polycyclic aromatic hydrocarbons from aqueous phase onto activated carbon［J］. Toronto：University of Toronto，2011.

[22] 马晓龙，高凡，郭家选，等.零价铁填充柱对水中多环芳烃的吸附性能［J］.环境化学，2018，37（07）：1660-1670.

[23] Xiao X M，Liu D D，Yan Y J，et al. Preparation of activated carbon from Xinjiang region coal by microwave activation and its application in naphthalene，phenanthrene，and pyrene adsorption［J］. Journal of the Taiwan Institute of Chemical Engineers，2015，53：160-167.

[24] Rad R M，Omidi L，Kakooei H，et al. Adsorption of polycyclic aromatic hydrocarbons on activated carbons：Kinetic and isotherm curve modeling［J］. International Journal of Occupational Hygiene，2014（6）：43-49.

[25] Duong D D. Adsorption analysis equilibria and kinetics［M］. London：Imperial Colleage Press，1998.

[26] 葛欣宇.微波辅助改性煤基活性炭及对多环芳烃吸附性能研究［D］.石河子：石河子大学，2016.

[27] Yin C Y，Arouab M K，Wan W M A，et al. Review of modifications of activated carbon for enhancing contaminant uptakes from aqueous solutions［J］. Separation & Purification Technology，2007，52（3）：403-415.

[28] Song X，Gunawan P，Jiang R，et al. Surface activated carbon nanospheres for fast adsorption of silver ions from aqueous solutions［J］. 2011，194：162-168.

[29] Dai Y，Pan T，Liu W，et al. Highly dispersed Ag nanoparticles on modified carbon nanotubes for low-temperature CO oxidation［J］. Applied Catalysis B：Environmental，2011，103（1-2）：221-225.

[30] 刘其中.活性炭在分离富集水中微量重金属中的应用［J］.环境工程学报，1985（2）：37-42.

[31] 杨颖，李磊，孙振亚，等.活性炭表面官能团的氧化改性及其吸附机理的研究［J］.科学技术与工程，2012，12（24）：6132-6138.

[32] Moreno-Castilla C，Rivera-Utrilla J，Lopez-Ramon M V. Adsorption of some substituted phenols on activated carbons from a bituminous coal［J］. Carbon，1995，33（6）：845-851.

[33] 李晶，尹国强，李忠，等.苯并［a］芘在表面负载不同金属离子的SY-6活性炭上的脱附活化能［J］.功能材料，2010，41（01）：47-50.

[34] Leyton P，Gmez-Jeria J S，Sanchez-Cortes S，et al. Carbon nanotube bundles as molecular assemblies for the detection of polycyclic aromatic hydrocarbons：Surface-enhanced resonance raman spectroscopy and theoretical studies［J］. Journal of Physical Chemistry B，2006，110

(13)：6470-6474.
[35] Takahashi A，Yang R T. New adsorbents for purification：Selective removal of aromatics [J]. AIChE Journal，2002 (7)：1457-1468.
[36] 张万辉，韦朝海. 焦化废水的污染物特征及处理技术的分析 [J]. 化工环保，2015，35 (03)：272-278.
[37] 王学彤，贾英，孙阳昭，等. 典型污染区农业土壤中 PAHs 的分布、来源及生态风险 [J]. 环境科学学报，2009，29 (11)：2433-2439.
[38] 侯艳伟，张又弛. 福建某钢铁厂区域表层土壤 PAHs 污染特征与风险分析 [J]. 环境化学，2012，31 (10)：1542-1548.
[39] 王国鹏. 改性活性炭催化过氧化氢降解氨苄青霉素钠 [D]. 济南：山东大学，2012.
[40] Jiang J，Li G，Li Z，et al. An Fe-Mn binary oxide (FMBO) modified electrode for effective electrochemical advanced oxidation at neutral pH [J]. Electrochimica Acta，2016，194：104-109.
[41] 国家环境保护总局. 水质铁的测定 邻菲啰啉分光光度法：HJ/T 345—2007 [S]. 2007.
[42] 国家环境保护总局. 水质锰的测定甲醛肟分光光度法：HJ/T 344—2007 [S]. 2007.
[43] 张丽丽. Ce、Cu 改性 Zr-SBA-15 的制备及其吸附脱硫性能研究 [D]. 扬州：扬州大学，2019.
[44] Costa R C C，Lelis M F F，Oliveira L C A，et al. Novel active heterogeneous Fenton system based on $Fe_{3-x}M_xO_4$ (Fe，Co，Mn，Ni)：The role of $M^{2+}$ species on the reactivity towards $H_2O_2$ reactions [J]. Journal of Hazardous Materials，2006，129 (1-3)：171-178.
[45] He Z，Zhang A，Song S，et al. $\gamma$-$Al_2O_3$ modified with praseodymium：An application in the heterogeneous catalytic ozonation of succinic acid in aqueous solution [J]. Industrial & Engineering Chemistry Research，2010，49 (24)：12345-12351.
[46] Peng J，Lai L，Jiang X，et al. Catalytic ozonation of succinic acid in aqueous solution using the catalyst of $Ni/Al_2O_3$ prepared by electroless plating-calcination method [J]. Separation and Purification Technology，2018，195：138-148.
[47] Lee K X，Valla J A. Investigation of metal-exchanged mesoporous Y zeolites for the adsorptive desulfurization of liquid fuels [J]. Applied Catalysis B：Environmental，2017，201：359-369.
[48] Zhang W，Zheng J，Zheng P，et al. The roles of humic substances in the interactions of phenanthrene and heavy metals on the bentonite surface [J]. Journal of Soils and Sediments，2015，15：1463-1472.
[49] Chen R，Yang Q，Zhong Y，et al. Sorption of trace levels of bromate by macroporous strong base anion exchange resin：Influencing factors，equilibrium isotherms and thermodynamic studies [J]. Desalination，2014，344：306-312.
[50] Jiang H，Chen P，Luo S，et al. Synthesis of novel nanocomposite $Fe_3O_4/ZrO_2$/chitosan and its application for removal of nitrate and phosphate [J]. Applied Surface Science，2013，284：942-949.
[51] Wang G，Zhao D，Kou F，et al. Removal of norfloxacin by surface Fenton system ($MnFe_2O_4/H_2O_2$)：Kinetics，mechanism and degradation pathway [J]. Chemical Engineering Journal，2018，351：747-755.
[52] Nguyen T D，Phan N H，Do M H，et al. Magnetic $Fe_2MO_4$ (M：Fe，Mn) activated carbons：Fabrication，characterization and heterogeneous Fenton oxidation of methyl orange [J]. Journal of Hazardous Materials，2011，185 (2-3)：653-661.
[53] Wan Z，Wang J. Degradation of sulfamethazine antibiotics using $Fe_3O_4$-$Mn_3O_4$ nanocomposite as

a Fenton-like catalyst [J]. Journal of Chemical Technology & Biotechnology, 2017, 92 (4): 874-883.

[54] Mitsika E E, Christophoridis C, Fytianos K. Fenton and Fenton-like oxidation of pesticide acetamiprid in water samples: Kinetic study of the degradation and optimization using response surface methodology [J]. Chemosphere, 2013, 93 (9): 1818-1825.

[55] Kumar K V, Valenzuela-Calahorro C, Juarez J M, et al. Hybrid isotherms for adsorption and capillary condensation of $N_2$ at 77 K on porous and non-porous materials [J]. Chemical Engineering Journal, 2010, 162 (1): 424-429.

[56] Tang J, Salunkhe R R, Liu J, et al. Thermal conversion of core-shell metal-organic frameworks: A new method for selectively functionalized nanoporous hybrid carbon [J]. Journal of the American Chemical Society, 2015, 137 (4): 1572-1580.

[57] Lu J, Zeng Y, Ma X, et al. Cobalt nanoparticles embedded into N-doped carbon from metal organic frameworks as highly active electrocatalyst for oxygen evolution reaction [J]. Polymers, 2019, 11 (5): 828.

[58] Ouyang D, Yan J, Qian L, et al. Degradation of 1, 4-dioxane by biochar supported nano magnetite particles activating persulfate [J]. Chemosphere, 2017, 184: 609-617.

[59] Zhao W, Zhang S, Ding J, et al. Enhanced catalytic ozonation for $NO_x$ removal with $CuFe_2O_4$ nanoparticles and mechanism analysis [J]. Journal of Molecular Catalysis A: Chemical, 2016, 424: 153-161.

[60] Awual M R, Urata S, Jyo A, et al. Arsenate removal from water by a weak-base anion exchange fibrous adsorbent [J]. Water Research, 2008, 42 (3): 689-696.

[61] Tokunaga T K, Wan J. Water film flow along fracture surfaces of porous rock [J]. Water Resources Research, 1997, 33 (6): 1287-1295.

[62] Wan Z, Wang J. Degradation of sulfamethazine using $Fe_3O_4$-$Mn_3O_4$/reduced graphene oxide hybrid as Fenton-like catalyst [J]. Journal of Hazardous Materials, 2017, 324: 653-664.

[63] Du X, Li C, Zhao L, et al. Promotional removal of HCHO from simulated flue gas over Mn-Fe oxides modified activated coke [J]. Applied Catalysis B: Environmental, 2018, 232: 37-48.

[64] Zhou Y, Xiao B, Liu S Q, et al. Photo-Fenton degradation of ammonia via a manganese-iron double-active component catalyst of graphene-manganese ferrite under visible light [J]. Chemical Engineering Journal, 2016, 283: 266-275.

[65] Li X, Liu J, Rykov A I, et al. Excellent photo-Fenton catalysts of Fe-Co Prussian blue analogues and their reaction mechanism study [J]. Applied Catalysis B: Environmental, 2015, 179: 196-205.

[66] Rentz J A Alvarez P J J, Schnoor J L. Benzo [*a*] pyrenedegradation by *Sphingomonas yanoikuyae* JAR02 [J]. Environmental pollution, 2008, 151 (3): 669-677.

[67] Gupta H. Photocatalytic degradation of phenanthrene in the presence of akaganeite nano-rods and the identification of degradation products [J]. RSC advances, 2016, 6 (114): 112721-112727.

[68] Schneider J, Grosser R, Jayasimhulu K, et al. Degradation of pyrene, benz [*a*] anthracene, and benzo [*a*] pyrene by *Mycobacterium* sp. strain RJGII-135, isolated from a former coal gasification site [J]. Applied and Environmental Microbiology, 1996, 62 (1): 13-19.

[69] Araújo R S, Azevedo D C S, Cavalcante Jr C L, et al. Adsorption of polycyclic aromatic hydrocarbons (PAHs) from isooctane solutions by mesoporous molecular sieves: Influence of the surface acidity [J]. Microporous and Mesoporous Materials, 2008, 108 (1-3): 213-222.

[70] 周玉梅，刘晓勤，姚虎卿. π络合吸附分离技术的研究进展 [J]. 石油化工，2005，34 (10)：1004-1009.

[71] Zhu Y，Zhu R，Xi Y，et al. Strategies for enhancing the heterogeneous Fenton catalytic reactivity：A review [J]. Applied Catalysis B：Environmental，2019，255：117739.

[72] Zhang S，Niu H，Cai Y，et al. Arsenite and arsenate adsorptionon coprecipitated bimetal oxide magnetic nanomaterials：$MnFe_2O_4$ and $CoFe_2O_4$ [J]. Chemical engineering journal，2010，158 (3)：599-607.

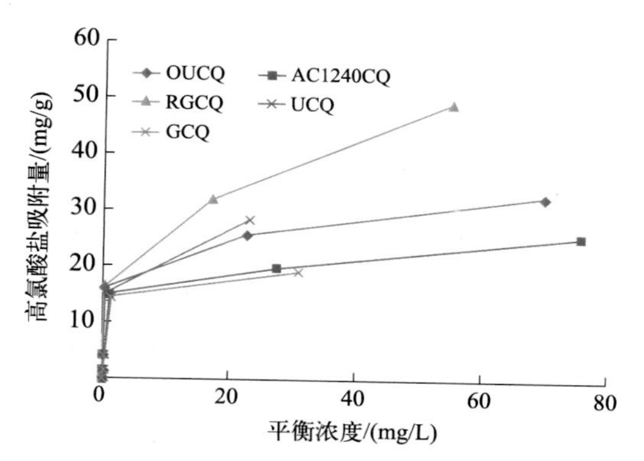


图 3-2　不同活性炭母体对季铵盐改性 GAC 吸附高氯酸盐的影响

($c_0$=102.3μg/L，350μg/L，1.2mg/L，4mg/L，13.5mg/L，50mg/L 和 100mg/L)

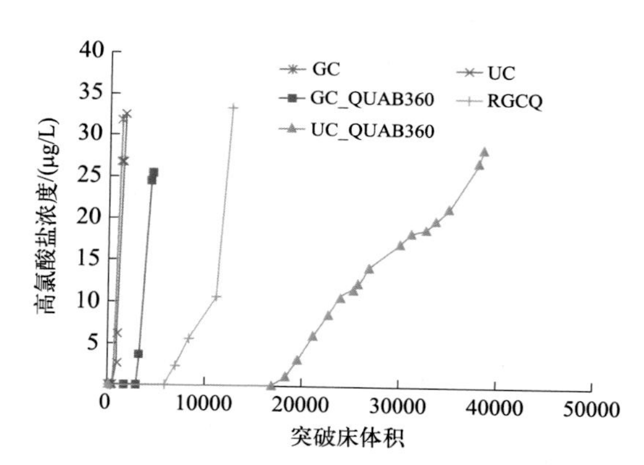


图 3-3　季铵盐改性前后 GAC 的小型柱试验效果

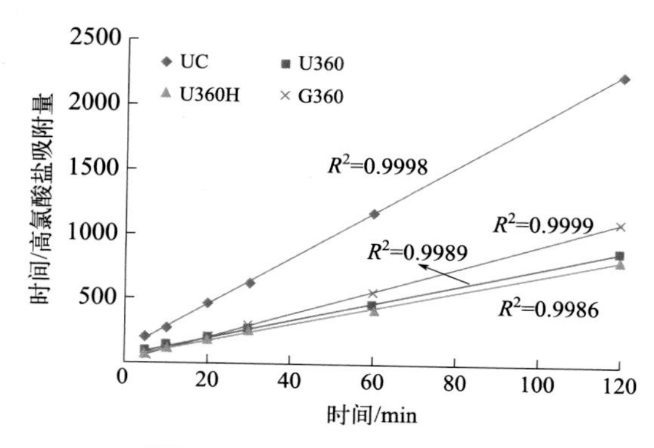


图 3-7　二级动力学模拟曲线

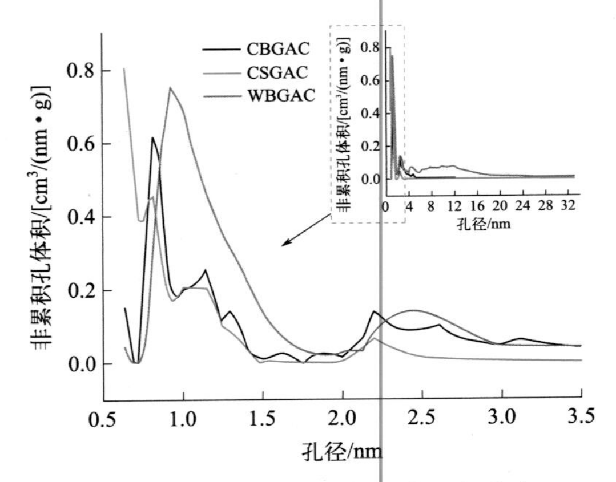


图 4-5 三种活性炭表面孔容孔径分布

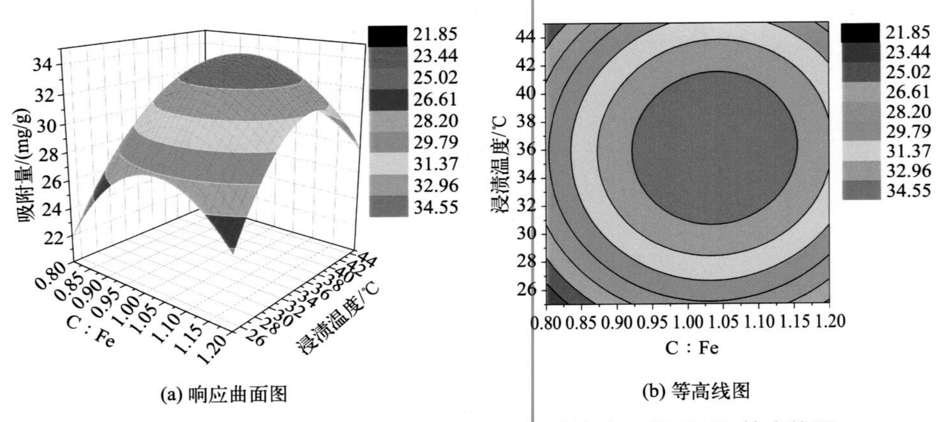


(a) 响应曲面图

(b) 等高线图

图 4-10 炭铁比与浸渍温度对砷吸附量影响的响应曲面图和等高线图

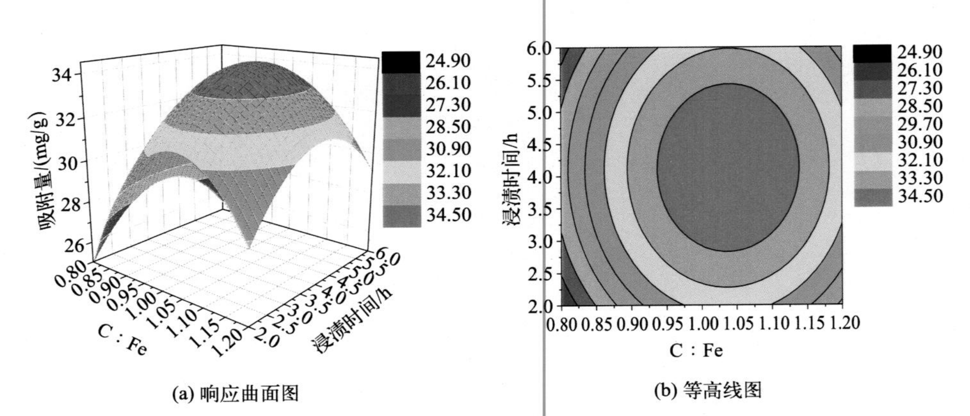


(a) 响应曲面图

(b) 等高线图

图 4-11 炭铁比与浸渍时间对砷吸附量影响的响应曲面图和等高线图

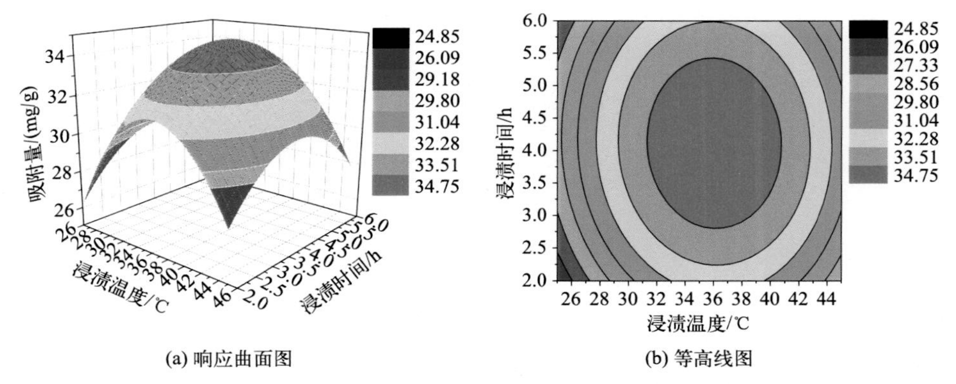


(a) 响应曲面图　　(b) 等高线图

**图 4-12　浸渍温度与浸渍时间对砷吸附量影响的响应曲面图和等高线图**

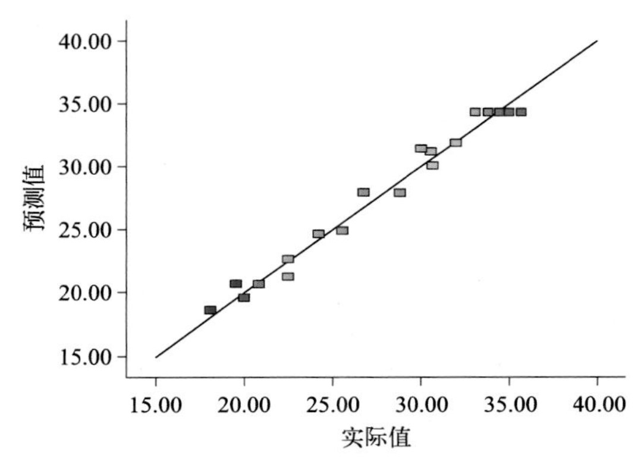


**图 4-13　实际值与预测值之间的线性拟合**

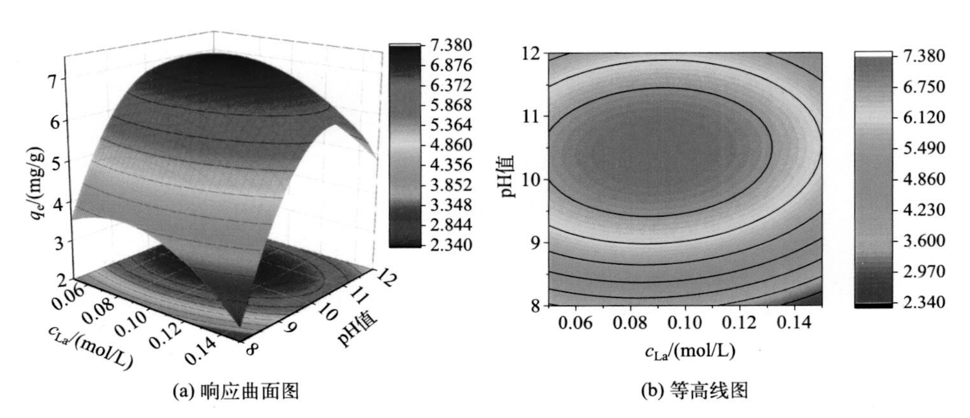


(a) 响应曲面图　　(b) 等高线图

**图 4-25　pH 值和硝酸镧浓度对吸附量影响的三维响应曲面图与等高线图**

($T$=40℃，$t$=12h)

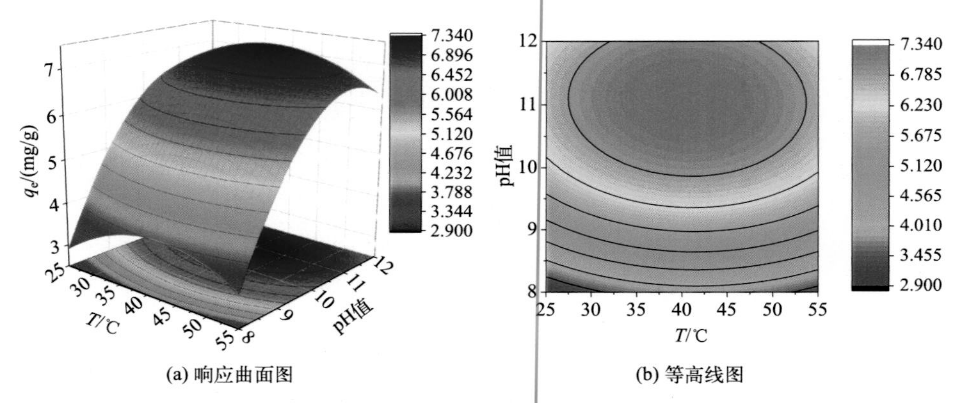


(a) 响应曲面图　　(b) 等高线图

**图 4-26　pH 值和浸渍温度对吸附量影响的三维响应曲面图与等高线图**

($t$=12h，$c_{La}$=0.10mol/L)

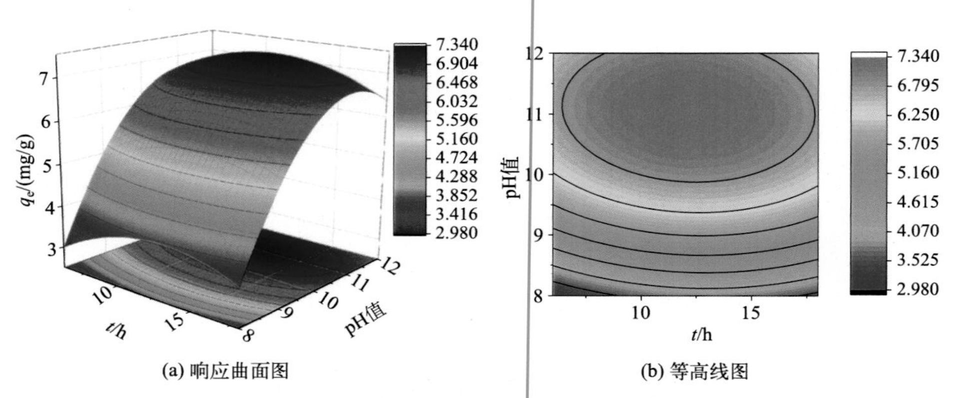


(a) 响应曲面图　　(b) 等高线图

**图 4-27　pH 值和浸渍时间对吸附量影响的三维响应曲面图与等高线图**

($c_{La}$=0.10mol/L，$T$=40℃ )

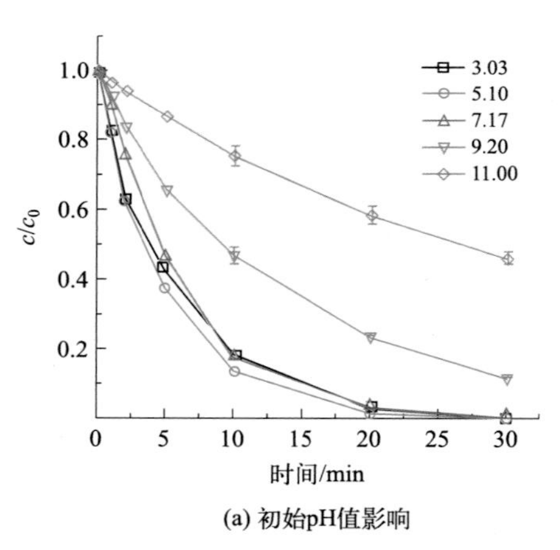


(a) 初始pH值影响　　(b) 一级降解动力学拟合

**图 5-33　初始 pH 值对 F2M1-GAC 催化 $H_2O_2$ 降解 BaP 的影响及相应的一级降解动力学拟合**

($c_0$=5mg/L，$T$=25℃，$c_{F2M1\text{-}GAC}$=20mg/200mL，$c_{H_2O_2}$=2mmol/L)

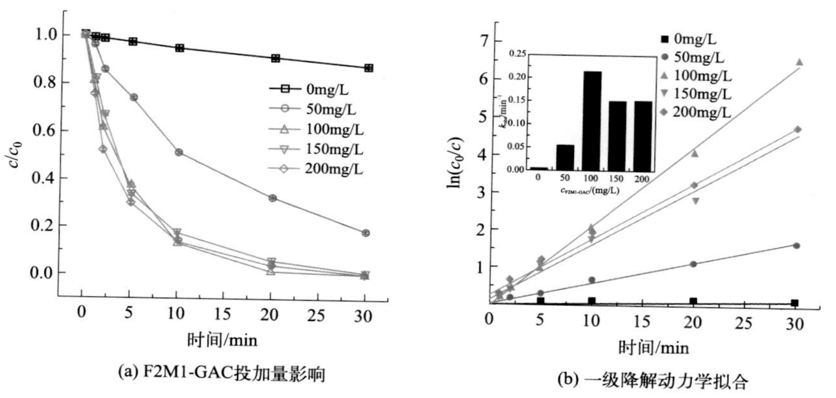


(a) F2M1-GAC投加量影响　　(b) 一级降解动力学拟合

**图 5-34　不同 F2M1-GAC 投加量催化 $H_2O_2$ 降解 BaP 的影响及相应的一级降解动力学拟合**

($c_0$=5mg/L，$T$=25℃，pH=5.10，$c_{H_2O_2}$=2mmol/L)

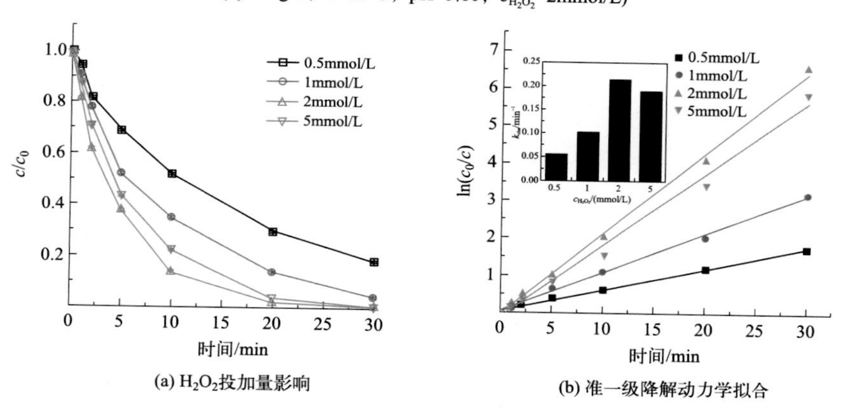


(a) $H_2O_2$投加量影响　　(b) 准一级降解动力学拟合

**图 5-35　不同 $H_2O_2$ 投加量对 F2M1-GAC 催化 $H_2O_2$ 降解 BaP 的影响及相应的准一级降解动力学拟合**

($c_0$=5mg/L，$T$=25℃，pH=5.10，$c_{F2M1\text{-}GAC}$=20mg/200mL)

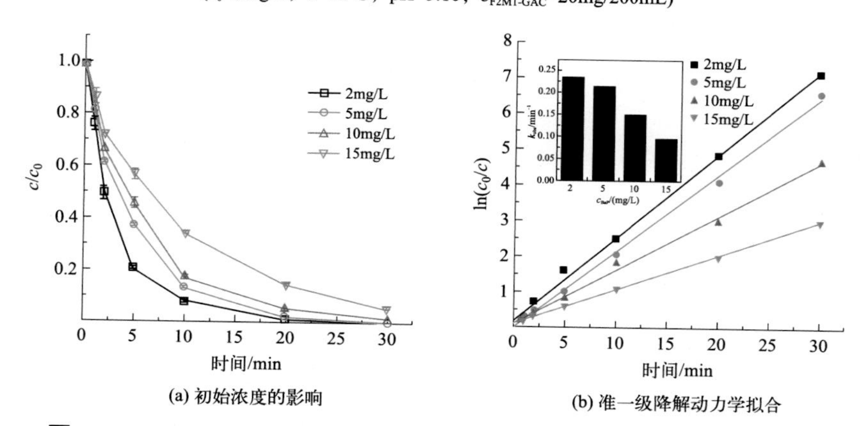


(a) 初始浓度的影响　　(b) 准一级降解动力学拟合

**图 5-37　不同初始浓度对 F2M1-GAC 改性活性炭催化 $H_2O_2$ 降解 BaP 的影响及相应的准一级降解动力学拟合**

($c_{F2M1\text{-}GAC}$=20mg/200mL，$c_{H_2O_2}$=2mmol/L，pH=5.10，$T$=25℃)

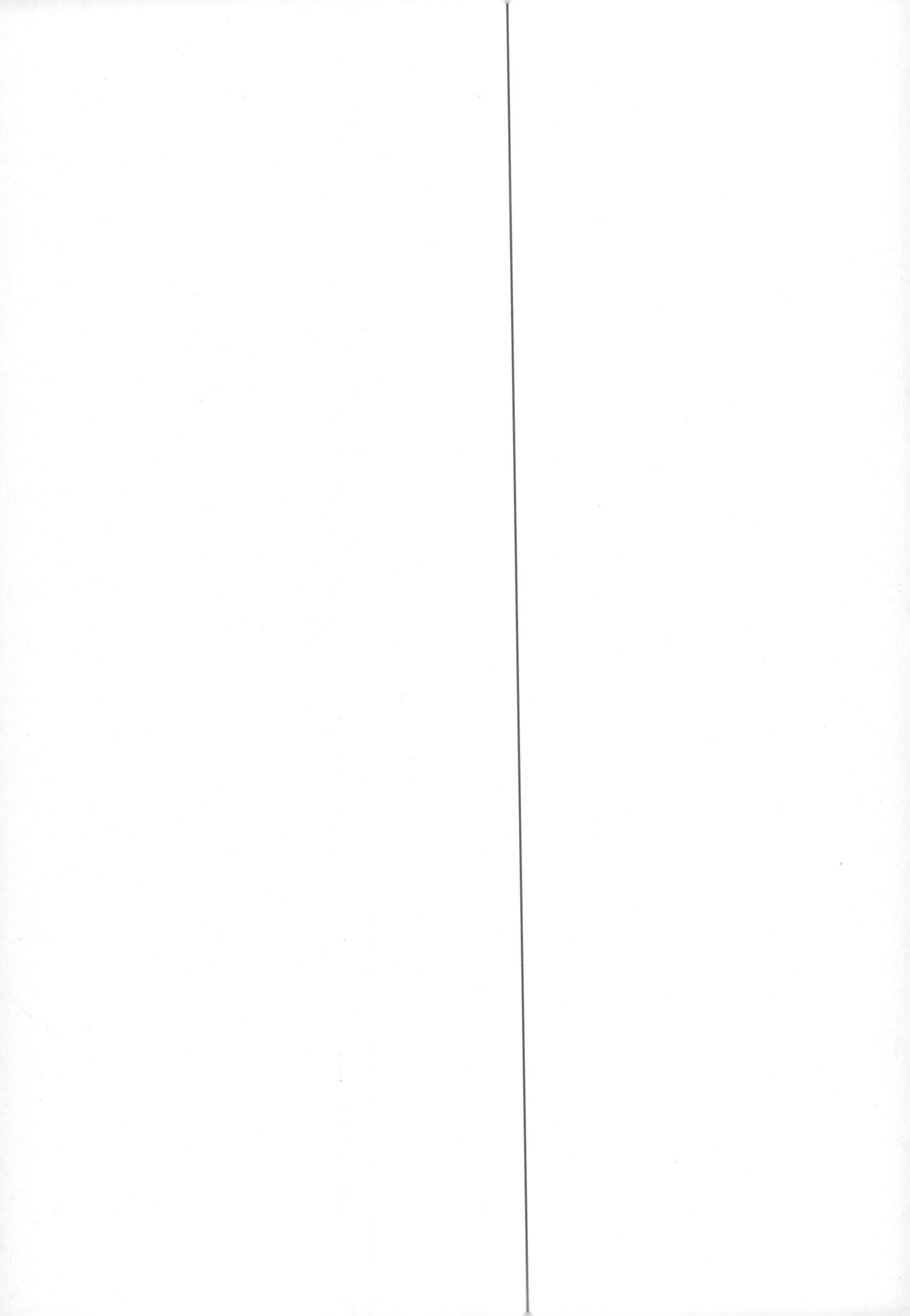